―― ちくま学芸文庫 ――

数学序説

吉田洋一　赤 攝也

筑摩書房

本書をコピー、スキャニング等の方法により無許諾で複製することは、法令に規定された場合を除いて禁止されています。請負業者等の第三者によるデジタル化は一切認められていませんので、ご注意ください。

文庫化に際して

　今度，'数学序説'（培風館）が筑摩書房により文庫化されることになった．そこで，この機会に，一言しておきたいと思う．

　この本は，「数学とはどんな学問か」ということを，一般の方々に分りやすく説明することを目ざして書かれたものである．

　しかし，一般の方々の中には，「数学は大嫌いだ」「数学と聞いただけで気分が悪くなる」というような人が少なくない．だが，よく聞いてみると，「難しいから」「冷たい感じだから」といったようなややまともな理由のほかに，「高校の時の数学の教師が厭な奴だったから」「一カ所計算を間違えただけで0点をつけられたことがあったから」とかいうような，数学とはあまり関係のないことを理由にあげる人もとても多いのである．

　これは残念なことだ．何が理由であるにせよ，「数学嫌いの人」は，数学というものを知らないまま，勝手に嫌っているのだから．

　将棋や碁などのルールは「大変やさしい」とは言えまい．しかし，大変多くの人がそれを覚え，暇があれば勝負を楽

しんでいる．「数独」というパズルを御存知の方も多かろう．これは数学に大変近い遊びなのだが，愛好者はどこにでもいる．これもルールに従った遊びで，大の大人が一日をつぶしても惜しくないと思う位面白いものである．

　数学も遊びだ，と言えば怒る数学者もいるかも知れないが，それは棋士にとって碁や将棋が遊びどころではないのと同じことだと言って良い．

　本書は「数学者」を増やすためのものではない．素人でも数学を楽しむことができることを説明したい——と著者は考えたのである．

　読者の中から，数学者になろう，という人が出てくれば，それこそ著者の望外の喜びだが．

　幸い，本書はこのように手軽な文庫本になった．是非，楽しみながら読んで頂きたい．

　なお，本書の文庫化に際し，大変お世話になった筑摩書房，および編集部の海老原勇氏に深い感謝の意を表する．また，永年本書の旧版の出版に力を尽くしてくださった培風館にも厚くお礼を申し述べたい．

2013 年 3 月 8 日

　　　　　　　　　　　　　　　　　　　　著　　者

改訂にのぞんで

'数学序説'をこんど組みなおしすることになった。はじめて世に出てから七年，この間意外に多くの読者を得て版を重ねること十二度，紙型がついに用をなさなくなったためである．

この機会に，はじめは，全面的な改訂を施そうという考えであったが，著者二人とも多忙なためその時間が得られず，ところどころの部分的な改訂にとどめざるをえなかった．その改訂のおもな一例をあげれば，第九章4.の'対'の説明など旧版よりもよほどわかりやすく書きなおされているつもりである．なお，活字の選択，紙面の体裁についての新工夫，肖像写真の挿入，図版の再検討などによって，いくぶんでもこの本が読みものとしての体裁をととのえ，読者に親しみやすいものになるようこの方面にも新たな努力を惜しまないでおいた．

この改訂に際し，いままでに有益な忠言をよせられたり，また誤植誤謬を指摘して下さったりした多くのかたがたのご好意に対し，ここで厚くお礼の言葉を申し述べておきたい．また，校正や索引作成に協力された立教大学数学教室の佐藤和子夫人，ならびに改訂本の体裁その他につい

て尽力された培風館のかたがたに感謝の意を表する.

1961年7月

著　者

まえがき

　この'数学序説'は第一に大学の一般教養における数学の教科書とする意図をもって書かれた．ひいては，また，一般の人々に'教養としての数学'を平易な形で提供しようというのも本書の第二の目標とするところである．

　ここに'教養としての数学'というとき，著者たちは，学としての数学における方法，数学的考え方の基本を何びとにも理解しやすいように説き明かしてこれを体得させることがその目的であると考えた．かような意味における'教養としての数学'は，従来学校において教えられるを常としていた'技術としての数学'とは当然区別されなければならない．計算その他数学の技術的方面にあまりに重きを置くときは，読者はこれら技術を習得するための負担にあえぐばかりで，数学の方法，数学的考え方への見通しを持とうと望む余裕さえ持ち得ないであろう．'教養としての数学'が，たとえば，かつて旧制高等学校理科で教授されていた数学の内容をそのまま圧縮した形で提供するものとはおのずから趣を異にするゆえんである．

　もとより，計算その他の技術的要素を全然無視して数学を語ることは望み得ないことであるが，本書においては，

以上の見地に立って，かような技術的要素を極力少なくすることに努めた．その反面，叙述をできるだけ平明にすると同時に，ときとしてはくどいと思われるまでの説明を試みることをいとわなかった．数学の本をひもとくときには，一般に，紙と鉛筆を座右に置くことが要求されるのが常であるが，本書を読むにあたってはほとんどその必要をみないであろうと著者たちは考えている．

　著者たちは，また，数学が自らに課する問題が生じてきた由来を明らかにし，これらの問題を解決するために数学がいかなる方法をもって対処してきたかを説明することを試みた．かくして，本書における記述は多少とも歴史的色彩を帯びる．ただし，こうはいっても，いたずらに年次を追う編年体を採ったという意味ではない．要は，数学発展の道程を跡づけることによって今日の数学のあり方の系譜を明らかにしようというのが，そのねらいにほかならないのである．

　上に述べた二つの方針に従うことにより，他の一般向きの数学書がせいぜい十九世紀初頭までの数学を扱うにとどまるのに反し，本書においては，現代数学の最尖端に近いところまでを専門外の人にも近づきやすいものにすることができた．言い換えれば，本書は数学についての**現代的教養**を一般読者に与えようとするものなのである．

　本書を読むためには新制高等学校における数学の初歩以外になんらの数学的予備知識を必要としない．ことに，最後の数章を除いては，本書において取り扱う材料は高等学

校の数学におけると同じものが多く，したがって，高等学校の生徒がその現に学びつつある数学をさらに深く理解するための読物としても本書は好適であろうと思われる．さらには，また，高等学校の先生方にとっても，教授上研究上の参考として恰好のものたるを失わないであろう．本書が大学の教科書，一般人のための教養書として書かれたものであることは，すでに冒頭に述べたところであって，再びここで繰り返し強調するまでもない．

　実をいえば，本書を書くにあたって，著者たちの念頭にあったのは上記のような読者たちばかりには限らなかった．将来数学を専攻しようと志す学生にとっても，本書を読むことは決して無用の業ではないとは著者たちのひそかに信ずるところなのである．数学を専攻し自ら数学者になることが数学を理解するために採るべき最も良き道の一つであることは疑いないことながら，この道は険しく，またこの道をたどる人は，ともすれば，樹を見て山を見ない弊におちいるおそれなしとしない．数学がいかなるものであるかについての展望を平明な形で説明した本書は，このような数学専攻の学生たちにとっても良き伴侶たり得るものと思われる．

　最後に，本書を読み終えた上で，さらに数学を奥深く窮めようと志す人々のためには，随時脚注の形において，また巻末の'結びの言葉'において，参考書をあげておいたことを一言しておく．これらの参考書としては，手に入りやすいものをという見地からして，二，三の例外を除き，

すべて邦語によるものだけを選ぶ方針を採った.

　本書成立の動機はもと著者の一人（赤）が立教大学文学部において数学を講ずるに際し学生用としてプリントを作ったことに始まる．他の著者（吉田）はこれを一読再読の上，種々批評を加え，この批評を参考にしつつ，赤は全然新たに稿を起して前とはまったく面目を一新した原稿を作った．この新たな原稿に吉田は再び批評と注意とを与え，これをもととして，赤は再び最初から原稿を書き直した．かくて実に二度書き改められた三度目の原稿に吉田がさらに手を加えて成ったものがすなわち本書である．以上の次第により，本書の内容に関しては両著者ともひとしく責任を分かつものであることをここに記しておきたい.

　なお，本書の出版については，培風館の野原博氏がなみなみならぬ熱意をもって御配慮を下さった．ここに一言感謝の意を表しておく.

1953 年 12 月

吉 田 洋 一
赤 　 攝 　 也

目　次

文庫化に際して　3
改訂にのぞんで　5
まえがき　7

1. 幾何学的精神——パスカルとエウクレイデス—— 17

パスカルの'説得術について'〔**1, 2**〕……………………… 17
幾何学的精神〔**3**〕………………………………………… 22
エウクレイデスの'原論'〔**4, 5, 6, 7**〕……………………… 24
正しい推論の形式〔**8, 9, 10, 11**〕………………………… 34
アレクサンドレイアの数学〔**12, 13**〕……………………… 43
幾何学の三角法への応用〔**14, 15, 16, 17**〕……………… 47
ギリシア幾何学の特徴〔**18, 19**〕………………………… 57

2. 光は東方より——代数学の誕生—— 64

ローマ人と数学〔**1**〕……………………………………… 64
'位取りの原理'の発明と'零'の発見〔**2, 3**〕……………… 65
インドの代数学〔**4, 5**〕…………………………………… 69
アラビア人の数学〔**6, 7**〕………………………………… 74
ルネッサンスと数学の復興〔**8**〕………………………… 78
記号の効用について〔**9**〕………………………………… 80
'一般方程式'の導入〔**10, 11, 12**〕………………………… 82

3. 描かれた数——デカルトの幾何学—— 89

数と図形の統一〔**1, 2, 3**〕………………………………… 89
点の座標と二点間の距離〔**4**〕…………………………… 97
直線の方程式〔**5, 6, 7, 8, 9**〕……………………………… 99

円周の方程式〔10〕	109
必要条件と十分条件〔11〕	111
解析幾何学による問題の処理〔12, 13〕	114
デカルトとフェルマ〔14〕	118
円錐曲線〔15, 16〕	121
円錐曲線のとらえ方の変遷〔17, 18, 19〕	125
円錐曲線の方程式〔20, 21〕	130
円錐曲線のとらえ方の統一〔22, 23〕	133

4. 接線を描く——微分法と極限の概念—— 139

接線の描き方〔1〕	139
フェルマの方法〔2, 3〕	142
バロウの方法〔4, 5〕	146
ニュートンの流率法〔6, 7, 8〕	149
ライプニッツの微分法〔9〕	154
函数の概念〔10, 11〕	156
導函数とその性質〔12, 13, 14, 15〕	161
極限の概念の誕生〔16, 17〕	169
微分法の公式〔18, 19〕	174
連続な函数〔20〕	178

5. 拡がりを測る——面積と積分法の概念—— 181

面積とは何か〔1〕	181
面積についてのギリシア人の研究〔2〕	183
面積と'取り尽くしの方法'〔3, 4〕	185
縦線図形と定積分〔5, 6〕	191
微分積分学の基本定理〔7, 8, 9, 10, 11〕	196
コーシとルベグ〔12〕	208
微分積分学の建設者たち〔13, 14〕	210

目 次

6. 数学とは何か——ヒルベルトの公理主義—— 215

再び'説得術について'〔**1**〕 ………………………………… 215
平行線の問題〔**2, 3, 4**〕 ……………………………………… 217
ロバチェフスキの幾何学とリーマンの幾何学〔**5, 6, 7, 8**〕 224
ヒルベルトの数学に対する考え方〔**9, 10, 11, 12, 13, 14, 15**〕 …………………………………………………………… 231
公理主義数学の使命〔**16, 17**〕 …………………………… 243
エウクレイデスの幾何学の再編成〔**18, 19, 20, 21**〕 …… 246
推論の形式と数学〔**22**〕 …………………………………… 258

7. 脱皮した代数学——群,環,体—— 261

二次方程式の解法と虚数〔**1, 2, 3, 4, 5**〕 …………………… 261
虚数の構成〔**6, 7, 8**〕 ………………………………………… 271
'体'の概念〔**9**〕 ……………………………………………… 276
代数学の基本定理〔**10**〕 …………………………………… 279
'代数的解法'について〔**11, 12, 13, 14, 15, 16**〕 ………… 282
二つの体の間の次数〔**17**〕 ………………………………… 295
作図問題〔**18, 19, 20, 21, 22, 23**〕 ………………………… 300
公理主義による代数学の再編成〔**24, 25, 26, 27**〕 ……… 310
'群'とエルランゲンのプログラム〔**28, 29, 30**〕 ………… 319

8. 直線を切る——実数の概念と無限の学の形成—— 329

実数の連続性〔**1, 2, 3, 4, 5**〕 ………………………………… 329
実数概念の分析〔**6**〕 ………………………………………… 339
デデキントの実数論〔**7, 8, 9, 10**〕 ………………………… 343
'小数'について〔**11**〕 ……………………………………… 353
'可付番'な集合〔**12, 13, 14, 15**〕 ………………………… 357
'無限'のさまざま〔**16, 17**〕 ……………………………… 367

9. 数学の基礎づけ
―― 無限の学の破綻と証明論の発生 ―― 372

実数の構成法の吟味〔**1, 2, 3, 4, 5**〕………………… 372
ラッセルの背理〔**6**〕………………………………… 387
無矛盾性の証明はいかにすればよいか〔**7, 8**〕……… 390
'証明'の構成〔**9, 10, 11, 12, 13**〕…………………… 396
無矛盾性証明の一例〔**14, 15, 16**〕………………… 410

10. 偶然を処理する ―― 確率と統計 ―― 420

数学と科学〔**1**〕……………………………………… 420
ただし書つきの法則〔**2**〕…………………………… 424
確率の概念〔**3, 4, 5**〕………………………………… 426
確率論の公理系の設定〔**6, 7, 8**〕…………………… 433
'繰り返し'の表現〔**9, 10, 11, 12**〕………………… 439
危険率と推計学〔**13, 14, 15**〕……………………… 448

結びの言葉 ―― 参考書について ―― 458

文庫版付記　自然数論の無矛盾性の別証明　463
索　　引　468

数学序説

ギリシア文字

大文字	小文字	読み方	大文字	小文字	読み方
A	α	alpha	N	ν	nu
B	β	beta	Ξ	ξ	xi
Γ	γ	gamma	O	o	omicron
Δ	δ	delta	Π	π	pi
E	ε	epsilon	P	ρ	rho
Z	ζ	zeta	Σ	σ, ς	sigma
H	η	eta	T	τ	tau
Θ	θ	theta	Y	υ	upsilon
I	ι	iota	Φ	ϕ, φ	phi
K	κ	kappa	X	χ	chi
Λ	λ	lambda	Ψ	ψ	psi
M	μ	mu	Ω	ω	omega

1. 幾何学的精神
——パスカルとエウクレイデス——

パスカルの'説得術について'——幾何学的精神——エウクレイデスの'原論'——正しい推論の形式——アレクサンドレイアの数学——幾何学の三角法への応用——ギリシア幾何学の特徴

パスカルの'説得術について'

1. 人が納得するように話をすることは，きわめてむずかしい．ことに，氷炭相容れない意見を持つ人を相手にするような場合には，説得することがほとんど不可能ということがないではない．

しかし，世にはいわゆる'口説き上手'という人がいる．とうてい相手が承知しそうもないようなことをもちかけて，いつの間にか口説き落してしまう．どういう秘訣があるのであろうか．

確言はできないが，どうも，'口説き上手'は一つには素質によるものらしい．もしそうだとすると，生まれつきの口下手は，人を説得することをあきらめなければならないことになる．しかし，それにしても，何とかして，少しでも口説き上手になる道はないものであろうか．

かのパスカル（Pascal, 1623-1662）は，'説得術につい

て' という一文をものしてこれに答えている.

彼は，人を説き伏せるのに二つの方法があるという．その一つは，理づめにとことんまで議論して，相手を'論破'することであり，もう一つは，人の気に入るようなものの言い方をすることだ，というのである．

彼の目的は，第一の方法を詳しく説明することにあるのであるが，第二の方法を述べないことについては，彼にはそれができないからである，と申し開きをしている．

パスカルをまつまでもなく，人の気に入るものの言い方をするのはむずかしい．まして当のパスカル自身はといえば，人の魂に食い入るような，また，思わず気に入るような名文句を吐いた人として知られているのであるから，彼さえもがさじを投げるような方法など，当面の問題とはなり得ない．

ところで，第一の方法について彼の語るところを聞けば，これは努力さえすればものになると思わせる．彼はそれには三つの規則があるという．

定義に関する規則：
a) それよりもはっきりした用語がないくらい明らかなものは，これを定義しようとしないこと．
b) いくぶんでも不明もしくはあいまいなところのある用語は，定義しないままにしておかないこと．
c) 用語を定義するに際しては，完全に知られているか，もしくはすでに説明されている言葉のみを用いること．

公理に関する規則：
a) 必要な原理は，それがいかに明晰で明証的であっても，決して，承認されるか否かを吟味しないままに残さないこと．
b) それ自身で完全に明証的なことがらのみを公理として要請すること．

論証に関する規則：
a) それを証明するために，より明晰なものを捜しても無駄なほど，それだけで明証的なことがらはこれを論証しようとしないこと．
b) 少しでも不明なところのある命題は，これをことごとく証明すること．そして，それらの証明にあたっては，きわめて明証的な公理，もしくは，すでに承認せられたかあるいは証明された命題のみを用いること．
c) 定義によって限定された用語のあいまいさによって誤らないために，常に心の中で定義された名辞の代わりに定義を置き換えてみること．

パスカル

この三種の規則の意味は，一読してわかると思われるが，念のため，パスカルに従いいちおうの説明を加えておこう．

2. まず、'定義' とは、端的にいって、'用語の意味を決めること' である。この言葉のギリシア語（ὅρος）は、もと '境界' あるいは '境界標' というような意味であったが、プラトン（Platon, B.C. 427-347）、アリストテレス（Aristoteles, B.C. 384-322）以来、上のように '用語の意味の正確な限定' の意味に用いられるようになったとされている。

人を説得するのには、まず用語がいろいろ多様の意味に受け取られると困るであろう。だから、この用語は、これこれこのようなことを意味し、それ以外の意味はないのだ、ということをはっきり相手に断らなくてはいけない。この '定義' ということに関連した規則が、上の第一にあげてあるわけである。

しかし、'すべて' の用語について、これを定義しようというのは不可能のことである。なぜなら、一つの言葉を定義するのに用いた言葉を、さらにまた定義しなければならない、ということになって、際限がないからである。ところがよくしたもので、実際には、上のような操作を繰り返していけば、ついには、もはや説明するまでもなく明らかな用語にめぐり合うのが普通である。このようなものは、これを定義することをあきらめて相手に認めてもらうことにするほかはないであろう。すなわちこれが a) の条項の趣旨にほかならないのである。

さて、'命題' についても、これとまったく同じ問題がある。人を論破しようというのであるから、現われてくるすべ

ての命題について，それが正しいか正しくないか，相手とともに確かめる必要があるであろう．しかし，すべての命題を論証しようとすれば，その論証の基礎になった命題をさらにまた論証しなくてはいけないということになる．このようにすれば際限がない．しかしながら，実際には，'定義'の場合と同様，このように次々と命題をさかのぼっていけば，ついには，もうどうしてもより簡単な命題からは論証できない，というきわめてはっきりした究極の命題につき当たるに違いない．こうなればもう論証することをあきらめて相手に'認めて'もらうより仕方がないであろう．このような命題を'公理'というのである．

第三の'論証'については，あまりつけ加えることがないと思われる．規則の中に出てくる'証明'というのは，ある命題を基礎とし，推論によって，他の命題の正しいことを立証する操作を意味している．

以上のパスカルの記述は，現代のわれわれにとっても，依然として重要な意味を持つ．もちろん，その困難さは論外としての話であるが，およそすべての人にわかってもらえるはずの話し方としては，おそらく最上のものの一つであろう．そしてしかも，いくら困難とはいえ，決して実行不可能のことではない．

このパスカルの'説得術について'は，彼の'幾何学的精神'*という著書の第二部なのであって，第一部は，'幾何

＊ 森有正訳　幾何学的精神（創元社）参照．

学的, すなわち方法的で完全な証明の方法について' と題されている. そこにおいては, 上に記したような方法が, また '真理を所有しているときに, それを証明する理想的な方法' でもある, と主張されている. パスカルにとっては, この第一部と第二部とは別物ではなく, ただその書き方の趣好を変えた, というだけの違いなのであって, いずれにおいても, 上の三箇条の規則こそ, およそ真理を納得させる最も卓越した方法であると繰り返し主張し, かつ, それに関連した彼の思索の跡をるる説明している, という次第なのである.

幾何学的精神

3. ところでパスカルは, かの三つの規則は別に彼の発明というわけではなくて, 遠い昔, ギリシア人がかの '幾何学' を建設するのに用いた方法にほかならないといっている. また, そのゆえにこそ, 書物を '幾何学的精神' と名づけたのであった.

事実, ギリシアの幾何学は, 上のような規則の忠実な履行の上に組み立てられている.

われわれが本書において興味を持つのは, 弁論術などではなく, もっぱら '数学' であって, 実は, 話をこの **'幾何学'** から始めていこうとしているのである. しかし, そうすると, どうしてもこの '論証の方法' というものを無視するわけにはいかなくなってくる.

1. 幾何学的精神——パスカルとエウクレイデス——

数学にはいろいろの性格があるが、なかでも最も著明なものとして、この'論証的'ということがあげられる。もちろん、時代に従って、'公理'などの意味はずいぶんと変わってはきた。しかし、ともかく'公理'と名づけられる'論証されないことがら'を基礎として、それからすべてを証明していく、という性格は、ギリシア以来少しも変化していない、といってよい。この意味で、ギリシアの幾何学は、最初の数学であった、ともいえようし、また数学を方向づけたものであった、ともいえるであろう。

ギリシア人という民族が、文化史の上に比類ない地位を誇ることができる理由の一つは、実にこの'論証的'ということの核心をはっきりと見極めたことにある。

これは、それ以前の民族の、ほとんどあずかり知らなかった人間精神の新しい一つの領域であった。

幾何学とは、端的にいって'図形の学'であって、エジプトの測量術から発達した関係上、geo-metry*＝earth measuring と呼ばれる。

ギリシアの幾何学は、エジプトの影響を受けて、タレス (Thales, B.C. 625 ごろ-546 ごろ)、ピュタゴラス (Pythagoras, B.C. 582 ごろ-493 ごろ) に始まり、エウクレイデス** (Eukleides, B.C. 300 ごろ) の'原論 ($\Sigma \tau o \iota \chi \varepsilon \hat{\iota} \alpha$)'*** に

---

* ギリシア語から出た英語.
** 英語では'ユークリッド (Euclid)'という。ユークリッドについては、中村幸四郎 ユークリッド (弘文堂) を参照。
*** 中村幸四郎他訳 ユークリッド原論 (共立出版).

集大成される．その途上，プラトンのかのアカデメイアの人たちが，その発展に大きな寄与をしたことも無視してはならない．

われわれは，この，ギリシア幾何学の結晶ともいうべき'原論'について，その内容を見ながら，あわせて'論証的方法'ないしは'幾何学的精神'の具体例を探ることにしよう．

エウクレイデスの'原論'

4. エウクレイデスにおいては，パスカルのいう'公理'に相当するものが二組に分かれ，**'公理（共通概念）'** * と **'公準（要請）'** ** とになっている．すなわち，エウクレイデスは，それらを，'一般に真なりと認められることがら'と，'幾何学建設に際してとくに前提として認められることが要請されることがら'とに二分し，それぞれを公理，公準と称えたのであった．しかし，後世，このような区別はなくなり，基礎となる命題はすべて一律に公理といわれるようになった．

'原論'は全部で十三章から組み立てられている．そのだいたいの内容を述べれば次のようである．

第一章は直線，平行線，三角形，第二章は面積の話，第

---

* κοιναὶ ἔννοιαι
** αἰτήματα

三章は円,第四章正多角形,第五章比例,第六章相似形,第七,八,九章は算術とか整数論,第十章は無理数論,第十一,十二,十三章は立体図形に関している.

もっとも,エウクレイデスは,章にいちいち題を設けているわけではないから,上に並べたのは,そのだいたいの色彩をいってみたものにすぎない.だから,また,そのことだけしか書いていないというわけではなく,そのことが完全に述べてあるというのでもないことに注意する必要がある.

少し詳しく立ち入ってみよう.

最初にかの'定義'がやってくる.おもなものを抜き出せば次のとおりである.

1. 点とは部分のないものである.
2. 線とは幅のない長さである.
4. 直線とはその上の点に対して一様に横たわるがごときものである.
8. (平面上の)角とは,相交わり,かつ一直線にならない二つの線の間の傾きのことである.
10. 一つの直線に対して,他の直線が二つの相等しい角を作るとき,その角を直角という.そしてあとの直線は前の直線に直角であるという.
14. 一つあるいは一つ以上の境界によって囲まれたものを図形という.
15. 円とは,その内部にある一定点から,そこへ至る距離がすべて等しいような曲線によって囲まれた平面図

形である.

16. そして,この定点を円の中心という.

23. 平行線とは,双方にどれだけ延長しても,どの方向においても交わらない二直線のことである.

'原論'の最初にあげてある定義は全部で二十三箇条ある.上にあげたのはそのうちの九個のみであるが,エウクレイデスのいう定義なるものの様子はこれで十分察し得ることと思う.

なお,'原論'には,この二十三箇条のほかにも,必要に応じ,ときどき途中で定義が追加されることを注意しておく.

定義の次に公準がくる.それは五箇条ある.

1. 任意の点より任意の点に直線をひくことができる.
2. 直線は延長できる.
3. 任意の中心および任意の半径*を持つ円を書くことができる.
4. 直角はすべて相等しい.
5. 一つの直線が二つの直線と相交わり,その片側にある二つの内角が,合わせて二直角よりも小なるとき,その二つの直線を限りなく延長すれば,その合わせて二直角より小

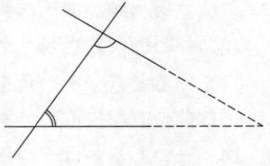

---

* 中心より円の周囲上に至る直線のことである.

なる角のある側において相交わる（前ページの図参照）．

その次は九箇条の公理である．

1. 同じものに，等しいものは相等しい．
2. 等しいものに，等しいものを加えれば相等しい．
3. 等しいものより，等しいものを取り去れば，その残りは相等しい．
4. 等しくないものに，等しいものを加えれば，その全体は等しくない．
5. 同じものの二倍は相等しい．
6. 同じものの半分は相等しい．
7. 互いに他をおおうものは相等しい．
8. 全体は部分より大である．
9. 二つの直線が面を包むことはない．

5. 以上の準備を終えて，エウクレイデスは，何の断りもなく，無愛想に，すぐさま本論にはいる．しばらく，彼の筆の進め方を見守ってみよう．

命題1．与えられた直線の上に等辺三角形*を作れ．

与えられた直線をABとせよ．Aを中心，ABを半径と

---

* 三角形とは周知のように三本の直線によって囲まれた図形．その三本の直線を'辺'という．辺のすべて等しいものが等辺三角形（あるいは正三角形ともいう）である．なお，エウクレイデスのいう'直線'とは，両端のあるいわゆる'線分'であることに注意せよ．

して円を描け（公準 3）．また，B
を中心，BA を半径として円を描
け（公準 3）．その交点 C より，
A, B へそれぞれ直線 CA, CB を
ひけ（公準 1）．A は円 BCD の中
心だから，AC＝AB（定義 15）．
同様にして BC＝BA（定義 15）．

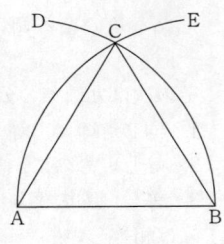

しかるに公理 1 によって，同じものに等しいものは相等し
い．よって AC＝BC．ゆえに，三角形 ABC は求めるもの
である．

命題 2．与えられた点を一端として，与えられた直線に
等しい直線を作れ．

A を与えられた点，BC
を与えられた直線とせよ．
AB 上に等辺三角形 DAB
を作れ（命題 1）．B を中
心，BC を半径として円を
描け（公準 3）．DB を延長
せよ（公準 2）．それと上の
円との交わりを G とし，D

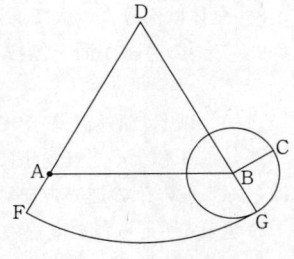

を中心，DG を半径として円を作れ（公準 3）．その円と
DA の延長（公準 2）との交わりを F とせよ．定義 15 より
DF＝DG, また三角形 DAB は等辺三角形だから，DA＝
DB, したがって公理 3 より AF＝BG．しかるに，定義 15
より BG＝BC．ゆえに公理 1 により AF＝BC．これ AF

が求めるものであることを示す．

　以上からよく知られるように，エウクレイデスは，定義，公理，公準およびすでに論証された命題から保証されることがらのみを積み重ねることによって，着実に目的を貫こうとする．パスカルの強調した'論証的'とは，すなわちこのようなことにほかならない．

　以下に，'原論'第一章に出てくる命題のうち，本書の議論に関係のあるものを幾つか抜き出して掲げてみよう．その'証明'は最後のものを除き，すべて省略する．

命題4．二つの三角形がそれぞれ相等しい二辺を持ち，この二直線のなす角が等しければ，これらの三角形は合同*である．

命題6．三角形において，二角が等しければ，相等しい角の対辺は相等しい．

命題8．三辺がそれぞれ等しい二つの三角形は合同である．

命題14．直線上の一点において，その直線の同じ側にない二つの直線が，合わせて二直角に等しい接角を作るならば，この二つの直線は一直線をなす．

命題26．二つの三角形において，対応する二つの角が相等しく，一辺が一辺に等しければ，これらの三角形は合同である．

命題27．一つの直線が二つの直線に交わってなす錯角

---

*　'互いに他をおおう'——互いに重なり合う——ということである．公理7参照．

が等しければ，この二直線は平行である（右図参照）．

命題 29. 平行線に一つの直線が交わってなす錯角は相等しい（右図参照）．

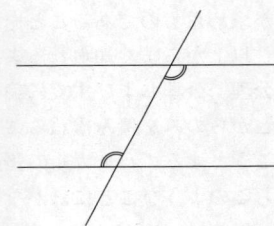

命題 31. 一点を通って，与えられた直線に平行線をひくことができる．

命題 32. 三角形の内角の和は二直角に等しい．

命題 37. 同じ底辺の上に立ち，同じ平行線の間にはさまれる三角形（の面積）は相等しい．

命題 41. 平行四辺形*と三角形とが底辺，高さを等しゅうすれば，後者（の面積）は前者（の面積）の半分に等しい．

命題 47. 直角三角形**において，直角の対辺の上の正方形***（の面積）は，直角をはさむ二辺の上の正方形（の面積）の和に等しい（次節参照）．

以上が原論第一章である．

---

* 四つの直線で囲まれた図形，すなわち四辺形のうち，対応する二辺がそれぞれ平行であるようなものを平行四辺形という．
** 一つの角が直角であるような三角形．
*** 辺がすべて等しく，角がすべて直角であるような四辺形．平行四辺形の一種である．

1. 幾何学的精神——パスカルとエウクレイデス——

6. 　前節最後の命題 47 は，普通 '**ピュタゴラスの定理**' あるいは '**三平方の定理**' といわれるもので，原論第一章は，この命題を目標として構成されているように見受けられる．

これに対する原論の証明は，ギリシア的推論の典型的な例であると思われるから，参考のため，ここに掲げておく．

以下，三角形を △，四辺形を □，また角を ∠ で示そう．

△ABC をば，∠BAC が直角であるような直角三角形とせよ．BC の上の正方形 BCED が，AB, AC の上の正方形 ABIH, ACFG の和に等しいことを証明する．

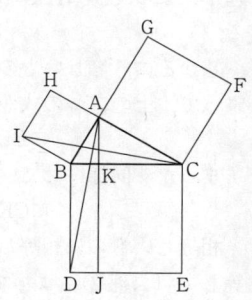

A を通って BD に平行線 AJ をひけ（命題 31）．AD, IC を結べ．△ABD と □BDJK とは底辺，高さがそれぞれ等しいから，

$$\triangle ABD = \frac{1}{2} \square BDJK \quad \text{（命題 41）}$$

直線 AB に対して，HA および AC は同じ側になく，和が二直角に等しい接角（∠HAB と ∠BAC）を作るから，HAC は一直線をなす（命題 14）．しからば，△BCI と □BIHA とは，底辺，高さを等しくすることになるから，当然

$$\triangle \text{IBC} = \frac{1}{2} \square \text{BIHA} \quad (命題 41)$$

△IBC と △ABD とにおいて，正方形の定義から，IB と BA，BD と BC は相等しい．さらにまた，∠IBC と ∠ABD は，等しいもの（∠IBA と ∠CBD）に等しいもの（∠ABC）を加えたものだから相等しい（公理 2）．ゆえに，△IBC と △ABD とは合同である（命題 4）．これより，公理 7 によって，△IBC と △ABD とは相等しいことがわかる．

しかるに，等しいものの二倍はまた相等しい（公理 5）．よって，上の二つの式から

$$\square \text{BDJK} = \square \text{BIHA}$$

まったく同様にして

$$\square \text{CEJK} = \square \text{ACFG}$$

相等しいものに相等しいものを加えれば，その結果は相等しい（公理 2）．よって □BIHA と □ACFG とを加えたものは，□BDJK と □CEJK とを加えたもの，すなわち □BDEC に等しい．これが証明さるべきことであった*．

7. 原論は聖書の次に広く読まれた書物であるといわれている．実際，人間の論理性を錬磨するのに，これほどぴったりした教典はあまり見当たらないであろう．ヨーロッパの学校では，幾何学を必須の課目として課

---

* 幾何学についてより詳しくは，小林幹雄　復刊 初等幾何学（共立出版）参照．

し，実に十九世紀の半ばごろまで，この原論'そのもの'が幾何学の教科書として用いられていた．たとえばイギリスでは，ユークリッド*といえば，幾何学の代名詞として通用したほどであった．

また，パスカルに限らず，多くの学者たちは，原論こそ学問の手本であると考えた．そのため，その形式を模した著書も数多い．哲学者スピノザ（Spinoza, 1632-1677）のエティカ**（Ethica）およびニュートン（Newton, 1642-1727）のプリンキピア（Principia）等はそのうちの著名なものである．

しかしながら，このようなエウクレイデスの原論にも，まったく欠点がなかったというわけではない．すなわち，この'論理的労作'にも，完全に論証的であるとは言いきれない箇所が幾つか見出されるのである．

たとえば，エウクレイデスは，さきに述べた第一章の命題1の作図において二つの円を描いている．彼は，それがたしかに交わると確信したもののようであるが，このことは原論にあげてある公理によっても公準によっても保証されてはいない．

公理や公準に書く必要もないくらい自明のこと，と考えたのであろうか．

しかし，そういう想像はちょっと認めにくい．彼は他の点であまりにも厳密だからである．勝手な想像をたくまし

---

* 前にも述べたようにエウクレイデスの英語名である．
** 畠中尚志訳 エチカ（倫理学）（岩波文庫）参照．

くするなら，見落したのでもあろうか．

　ギリシア時代の人々の幾何学に処する態度は，あくまで，このわれわれの住む'空間'に対する直観にきわめて強く密着したものであった．その見地からすれば，彼の'見落し'も大いにありそうなことに思われてくるのである．

　ともあれ，およそ二千年の間，このような欠点に気づいた人はほとんどいなかった*．それには，もちろん，ヨーロッパ人の根強いギリシア崇拝熱が大きく働いているかもしれない．しかし，それにしても，この二千年という長さは，エウクレイデスのあやまちが，非常に無理のないものであったということの証拠にはならないであろうか．

　この意味で，エウクレイデスは大多数の人を'説得することができた'といっても，決して言いすぎではないと思われる．

正しい推論の形式

8. われわれは，'幾何学的精神'ないしは'論証的方法'というものをそうとう綿密に調べてきた．

　それは，'立場を明らかにする'ことである，といってもよい．すなわち，一つのことを主張する際に，自分はいったいどのようなことを基礎とするか，また，自分の使う用

---

* もちろん，例外はある．たとえばライプニッツは種々のことに気づいた．

1. 幾何学的精神——パスカルとエウクレイデス——

語はどういう意味合いのものであるか,をすっかり述べて相手に承認を求める.そして,仮定したことのみを根拠とし,また用語には宣明した以外のいかなるニュアンスをも与えないで推論を進める,という仕方である.

こういえば簡単なことのようであるが,世間には,このことをただ'知っている'というだけでたちまち収まるはずの論争が,よくながながと続いている.

'Aという人は偉いか偉くないか'ということについてBとCとが論争する.Bは,Aは勲章を持っているから偉い,という.Cは,Aには芸術を解する能力がないから偉くない,という.これでは,いつまでたっても勝負のつくわけがない.

しかし,それはそれとして,われわれはこの'幾何学的精神'にいま一つの注釈をつけ加えておこう.

'幾何学的精神'が,'立場'を明らかにし,その'立場'をはずすことなく,一歩一歩推論を進める流儀だとはいっても,この'推論'そのものが人を納得させる力のないものであれば,とうてい完全な'説得術'たり得ないことは明らかである.

たとえば,'ローマは大都会である'ということを公理として取ることが相手に承認されたとしても,'それゆえ,ローマはイタリアの首府である'などと推論したりすれば,たちまち反撃を被るであろう.

ローマが大都会であり,またローマがイタリアの首府であることが事実であるにしても,'それゆえ'という限りそ

の反撃は避けられまい．

　一般に，'推論' というのは，すでに正しいと認められたことがら，すなわち '前提' から，一つの新しい命題，すなわち '結論' をば，'それゆえ' という一語を仲介として導き出すことを意味する．

　いったい，その推論が 'すべての人を納得させる'——あるいは '正しい'——とは，どういうことを意味するのであろうか．

　上の例からも知られるように，それは必ずしも前提と結論とがいずれも正しいということだけを意味するのではない．

　端的にいって，正しい推論とは，前提の知識だけで必然的に結論をも信用できるもののことである．

　上にあげた推論は，大都会であるというただ一つの理由をもってローマがイタリアの首府であることを主張する．

　これを聞いた人はこう思うに違いない．ニューヨークは大都会なのに，なぜアメリカの首府ではないのであろうか．また，大都会であるというだけでローマがイタリアの首府であるのなら，なぜ東京はイタリアの首府ではないのであろうか——．

　このような推論は，いくら前提が正しくとも，そのことだけからは結論をすぐさま信用するわけにはいかない．そうするためには，この前提のほかに，たとえば人文地理の知識を必要とするであろう．したがって，この推論は正しくないのである．

9. これに反して，次のような推論はその心配がない：

　　　　ソクラテスは人間である．
　　　　人間は死ぬものである．
　　　それゆえ
　　　　ソクラテスは死ぬものである．

これにおいては，前提二つを承認した上は，決して結論を否定できないからである．

次のような注意は事情をよりいっそう明らかにするかもしれない．

いま，上の推論において，'ソクラテス'をそっくりそのまま'エウクレイデス'に置き換えてみよう：

　　　　エウクレイデスは人間である．
　　　　人間は死ぬものである．
　　　それゆえ
　　　　エウクレイデスは死ぬものである．

かくしてできた推論においても，前提，結論はやはり正しい．また，'死ぬもの'をそのまま'眠るもの'で置き換えても事情はまったく同様である．その他いろいろにこれらの概念を置き換えてみれば，置き換えの結果，前提二つが正しくなるときはいつでも結論も正しくなっていることに気がつくであろう．

しかし，'ローマ'の例：

　　　　ローマは大都会である．
　　　それゆえ

　　　　　　　ローマはイタリアの首府である．

ではそうはいかない．たとえば，'イタリアの首府'を'フランスの首府'で置き換えると，前提は正しいにもかかわらず結論は間違ったものになってしまう．

　このことをよく考えてみると，一つの推論が正しいか正しくないかということは，それに含まれる概念には関係がなく，もっぱら，その'形式'にあることが察せられるであろう．

　まさしくそのとおりなのであって，たとえば，'ソクラテス'の推論が正しいのは，別にソクラテスの功績がしからしめるのではなく，その

　　　　AはBである．
　　　　BはCである．
　　　それゆえ
　　　　AはCである．

という形式が良いだけのことにすぎない．これに反し，ローマの推論が正しくないのは，それにふくまれる'ローマ'や'大都会'や'イタリアの首府'に責任があるのではなく，

　　　　AはBである．
　　　それゆえ
　　　　AはCである．

というその形式がまずいからに他ならないのである．

　このように正しい推論とは，'良い形式'にのっとった推論であるといってもよい．

また，良い形式とは，上からも知られるように，その中のA, Bなどに，どのような概念を代入しても，前提が正しくありさえすれば必ず結論も正しくなる形式であると称することができる．

10. それでは，良い形式にはどのようなものがあるのであろうか．実をいうと，それには数えきれないくらい多くのものが知られているのである．

　　　AはBである．
　　それゆえ
　　　BでないものはAでない．
という簡単なものや
　　　AはBである．
　　　BはCである．
　　　CはDでない．
　　　あるAはEである．
　　それゆえ
　　　あるEはDでない．
という複雑なものや，種々さまざまである．

もとより，これらは'良い'形式なのであるから，これらにのっとった推論がすべての人を納得させることはいうまでもないが，あとの例のように複雑なものになってくると，これを'すぐさま'納得できるというわけにはいかない．また，簡単なものでも，いつも間違わずにこれを駆使するのはなかなかむずかしいことである．

いろいろの形式を自分のものとして身につけるためには，ある程度論理的なものに習熟する必要があるであろう．そしてまた，習熟すればするほど，ますます多くの形式を身につけることができるのである．

しかし，ここに一つ幸いなことがある．それは，普通用いられる形式はたいてい前提が一つないしは二つの場合であって，上のように複雑なものはめったに現われないということである．もし現われても，たいがいは，たとえば次のように分解して，前提が一つないしは二つのものを何回か積み重ねたものと見なすことができる．（次の例はさきにあげた二番目の形式である．）

　　　　AはBである．
　　　　BはCである．
　　　⎛それゆえ　　　　　⎞
　　　⎝AはCである．⎠
　　　　CはDでない．
　　　⎛それゆえ　　　　　⎞
　　　⎝AはDでない．⎠
　　　　あるAはEである．
　　　それゆえ
　　　　あるEはDでない．

だから，主として前提が一つか二つのものに十分習熟すれば，たいていは事足りる，ということになってくる．

さりながら，一つの形式が与えられたとき，これが良いか悪いかをすぐさま判定できる方法はないものであろう

か．いちいち上のように分解したり，また前に述べたようにAやBにいろいろの概念を代入してみたりして調べるのは面倒でないとはいえないであろう．

11. オイラー（Euler, 1707-1783）はそのため次のような便利な方法を考案した．彼は，AとかBとかいうものを平面上の図形の内部でもって表現する．また'Aでない'とか'Bでない'とかいうことをその外側でもって表現しようとする．その上，さらに次の規約を置く．

(1) 'AはBである'という命題があったら，Aの図形をBの図形の内部に描く．
(2) 'あるAはBである'という命題に対しては，Aの少なくとも一部がBの内部へ入り込むように描く．
(3) 'AはBでない'に対しては，Aの図形をBのそれの外側に描く．
(4) 'あるAはBでない'に対しては，Aの少なくとも一部がBの外側にはみ出るように描く．

また，逆に，A, Bの図形が(1)〜(4)のどれかに該当するように描かれていれば，それに対応する命題をその図から読み取ることに規約する．

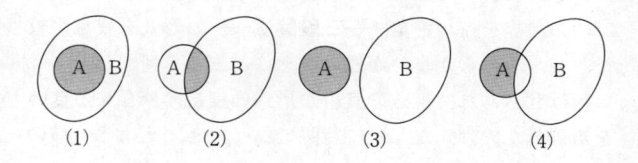

(1)　　　(2)　　　(3)　　　(4)

さて、このように決めておいて、いまここに一つの形式が与えられたならば、まず、その前提の一つ一つを上の規則に従って図に表現してゆく。かくしてできあがった図から——それが規則どおりに描かれた図でありさえすればどの図であっても——結論が読み取れるとき、その形式は'良い'形式だというのである。

たとえば、上の形式の前提

　　AはBである.
　　BはCである.
　　CはDでない.
　　あるAはEである.

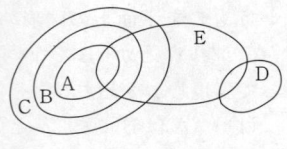

を図示すれば右図のようになるが、これから結論

　　あるEはDでない.

をまさしく読み取ることができる。すなわち、これは'良い'形式なのである。

この方法は実際推論する場合にもけっこう役に立つ。つまり、このような図形を各命題に対応させ、それを思い浮かべながら進めば、ある程度推論の誤謬を避けることができようというわけである。

この'推論の形式'というものは、'論理学の父'アリストテレスによってはじめて取り上げられた。その上、彼は二つの前提を持つ推論——**三段論法**——の形式を残らず枚挙して、それらが良いか悪いかをことごとく判別した。

何はともあれ、推論の良否が形式の良否に依存することを看破したのは、たしかに慧眼であったといえよう。彼の

この方面の著作は'オルガノン（Organon）'といわれる．

アレクサンドレイアの数学

12. エウクレイデスの生い立ち，風貌，履歴などについてはほとんどこれを知るすべがない．プロクロス（Proklos, 410-485）という人が'原論'第一巻の注釈を書いており，その中にエウクレイデスについてのわずかな記述を残しているが，現在残っている信用できそうな文献はほとんどそれだけであるとされている．

それによると，彼は紀元前300年ごろアレクサンドレイア（Alexandreia）にいたらしい．おそらく，プトレマイオス一世の招きを受けてそこにおもむいたものであろう．

プロクロスはまた，次の有名な逸話をも伝えている．エウクレイデスの幾何学の講義があまりにも厳正で近づきにくいものであったため，プトレマイオス王は彼に，もっと手っ取り早く幾何学ができないものか，と尋ねた．すると彼は，'幾何学に王者の道はありません'と答えたというのである．

アレクサンドロス（Alexandros, B.C. 356-323）の世界帝国はそのころすでに崩壊してしまっていた．しかし，プトレマイオスの受け継いだエジプトの首都アレクサンドレイアはアレクサンドロスの余光や地の利，そしてまた王家の賢明な政策によって，まさしく世界文化の中心たるの観を呈した．

もともと，アレクサンドロスがこの都市を建設した動機の一半は，その地の利を見て海上交通の一大根拠地たらしめようという点にあったといわれるが，ひとたび彼の偉業が成るや，東西の交通はいよいよ頻繁となって，ひとしおの繁栄を誇るようになった．その最盛時の人口は，およそ100万を数えたであろうといわれている．

　プトレマイオス一世およびその子プトレマイオス二世は極力文化を奨励した．彼等は，ムセイオンと称する学園を建ててそこへ多くの学者を招聘し，何不自由なく研究に専念せしめた．また，前代未聞の大祭を行って，それに参加した演奏者や競技者に賞金を惜しまなかった．

　アレクサンドロス東征の結果世界化したギリシア風はヘレニズムといわれるが，プトレマイオス父子の努力の結果アレクサンドレイアはその文化の一大中心となり，今日この時代のことを，文化史的にアレクサンドレイア時代ということがあるくらいである．

　学問については，形而上学的なものよりもむしろ種々の専門科学が大きく発展していった*．それには，むろん，時代の風潮が大きく作用したことであろう．

　エウクレイデスよりやや遅れて現われたアルキメデス**（Archimedes, B.C. 287-212）はこのようなアレクサンドレ

---

*　哲学についてはそのころアテナイにはアカデメイア等の学園が依然として存続していた．

**　河野与一訳　プルターク英雄伝（岩波文庫）マルケルスの項を見よ．

イアの学風をよく代表している．彼は理論家としても実際家としてもその時代一流の人であった．シュラクサイの生まれで，時の王ヒエロン (Hieron, B.C. 318 ごろ-225 ごろ) に愛され，のちアレクサンドレイアに学んだ．

ローマがシュラクサイを攻めたとき，大きな日光鏡で敵兵を焼き殺したという話．ヒエロンから金の王冠に混ぜ物があるかないか調べてくれと頼まれ，風呂へはいったとたんその方法を発見し，裸のまま 'Heureka (わかった)' と表へ飛び出したという話．このような数々の逸話によって，彼の学究的態度の一半を推すことができる．

新興ローマは堅実にその版図を拡大しつつあった．しかしアレクサンドレイアは最後の女王クレオパトラの治世までしばらく小康を保ち得たのであった．

13. 上に述べたように，アレクサンドレイアは交通の一大中心地であった．そこで，航海術上の必要などに迫られ，次第に三角法や天文学などが，この地に成長するに至った．

なかでも，'天文学の父' ヒッパルコス (Hipparchos, B.C. 150 ごろ) の業績には著しいものがある．

彼は太陽暦の一年を 365 日 5 時間 55 分 12 秒と算定したが，これは今日知られた正確なものにきわめて近い．それゆえ，今日，太陽暦の一年をはじめて精密に計算したという栄誉は彼に与えられている．

また，彼によって今日の **'三角法'** がそのだいたいの基

礎を整えられたといってもさして言いすぎではない.

三角法とは, 一つの三角形において, 幾つかの辺 (の長さ) と角 (の大きさ) を知って, 残りの辺と角を求める方法のことである.

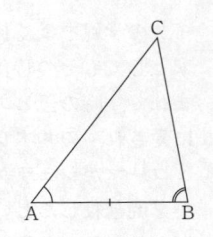

たとえば右図において, ∠A と ∠B および辺 AB の長さを知って, 長さ AC, BC あるいは ∠C の大きさを求めたりするのは, まさしく三角法の問題にほかならない. このような問題が航海術などにおいていかに必要となってくるかは, よく了解できるところであろう.

なお, これはちょっと横道へそれるが, 今日われわれの用いる角度の測り方:

$$1 \text{回転} = 360 \text{度}$$
$$1 \text{ 度} = 60 \text{分}$$
$$1 \text{ 分} = 60 \text{秒}$$

は, このころ天文学や三角法に取り入れられたものであるといわれている.

もともと, この方式はバビロニアに端を発したものである. どうして一回転を 360 度とするようになったか, ということについては諸説紛々としてはっきりしない. バビロニア人は一年を 360 日と考え, 円周で一年を表わしていたのであろう, という人もあるが, それとても臆説の域を出るものではない.

幾何学の三角法への応用

14. 幾何学がいかに実用的な問題に応用されるかを見るため，以下に '**三角法**' を現代的な仕方でまとめてみよう．

まず，そこにおいて最も基本的な '相似' の概念を説明する．

二つの三角形 ABC と A'B'C' において，∠A＝∠A'，∠B＝∠B'，∠C＝∠C' が成り立つとき，これら二つの三角形は相似であるといわれ

$$\triangle ABC \infty \triangle A'B'C'$$

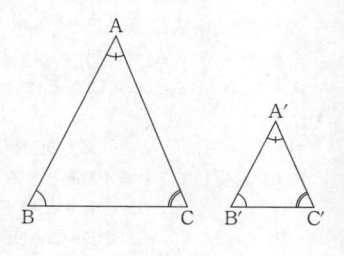

と記される*．

容易に察せられるごとく，二つの三角形が相似であるとは，それらがまったく同じ '形' をしていることを描写するものにほかならない．

相似な三角形において，最も重要なのは

$$AB : A'B' = AC : A'C' = BC : B'C'$$

なる関係が成り立つことである．

ここに，そのだいたいの証明を示しておく．

---

* ∞ は similar（相似）の最初の文字 S を横に倒した形である．

まず，Aを中心としA′B′を半径として円を描き，ABとの交わりをDとする．同様に，Aを中心A′C′を半径として円を描き，ACとの交わりをEとする．

DEを結ぶ．しからば，△A′B′C′と△ADEにおいて

$$A'B' = AD$$
$$A'C' = AE$$
$$\angle A' = \angle A$$

よって△ADEと△A′B′C′とは合同でなくてはいけない（命題4）．ゆえに

(1) $$\angle ADE = \angle B'$$

EDを延長してそれをEDFとする．このとき，

$$\angle ADE + \angle ADF = 2\,直角$$
$$\angle BDF + \angle ADF = 2\,直角$$

ゆえに

(2) $$\angle BDF = \angle ADE$$

(1)，(2)および仮定から

$$\angle BDF = \angle B$$

を得るが，これDEとBCが平行であることを示すにほかならない（命題27*）．

ところで '原論' 第六章命題1は，'高さの等しい三角形または平行四辺形（の面積）は底辺（の長さ）に比例する' というのであるが，これによれば，

(3) $$\triangle ADE : \triangle ABE = AD : AB$$
(4) $$\triangle ADE : \triangle ACD = AE : AC$$

一方

---

* 本章 5. 参照.

1. 幾何学的精神——パスカルとエウクレイデス——

$$\triangle ABE = \triangle ADE + \triangle BDE$$
$$\triangle ACD = \triangle ADE + \triangle CDE$$

であるが,命題 37 '同じ底辺の上に立ち,同じ平行線の間にはさまれる三角形(の面積)は相等しい' を考慮に入れると

$$\triangle BDE = \triangle CDE$$

であることが知られるから,結局

(5) $$\triangle ABE = \triangle ACD$$

を得る.(3),(4),(5)よりただちに

$$AD : AB = AE : AC$$

すなわち

$$A'B' : AB = A'C' : AC$$

また

$$A'B' : AB = B'C' : BC$$

についても事情は同様である.

15. 直角より小さい角,すなわち '鋭角'* PAQ が与えられたとき,PA 上の任意の点 B から QA に直角に BC をひくと,B の位置いかんにかかわらず,比

$$AB : BC : CA$$

は一定である.

その証明は次のようにすればよい.

いま,AP 上に別の点 B' をとり,そこから AQ に直角に B'C'

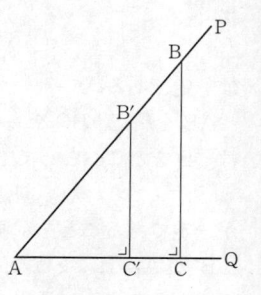

---

* これに反して直角より大きい角を鈍角という.

をひき，△ABC と △AB'C' とを考える．

これらにおいては，まず∠A は共通であり，また ∠B'C'A＝∠BCA＝直角である．

さらに命題 32 '三角形の内角の和は二直角に等しい' を援用すると，

$$\angle A + \angle BCA + \angle ABC = 2\,\text{直角}$$
$$\angle A + \angle B'C'A + \angle AB'C' = 2\,\text{直角}$$

ということがわかるから

$$\angle ABC = \angle AB'C'$$

よって

$$\triangle ABC \infty \triangle AB'C'$$

前節の命題を用いると，これよりただちに

$$AB : BC : CA = AB' : B'C' : C'A$$

が得られる．

どのように B' をとっても，かようになるのであるから，比：

$$AB : BC : CA$$

は一定である．

AB を斜辺，BC を高さ，AC を底辺というが，上の命題は，B をどこへとっても，比：

斜辺：高さ：底辺

が一定であることを示すにほかならない．

B' が AP 上にではなく AQ 上にとられたときにも，上の証明がそのままに通用することは容易に察せられるであろう（次ページの図参照）．

よってこの場合における

　　斜辺：高さ：底辺

なる比も，前とまったく同じものになるわけである．

　このようにして，一つの鋭角が与えられた場合，上のような比がただ一通り決まってしまうことが知られた．

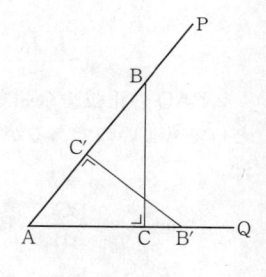

　この比は角の大きさを三角形の辺の長さに関係づけるのに大いに役立つものである．しかし，何といっても，これは三つの数の比であるから，ちょっと取り扱いに不便であることは否めない．そこで，この比を小分けにして次のように定義する：

(1)　　高さ：斜辺　これを∠Aの**正弦**という．

(2)　　底辺：斜辺　これを∠Aの**余弦**という．

(3)　　高さ：底辺　これを∠Aの**正接**という．

∠Aの正弦，余弦，正接はそれぞれ記号：

$$\sin A, \ \cos A, \ \tan A$$

で示される習慣である*．

　定義をよく見ればわかるように，これらの間には次のような関係が存在する：

---

*　$\dfrac{1}{\sin A}$, $\dfrac{1}{\cos A}$, $\dfrac{1}{\tan A}$ をそれぞれ cosec A, sec A, cot A と書いて，それぞれ∠Aの'余割'，'正割'，'余接'という．これらも有用なことがある．

$$\tan A = \frac{\sin A}{\cos A}$$

∠PAQ の正弦や余弦などを計算するには，B をどこへとってもよいのであるから，とくに AB の長さを 1 にとれば

$$\sin A = \frac{BC}{AB} = BC$$

$$\cos A = \frac{AC}{AB} = AC$$

となるはずである（右図参照）．

ところで，△ABC は直角三角形であるから，ピュタゴラスの定理によって

$$AB^2 = BC^2 + AC^2$$

以上三つの式から

$$1 = (\sin A)^2 + (\cos A)^2$$

という式が出てくるが，これはたいへん有用な公式である．

16. 以上は鋭角についての話であるが，鈍角についても上のような比が考えられると便利であろう．

ところが，この場合について同じことをやってみると，実はちょっと具合の悪いことが起ってくる．上にも述べたように，わざわざ正弦や余弦などを定義しようというのは，それらを媒介として角と辺との間になんらかの関係を

つけようとの意図があるからにほかならない．しかるに，鈍角について上のことをまねてみると，そうしてできた正弦や余弦は∠PAQのものというよりは，むしろ∠BACのものといったほうがふさわしいものになってしまうであろう（上図参照）．

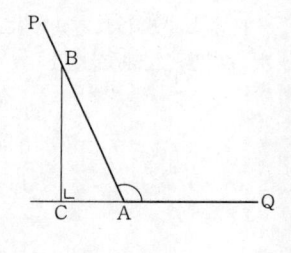

そこで人々は種々の経験から一策を案じた．つまり，この場合にはAQ上にあるべきCがAを越えてその延長上にはみ出したものと見なせるから，ACの長さを'負'だと考えることにしたらどうだろうというのである．

実際，いろいろのことに照らし合わせてみると，これはたいへん良い思いつきであることがわかってくる．

この仕方に従えば，正弦や余弦などの定義は鋭角の場合と同様なのであるが，ただ底辺が'負'なのである．

同様の考え方で，直角に対しては，上の場合における△ABCがつぶれてしまって，斜辺と高さとが一致し，底辺が0になったものと見なすことにする．

また，高さが0になった最も極端な鋭角すなわち0°の角や，同じく最も極端な鈍角すなわち180°の角に対しても，まったく同じ思想で正弦や余弦などが定義できる．

ただしこの際，直角の正接は分母が0になるから考えることができないことに注意する必要がある．0による割算は不可能だからである．

日常よく現われる角度についての正弦，余弦などの値は次のごとくである．

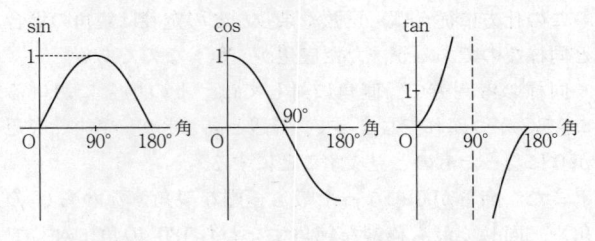

	sin	cos	tan
$0°$	0	1	0
$30°$	$\dfrac{1}{2}$	$\dfrac{\sqrt{3}}{2}$	$\dfrac{1}{\sqrt{3}}$
$45°$	$\dfrac{1}{\sqrt{2}}$	$\dfrac{1}{\sqrt{2}}$	1
$60°$	$\dfrac{\sqrt{3}}{2}$	$\dfrac{1}{2}$	$\sqrt{3}$
$90°$	1	0	
$135°$	$\dfrac{1}{\sqrt{2}}$	$-\dfrac{1}{\sqrt{2}}$	-1
$180°$	0	-1	0

17. 次は，このようなものが三角法の目的に対していかに有効に用いられるかを説明する段取りとなる．

△ABC において，∠A が鋭角であると仮定する．B か

ら AC に直角に BH をひ
く．しからば定義によって

(1) $\begin{cases} \sin A = \dfrac{BH}{AB} \\ \cos A = \dfrac{AH}{AB} \end{cases}$

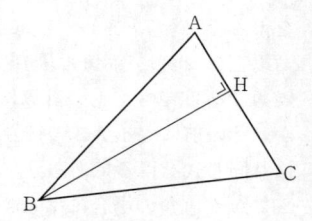

すなわち

(2) $\begin{cases} BH = AB \cdot \sin A \\ AH = AB \cdot \cos A \end{cases}$

を得る．∠C が鋭角もしくは直角か鈍角なるに従い，CH は

$$AC - AH$$

または

$$AH - AC$$

に等しい．これらを，ピュタゴラスの定理から出てくる式：

$$BC^2 = BH^2 + CH^2$$

に代入すれば，いずれの場合にも

$$BC^2 = BH^2 + (AC - AH)^2$$

となる．ここへ(2)を代入すれば

$BC^2 = (AB \cdot \sin A)^2 + (AC - AB \cdot \cos A)^2$
$\quad = AC^2 + AB^2 \{(\sin A)^2 + (\cos A)^2\} - 2AB \cdot AC \cdot \cos A$

前に述べたところから { } の中は 1 に等しい．よって結局

$$BC^2 = AB^2 + AC^2 - 2AB \cdot AC \cdot \cos A$$

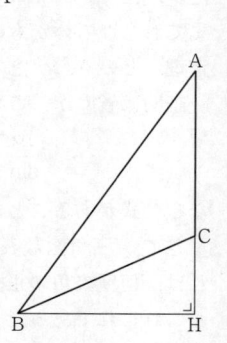

を得る．

 以上は∠A が鋭角の場合であるが，それが直角または鈍角であっても，上の計算における(1)の AH を 0 とするか，その前にマイナスの符号をつけ，以下同様に進めばやはり同じ式を得るであろう．

 ∠A が直角の場合には cos A は 0 であるから，上の式は
$$BC^2 = AB^2 + AC^2$$
となってピュタゴラスの定理に一致する．つまり上に述べた定理は，ピュタゴラスの定理をまったく一般な三角形にまでおしひろめたものと見ることができる．これを '**余弦定理**' という．

 証明は省くが，このほかに '**正弦定理**' と称せられる
$$\frac{BC}{\sin A} = \frac{CA}{\sin B} = \frac{AB}{\sin C}$$
なる公式があることに注意しておく．

 さて，'三角函数表' というものが世に行われている．それは，何度の角の正弦や余弦はどれくらいであるか，正弦がこれこれであったら角はどのくらいであるか，といった種類の計算の結果を表にしたものである．

 実は，この表と正弦定理，余弦定理を併用すると，三角法の目的にはほとんど万能であることが知られている．

 たとえば前にあげたことのある

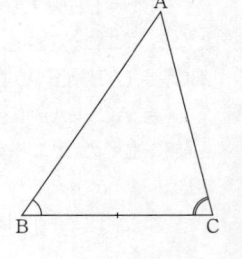

'∠B, ∠C, BC を知って AB, AC, ∠A を求めよ'という問題は次のようにして解ける：

a) ∠A＝2直角－∠B－∠C より ∠A を計算する．
b) sin A, sin B, sin C を三角函数表で調べる．
c) 正弦定理によって，

$$\frac{AB}{\sin C} = \frac{BC}{\sin A} = \frac{CA}{\sin B}$$

であるから

$$AB = \frac{\sin C}{\sin A} BC$$

$$AC = \frac{\sin B}{\sin A} BC$$

より AB, AC を計算する．

ギリシア幾何学の特徴

18. 話を'原論'にひきもどそう．

'原論'はまことに多種多様な知性の技術に満ちている．ギリシア人たちは一つ一つの問題をば，さながらパズルか何かを解くように楽しみながら処理していったのではあるまいか，とさえ思われるくらいである．

'原論'第一巻におけるピュタゴラスの定理の証明を想い起そう．

それは，次ページの第一図において，A と B を加えたものが C になることを示そう，というのであるが，エウクレ

第一図　　　　　　　　　第二図

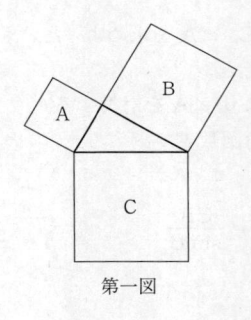

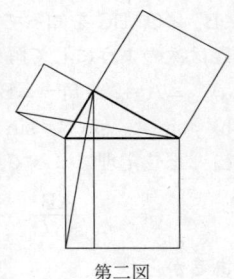

イデスはその目的のためにこの図に幾つかの補助的な線をつけ加え，第二図のようにしたわけであった．

ところがそのようにすると，第一図をただにらんでいただけではどう手をつけてよいかまるでわからなかった証明の筋道が，たちまち目の前に開けてくることになるのである．

いったい，第二図にひかれた幾本かの補助線は，どういう必然性を持つのであろうか．

A＋B＝Cを示すためには，CをばAに等しい部分とBに等しい部分とに分ければよい，と考えたのがおそらくそのきっかけではあったろうけれども，それだけでは上の補助線は出てこない．

しかし，いったんこのような補助線をひいてしまうと，とたんに証明がすらすらとできてしまうのであって，別の線をむやみにたくさんひいてみても，そうめったにこのようには成功するものではない．

推察されるように，成功する補助線を捜し出すことができるためには，勘も必要であれば熟練も要するし，その上，運不運さえも関係してくる．

また，注意すべきは，一つの命題を証明する方法は一通りとは限らない，ということである．一例として，ピュタゴラスの定理に対するいま一つの証明を掲げてみよう．

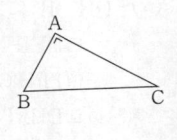

$\triangle ABC$ において $\angle A$ が直角であると仮定する．まず，一辺の長さが $AB+AC$ に等しいような正方形を作る．その各辺の上にそれぞれ H, I, J, K をとり

$$HE = IF = JG = KD = AB$$

ならしめる．しからば当然

$$DH = EI = FJ = GK = AC$$

ともなるから，$\triangle DKH$, $\triangle EHI$, $\triangle FIJ$, $\triangle GJK$ はすべて $\triangle ABC$ と合同である．□HIJK はこのとき一辺が BC に等しい正方形となるから

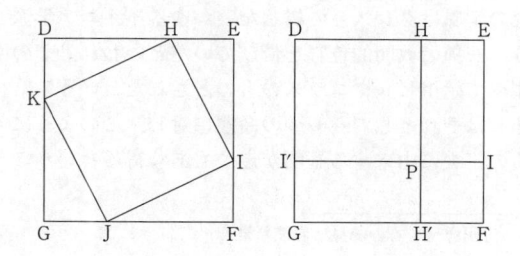

(1) $\square DEFG = 4\triangle ABC + BC^2$

を得る．

一方同じ正方形 DEFG をば，H, I において辺に直角にひいた HH′, II′ により四つの四辺形に分けると

$\square HEIP = HE \cdot EI = AB \cdot AC = 2\triangle ABC$
$\square I'PH'G = I'G \cdot GH = AB \cdot AC = 2\triangle ABC$
$\square DHPI' = DH \cdot DI' = AC \cdot AC = AC^2$
$\square PIFH' = IF \cdot FH' = AB \cdot AB = AB^2$

ゆえに

(2) $\square DEFG = 4\triangle ABC + AB^2 + AC^2$

である．(1), (2) よりただちに

$$AB^2 + AC^2 = BC^2$$

を得るが，これ証明すべき式にほかならない．

ピュタゴラスの定理は，ピュタゴラス自身によって見出されたものかどうかは明らかではないが，少なくとも彼の流れを汲むいわゆるピュタゴラス学派の所産であることはたしかなようである．そして彼等の得た証明というのは，おおよそ上のようなものであったろうと想像されている．彼等の学風はタレスらの属したいわゆるイオニア学派と異なり，一種の教団的色彩を帯びていたといわれ，その所産はすべて始祖ピュタゴラスのものとされたという*．

それはそれとして，一つの命題に対し，このようにいろいろの工夫に由来する証明が幾つもあり得るということは

---

* 吉田洋一　零の発見（岩波新書）．

興味深いことであって，それが幾何学によりいっそうの多彩な美しさと魅力を添えていることはたしかであろう．

19. 古来幾何学を勉強する人たちのこの学問に対する愛着の心も，多くはこのような'思惟生産の喜び'に起因すると察せられる．かの多彩な美しさこそは，まさしくギリシア幾何学の身上であるといっても決して言いすぎではない．

しかしながら，ひるがえって考えてみるに，学問にとってどうしても無視できないのはその'方法'であろう．

ギリシア幾何学の場合，その方法というのは，すなわち，図形にいろいろの補助線を加えて既知のことがらを注ぎ込めるようにし，もって仮定された性質と証明さるべき性質との間に一筋の論理的なつながりを確立するにある．

われわれは，この方法に通暁するためにはそうとうの熟練を要することを述べた．しかし，そもそも一つの学問において，その基調とする方法が多年の熟練によらなければ駆使できないようなものであれば，それがいかに魅力のある学問であったにしても，たいへん良い状態にあるとは言いきれないであろう．

ここで医術の進歩ということを引き合いに出すとよいかもしれない．医術の進歩とは名医というものをなくすことだ，などというとちょっと逆説めいてくるが，'進歩'という言葉を常識的に解釈する限り，そう荒唐無稽のことではないと思われる．経験や勘にたよる必要のない方法，すな

わち，このような容態のときはこうすれば必ず治るというような方法こそは，すべての医者の渇望するところであろう．してみれば，医者の間の個人差がなくなればなくなるほどそれだけ医術は良くなるのだといえないであろうか．

幾何学を勉強する人たちの痛感するところのものも，これと非常によく似ている．終日図形とにらめっくらをして問題と取り組んだ人なら，誰しも熟練をあまり必要としないような'万能の方法'を夢みたに違いない．

しかし注意すべきは，もしそのような万能の方法というものがあったとしても，かの'多彩な工夫'というものが全然不必要となるわけではないということである．その方法をより手際良く使うにはどうすればよいかという種類の問題も残れば，それを改良するという問題もまた起ってくる．ここでいうのは，そうした'工夫の出し惜しみ'の計画などではなく，個々の場合にどうしても多彩な工夫によってその弱点を補わねばならないようなものは学問の方法として完全とはいえないだろうということなのである．

上に望まれたような強力な方法の欠除は，そのままギリシア幾何学の欠点でもあった．ギリシア人が歴史の舞台から姿を消して以来，幾何学につけ加えられた新しい命題はほとんどなかったが，その原因の一半はおそらくこの'方法の弱点'にあったと思われる．

'原論'が知性錬磨のための好個の教典として末ながく重用され，尽きない魅力の対象であったことについてはすでに述べた．しかし，他方において，それがたちまちにし

て興味を失わせる劣等感の製造機であったろうこともどうやら否定できないようである.

ところで, このおそらくは'幾何道'を冒瀆(ぼうとく)するにも近い'万能な方法'への期待はみごとにこたえられることになった. その出現を見るまでにはエウクレイデス以後およそ二千年の間待つ必要はあったけれども, ともかく存在することは存在したのであった.

それは, こういうときにはこのような補助線をひけば必ず成功するという類の'秘法'ではないのであって, その意味ではギリシア幾何学の範疇からはみ出るものというべきかもしれない. いわば, 新しい指導理念が幾何学に導入されたのである.

それは, 一言にしていえば, 図形というものを, すべて'方程式'でもって表現し, 幾何学における証明法を'計算'に翻訳してしまうというやり方である.

この理念の下に整頓された幾何学は**'解析幾何学'**と称せられる. 二人のフランス人フェルマ (Fermat, 1601-1665) およびデカルト (Descartes, 1596-1650) がその発明に関与するのであるが, そのいきさつについて語るには, まず, その'方程式'というものに対する, インド, サラセンの人たちの研究に目を転ずる必要があるのである.

2. 光は東方より
——代数学の誕生——

ローマ人と数学——'位取りの原理'の発明と'零'の発見——インドの代数学——アラビア人の数学——ルネッサンスと数学の復興——記号の効用について——'一般方程式'の導入

ローマ人と数学

1. ギリシア人に代わって歴史の主役として登場したのはローマ人である．彼等は周知のごとく非常な繁栄を誇ったけれども，こと'幾何学'に関する限りほとんどなんらの反応をも示さなかった．文字どおりの意味でローマ人は，ギリシア人の見出したこの知性の新領域に，ギリシア人より一歩だに深く侵入し得なかったのである．このことをもって，'ローマ人はギリシア人以外の未開人たちと同列である'と酷評する人もないではない．

彼等とギリシア人とは，大いにその性格を異にしていたといわれる．ギリシア人のかの典雅高尚な哲学的知性にひきかえ，彼等はより実用的な智謀の持主であった．

ギリシア人のたしなんだ'宇宙をも併呑する'類の思索は，ローマ人にとって苦手であったというよりは，むしろ何の役にも立たないものであったのかもしれない．

そのためばかりでもあるまいが,ギリシア人の影が薄くなって以来,再びヨーロッパに幾何学の新しい著作が生まれたのは,まさしく西ローマ帝国の終焉した直後の六世紀に至ってからであった.それとても,ボエティウス(Boethius, 475-524)とかカッシオドルス(Cassiodorus, 490-595?)などのような二,三の人々の独創性のあまりない,断片にも近いものにすぎなかった.

西ローマが滅び,次いでゲルマンの移動が一段落を告げると,かのいわゆるカロリンガ帝国の時代がやって来る.そしてそれからルネッサンスの曙光がほのぼのと見え始める十三,四世紀のころまで,いかにしてこの悠久にも近い時間が過ぎたものかと怪しまれるくらいながながと,ヨーロッパは中世の暗黒へと溶け込んでいってしまった.

この時代,ヨーロッパでは,数学に限らず,ほとんどのものが極端に衰退したのであった.神学の尊厳に比べれば,他の物はそれが何事であろうと物の数ではなかったのであろう.

'位取りの原理'の発明と'零'の発見

2. あまねく知られているように,エジプトやバビロニアと並んで,インドにも古くから独特の文明が栄えていた.数学に関しても,インド人はギリシア人に劣らぬくらい重要な史的位置を占めるのである.'古代民族中,ギリシア人を除いては,インド人こそ卓越した数学的

能力を発揮せる唯一の民族である'と讃える人もある．

インド人の数学史上の役割について，まずどうしても逸することのできないのは'**位取りの原理**'の発明と'**零**'の発見であろう*．

位取りの原理というのは，数を記すのに，一の位，十の位，百の位，……をいちいち違った文字で示すのではなく，数字の書かれた位置でそれを区別しようという原則である．

たとえば'三万五千五百四十三'をば
$$35543$$
と書く現在のわれわれの記数法は，すなわちこの位取りの原理にのっとったものにほかならない．

この原理の秘密は別にむずかしいことではなく，ここに出てくる二つの 3 が同じ意味のものではなくて，その書かれた位置の相違のために一つは'三万'を表わし他は'三'を表わすというしごく簡明な理屈に基づいている．

ところが，ギリシア人のそれを初めとして，他の古代民族の記数法は，たいていこのようなものではなく，桁のあがるごとに数字そのものも変わる類のものであった．

たとえば，ギリシアで紀元前七世紀ころから用いられていた数字は次ページに示すようなものであった．

---

* 吉田洋一　零の発見（岩波新書）．

2. 光は東方より──代数学の誕生──

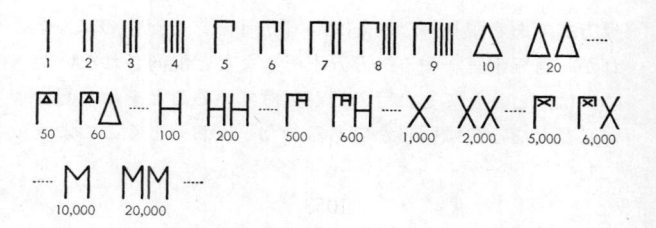

[ギリシア数字の表: 1, 2, 3, 4, 5, 6, 7, 8, 9, 10, 20, ……, 50, 60, 100, 200, 500, 600, 1,000, 2,000, 5,000, 6,000, ……, 10,000, 20,000, ……]

これを用いれば，上に述べた '三万五千五百四十三' は次のように記されるわけである．

[ギリシア数字による 35,543 = 3(万) 5(千) 5(百) 4(十) 3 の表記]

　われわれは日ごろインド式の記数法にあまりにも慣れ親しんでいて，その有難味があまりわからないのであるが，上のギリシア式の記数法などによる筆算が，いかに不便なものであったかは，二，三の例をためしてみればただちに了解されるであろう．また，ギリシア式のような記数法によるときは，無数に多くの数字を必要とすることも忘れてはならない．

3. 　上にも述べたように，インド人はまた，かの '零' を発見した業績によっても高く評価される．

　注意すべきは，この '零' の発見と，上の '位取りの原理' の発明とが無関係ではないということである．位取りの原理が数字の位置によってその '桁' を区別しようとい

う方式である限り，たとえば，'千五十三'を記すのに，それが'百五十三'や'一万五十三'などと混同されないためには，どうしても，百の桁が欠けていることを示す記号が必要となるのは明らかである．'0'はおそらくこのようにして，

1053

などのごとく，空位置を埋める記号としてまず現われたのであろう．そして，その後筆算における経験などから，次第に一つの'数'としての資格を獲得していったものと思われる．

　ギリシア人は，'数'というものを面積や長さのような'量'としごく密接に結びつけて考えていたので'零'というようなものが，たとえ問題となったにしても，これが'数'として認識されるためには，まず大がかりな哲学的論議の洗礼を経る必要のあったろうことは想像に難くない．'負の数'に至っては，なおさらのことである．

　しかし，インド人の'数'というものには，別に'量'などというニュアンスはなかったから，そうした理論上の障害は少なかったのであろう．計算に使われているうちに，零が自己を主張したのだとでも表現したほうがよいのかもしれない．

　そして，これもおそらくはそうした計算の経験からの所産であろうけれども，'負の数'をはじめて獲得したのも彼等であった．

　インド人の'零の発見'を，彼等の'空'思想に結びつ

けて考える人があるが、それは逆説的な意味においてたしかに正しいと思われる。彼等は、まことに'空思想'そのままに、何のこだわりもなく、あっさり零を承認したのではあるまいか。

この'位取りの原理'と'零'は、われわれの知る最初の著名なインドの数学者アーリヤバータ（Aryabhata, 475 ごろ-550 ごろ）の著書の中に、すでにはっきり現われているとのことである。

インドの代数学

4. インド人の数学に処する態度はギリシア人のそれと著しく異なっていたように見受けられる。インド人の数学は、'幾何学'と張り合ういま一つの数学の領域である'代数学'として発展したのであった。

一例によって、ギリシア人とインド人の考え方の相違を示してみよう。

原論第二巻には、'与えられた直線を二分し、その二つの直線を二辺とする矩形*（の面積）をば、与え

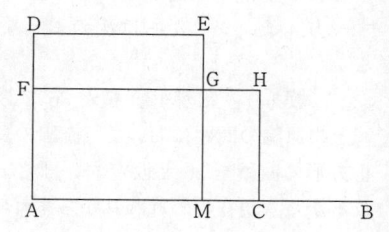

---

* すべての角が直角であるような平行四辺形をいう。

られた正方形（の面積）に等しくする'という問題が取り扱われている．その解法のあらすじは次のようである．

与えられた直線をABとし，その二等分点をMとする．また，AC, CBを求める二直線であるとし，それを二辺とする矩形をACHFとする．AM上の正方形AMEDを考えれば

　　　□AMED+□MCHG = □FGED+□ACHF

すなわち

　　　□AMED−□ACHF = □FGED−□MCHG

この右辺の二つの矩形はMCに等しい一辺を持ち*，他の辺の差はまたMCに等しいから，結局

　　　□AMED−□ACHF =（MCの上の正方形）

である．この式において，左辺第一項はABの半分の上に立つ正方形であり，第二項は与えられた面積に等しいが，いま，その差に等しい面積を正方形に直せば，その一辺としてMCの長さが作図によって求められるであろう．そうすれば当然Cが定まるに違いない．

一方，インド人たちは次のような問題を取り扱っている：

'二数あり，和が13，積が36である．二数いかん'．

上の原論の問題において，直線の長さを13，与えられた正方形の面積を36と仮定すればちょうどこの問題が得られるから，現在のわれわれからすれば両者はまったく同種

---

* ME=AM=MB, GM=HC=CBだからEG=ME−GM=MB−CB=MC.

の問題なわけである.

インド人たちのこの問題に対する解決の仕方は,これを現代的な記法を用いて書けば次のごとくである.

求める一数を x とすれば,仮定によって他は $13-x$ である.さらにまた仮定によって

(1) $$x(13-x) = 36$$

しからば

(2) $$x^2-13x = -36$$

であり,よって,また

(3) $$x^2-13x+\left(\frac{-13}{2}\right)^2 = \left(\frac{-13}{2}\right)^2-36$$

すなわち,

(4) $$\left(x-\frac{13}{2}\right)^2 = \frac{25}{4} = \left(\frac{5}{2}\right)^2$$

である.これより

(5) $$x-\frac{13}{2} = \frac{5}{2} \text{ または } -\frac{5}{2}$$

すなわち,

(6) $$x = 9 \text{ または } 4$$

を得る.これが求めるものである.

以上のような比較は,もとより今日的な立場からするものにすぎず,したがって象徴的な意味しか持たないことはいうまでもないが,ギリシア人とインド人の考え方の相違はだいたい汲み取られることと思う.前にも述べたことであるが,ギリシア人の関与するのが主として長さや面積な

どの'量'であるのに対し，インド人の取り扱うのが'数'そのものであるということが，ここにもよく現われている．

ギリシア人は，'与えられた条件を満足する量をば図の上で求める方法'を追求したのであり，一方インド人は，'与えられた条件を満足する数をば実際に計算する方法'を追求したのであった．これはまた，そのまま，'幾何学'と'代数学'の特徴を形づくる根本的な性格であるということができる．

なお，ちょっと話は変わるのであるが，ギリシア幾何学には，このように，今日的な立場からすれば代数学の問題の解法にほかならないような考察が数多く見出される．そして，それは，内容的にはインド人の代数学における成果とほとんど匹敵するほどのものであり，またその理論の用途もそれと酷似しているのである．この意味から，デンマークの数学史家ツォイテン（Zeuthen, 1839-1920）は，ギリシア幾何学のこの部分をば'幾何学的代数（geometric algebra）'と命名したのであった．

5. 代数学の主要な問題は，与えられた条件を表わす式——**'方程式'**——から未知数——**'根'**——を計算することである．このことは'方程式を解く'という言葉で言い表わされる．

上述のことから知られるように，これはちょうどギリシア幾何学における'与えられた性質を持つ量の作図法'に

相当している．

ところで，ギリシア人は'作図法'を構成する際，その道具として，あらかじめその背後に，図形の一般的性質に関する幾多の命題を用意しておいた．たとえば上の線分の分け方の作図法においては，二つの式の出てきたすぐあとで，'二つの矩形が等しい一辺を持てば，その差は，第二の辺の差とその等しい辺とを二辺とする矩形に等しい'というような命題が用いられているわけである．

これとまったく同様に，代数学においても，方程式の解法を構成する際，式の計算に関する一般的関係がいろいろと用意される．たとえば，前節の例においては，方程式

$$x(13-x) = 36$$

を解くのに，実は

(a) $C(A-B) = CA - CB$

(b) $A = B$ ならば $-A = -B$

(c) $A = B$ ならば $A+C = B+C$

(d)* $(A-B)^2 = A^2 - 2AB + B^2$

などの一般的関係が用いられていた．実際，(1)から(2)への移り行きの際には(a)および(b)が，また(2)から(3)へ移る際には(c)が，さらにまた(3)から(4)への場合には(d)が用いられている．

これらの関係がちょうどギリシア幾何学における公理，公準およびそれらから導かれたもろもろの命題に相当する

---

* このように符号'='で結ばれた一般的関係は'恒等式'といわれる．

ものであることは，容易に見て取られるであろう．したがって，代数学ではこのような一般的関係の研究も大きな問題となることはいうまでもない．

しかし，ここに十分強調する必要のあるのは，ギリシア人と違って，インド人は彼等の論議を十分'論証的'に整理していたというわけではなく，また'一般的関係'への自覚もあまり完全ではない，ということである．だから，一般的関係が公理や公準や命題などに相当するとはいっても，それはただギリシア幾何学の構成との今日的な眼からする比較の話にすぎないということを銘記しなければならない．

アラビア人の数学

6. 七世紀，アラビアの野に忽然としてイスラム教が勃興した．アラビア人たちは剣とコーランを手に破竹の勢で四隣を従え，ほどなく，東はインダスの流域から西はイスパニアにまでまたがるいわゆるサラセンの大帝国を建設した．八世紀中葉，この大版図は東西二つのカリフ国に分裂したが，両朝競って交通貿易を勧め，また学芸を保護したので，両者とも国富み文化また栄えることとなったのである．

おりしもヨーロッパでは封建制度がようやく強固となり，人々の自由な創造への意志はほとんど失われてしまっていた．そのため，このころのヨーロッパ人には，かの輝

2. 光は東方より——代数学の誕生——

かしい古代の文化を保存して次代に伝える能力はすでになかったといえる．

　これにひきかえ，南国の風物の上に花開いた新興のサラセン文化は，ギリシアの遺産を十分に受け継ぐとともに，一方においてはインドの文化をも取り入れた，一種独特の華やかなものであった．

　われわれの関与する数学については，彼等は非常な博識を誇ったといわれている．しかし，独創性という点に関しては疑いがないわけではない．このことについて，なかには，アラビア人はギリシアとインドの数学を受け入れて単に保存したにすぎないと極言する人もあるくらいではある．しかし，それはたしかに不当であって，彼等の数学史上の地位は少なくとも保存者としてのそれのみではないと信ぜられる．

　彼等の特徴には，何よりもまず，その清濁併せ呑む寛大さを数え上ぐべきであろう．その度量のため，彼等の頭脳中にはギリシアの'幾何学'とインドの'代数学'とが仲よく並存した．その結果，それらの特徴である'量'と'数'とが次第に融合し，やがて相互扶助の関係を結ぶに至るのである．すなわち，誰の発明ということもなく，いつからということもまたないのであるが，量は数として計算され，方程式は幾何学的背景を持つようになっていった．

　このことは，数学史上の事実として，決して見のがし得ないことであろう．

7.

たとえば、アラビアの著名な数学者アル＝フワーリズミー（Al-khwârizmî, 825 ごろ）は、二次方程式*

$$x^2+6x = 16$$

を次のように解いている．

まず、一辺が $x+\dfrac{6}{2}$ であるような正方形を描く．その面積は右図からも明らかなように

$$x^2+2\left(\dfrac{6}{2}x\right)+\left(\dfrac{6}{2}\right)^2$$
$$= x^2+6x+9$$

である．いまもし、この x が求める数であるならば

$$x^2+6x = 16$$

でなくてはいけないから、上の正方形の面積は

$$x^2+6x+9 = 16+9 = 25 = 5^2$$

ということになる．これは、その一辺が 5 であることを示すにほかならない．

ゆえに

$$x+\dfrac{6}{2} = 5$$

すなわち

---

* 未知数の平方を含む方程式．

$$x = 2$$

を得る.

この方法には，インド人のやり方では当然出てくるはずの'負の根'が求められない*という欠点はある．しかし，このような考え方は，形式的な計算を事とするインド人にも，量を形式的に計算することを知らないギリシア人にもおそらくできなかったものであろうと推察される．前に述べたギリシア人の'幾何学的代数'というものも，'代数学に相当する幾何学の理論'というだけで，ギリシア人が'方程式'というものを対象として，それを解くためにこのようなものを考え出した，というわけではないのである．すなわち，このような'両数学の融合'という点にこそアラビア人の重要な役割があったといえるであろう**.

アル＝フワーリズミーは'アルジャブルとアルムカーバラの計算の書'という代数学書を著わしているが，この表題は

　　　　移　　項：A+B=C ならば A=C-B
　　　　括弧の規則：C(A+B)=CA+CB

という二つの'一般的規則'を意味するものである．この'アルジャブル（al-jabr）'から今日の'algebra（代数学）'という言葉ができたのであった.

なお，アラビアでは数学は天文学者の手にあったといわ

---

* 上の方程式には2のほかに -8 という根がある．
** もとより，そのような融合が組織的に行われたというわけではない．

れるが、そのためもあってか三角法が発達したということ
をも忘れてはならない．

ルネッサンスと数学の復興

8. アラビアの数学はだいたい紀元 1000 年ごろを頂点として，その後は下り坂に向かったものと信ぜられている．十二世紀から十四世紀へかけて，東カリフ国へはヨーロッパから十字軍が来襲し，また蒙古がやって来た．西カリフ国でも次第にクリスト教国からの圧迫が加わってきたのである．彼等の学派は十五世紀ごろまで続いたことは続いたが，諸般の事情のため，結局は衰退の一途をたどったのであった．

しかし，一方，ヨーロッパの人々はようやく中世の眠りから目ざめつつあった．周知のように，それには十字軍の影響が非常に大きいのであるが，そのためもあって，その気運はまずイタリアに現われた*．人々は，次第に，自分の眼でものを見，自分の頭でものを考えることを知るようになってきた．すなわち，徐々に近世は明け初めるわけである．

さりながら，数学については，いったん失われた古代の数学がにわかに復興したというわけではない．それには，およそ十二世紀ごろまでにもさかのぼる苦闘の歴史が記録

---

* ヴェネツィア，ジェノヴァなどは東方交通の衝であった．

されている．当時の文化保持者はいうまでもなくイスラム教徒であったが，彼等はときにしっとぶかくて，容易にはその文物をキリスト教徒に渡さなかった．これらの文物を吸収することは，ときとして生命の危険をも冒すことであったのである．

しかし，篤学の士はイスラム教徒に変装してイスパニヤの大学に遊学した．最初にこの危険を冒した人々の中で有名なのは，イギリスの修道僧でバス出身のアデラード (Adelhard of Bath, 1120 ごろ) である．彼はコルドバ大学の講義に出席して，ついに '原論' の写しを入手することに成功した．そしてこれをラテン語に翻訳したのであった．

そのように困難なことではあったが，たゆまないヨーロッパ人の努力は次第に実を結んだ．その上幸いなことに，やがて東ローマの首都コンスタンチノープルが陥落するや (1453)[*]，ギリシア文明の豪華な遺宝を持って落人たちがイタリアへ逃げのびて来た．それらがあいまって，ギリシア，インドおよびアラビアの数学はようやくヨーロッパ人の手に収まることになるのである．

しかも，グーテンベルク (Gutenberg, 1394?-1468) の発明にかかる印刷術は未曾有の迅速さをもってあらゆる知識を普及せしめた．

十六世紀とともに，華やかな開花の時代がやって来る．

---

[*] これを陥落せしめたのは，オスマン・トルコのマホメット二世である．

記号の効用について

9. インド人やアラビア人が二次方程式を取り扱っていたとはいっても，彼等が事もなくそのようなものを処理していたというふうに取られると実は少々困るのである．

彼等はもちろんのこと，彼等の代数学がヨーロッパに伝わってからも，二次方程式を取り扱うことはそうとう骨の折れることであったろうと想像される節がないではない．

代数学が進歩すれば，その考察の対象が三次方程式，四次方程式と次第に増えてゆくのは当然のことであるが，十六世紀にはいってこれらのものの一般的解法*が見出されるまでには実にさまざまの曲折があった．通常，三次方程式の一般的解法の発見者の一人として名前の知られたカルダノ（Cardano, 1501-1576）は，そうとう長い間この問題を考えたことがあったようである．しかも，ついにこれを発見することができず，人から教えてもらったのだ，といわれている．

三次方程式や四次方程式となるとちょっと事が面倒で，カルダノのようなすぐれた人でも長い期間をかけてなおわからないということもあるいはあり得るかもしれない．し

---

* どのような三次方程式でも，それに従えば必ず解けるという方法が'三次方程式の一般的解法'である．四次方程式についてもこれに準ずる．

かし，ここに，少なくともそのようなものの考察を妨害したに相違ないと推察される原因が幾つか数え上げられる．

それには，まず，そのころの'記号'について説明するのが一番近道であろう．

当時たいへん優秀な学者の一人であったボローニャのボンベリ（Bombelli, 1526-1572）という人は

$$\sqrt{7+\sqrt{14}}$$

をば

$$R_q \llcorner 7 p R_q 14 \lrcorner$$

と書いていた．R_q は平方根，$\llcorner \ \lrcorner$ は括弧，p は + である．彼の著書の中には，この流儀による

$$R_q \llcorner R_c \llcorner R_q 68 p 2 \lrcorner m R_c 68 m 2 \lrcorner$$
$$\left(\sqrt{\sqrt[3]{\sqrt{68}+2} - \sqrt[3]{68-2}} \right)$$

といったふうの面倒な式が一つならず見出される．

もちろん，このようなものも使っていれば次第に慣れてくるということもあるには違いないが，何といっても見にくいことは否めないであろう．こういう記号を使って二次方程式を解いてみれば，それが案外面倒なものであったということがわかると思われる．

これは，拙い記号がすべてを見にくくしてしまうことの良い例である．

世には，記号なぞどうでもよい，要は概念なのだ，という人がある．一面の真理でないとはいわないが，しかし，この社会から記号というものがすべて奪われたとしたら，何ほどの文明を保持してゆくことができるであろうか．現

にここに書かれている文字も記号である．言葉もまた記号である．そのように欠くべからざる記号であってみれば，その良し悪しの影響はけだし無視できないものがあるはずである．

　元来，記号というものは実用的な目的を持ったものといえる．それは，一つの言葉，一つの文字，一つの徽章がある観念を代表することによって，その観念を人に伝えやすくし，また操縦しやすくする役割を果たすものである．してみれば，その機能をより有効に果たすものがすなわちより良い記号ということになるであろう．

　少なくとも数学においては，主題に対するひたむきの追究とほとんど同程度に，'良い記号の発明'ということが大きくその進歩に寄与してきた．上の例からもその一半は推察できると思われる．

'一般方程式'の導入

10. 　方程式の考察を困難にしたもう一つの理由がある．すなわち，十六世紀初頭までの人々は，二次方程式とか三次方程式とかいうものの'観念'は持っていたけれども，現在われわれが書くところの

$$x^2+ax+b=0$$

とか

$$x^3+ax^2+bx+c=0$$

とかいう文字を係数にした'**一般二次方程式**'や'**一般三**

次方程式などというものを持っていなかった.

今日われわれは二次方程式を次のように取り扱う.

まず最初に一般二次方程式
$$x^2+ax+b=0$$
を取り上げ，これの'根'を求めておく：

$$x^2+ax+\left(\frac{a}{2}\right)^2 = \left(\frac{a}{2}\right)^2-b$$

$$\left(x+\frac{a}{2}\right)^2 = \frac{a^2-4b}{4}$$

$$x+\frac{a}{2} = \pm\frac{\sqrt{a^2-4b}}{2}$$

(1) $$x = \frac{-a\pm\sqrt{a^2-4b}}{2}$$

しかして，いまもし具体的な方程式
$$x^2-11x+30=0$$
が与えられたならば，(1)の a のところへ -11 を，また b のところへ 30 を代入して，ただちに根

$$x = \frac{11\pm\sqrt{11^2-4\times 30}}{2} = 5 \text{ または } 6$$

を得る.

もとより，十六世紀初めまでの人々も
$$x^2-11x+30=0$$
をば，上とまったく同じ計算の筋道によって

$$x^2-11x+\left(\frac{-11}{2}\right)^2 = \left(\frac{-11}{2}\right)^2-30$$

$$\left(x-\frac{11}{2}\right)^2 = \left(\frac{11}{2}\right)^2 - 30$$

$$x - \frac{11}{2} = \pm \frac{\sqrt{11^2 - 4\times 30}}{2}$$

$$x = 5 \text{ または } 6$$

と解くことは知っていた．この方法はインドにおいてすでに知られていたものである．

今日の解法がこれと異なるのは，一般方程式を取り扱うために，上のような計算を一度やっておけば，個々の方程式についていちいち繰り返す必要はなく，(1)という'根の公式'に a や b の特別な値を代入するだけで根が出てしまうという点にある．

このような'一般方程式'の効能をさまでたいしたことはないと考える人があるいはあるかもしれない．しかし，実はこれがあるとないとでは本質的といってもよいくらいの相違があることを銘記しなければならない．

11. その間の事情をより明らかにするために，今度は三次方程式を考えてみよう．

まず，ここに
$$x^3 - 6x^2 + 11x - 6 = 0$$
という方程式が与えられたとする．この根は次のようにして簡単に求められる：

(1) $\qquad x^3 - 6x^2 + 5x + 6x - 6 = 0$

(2) $\qquad x(x^2 - 6x + 5) + 6(x - 1) = 0$

(3) $\qquad x(x-1)(x-5)+6(x-1)=0$

(4) $\qquad (x-1)\{x(x-5)+6\}=0$

(5) $\qquad (x-1)(x^2-5x+6)=0$

(6) $\qquad (x-1)(x-2)(x-3)=0$

よって

$$x=1 \text{ または } 2 \text{ または } 3$$

そこで,今度は

$$x^3+6x^2+11x-6=0$$

という方程式を考えてみる.この方程式と前の方程式との違いは,ただ $-6x^2$ が $6x^2$ に変わっている点だけであるから,これを解くのには上とまったく同じ方法が通用しそうに思われる.ところが,実際やってみるとなかなかうまくいかない.たとえば,(1)から(2)へは同様に移れても,(2)から(3)へ移る際に $(x-1)$ が $(x+1)$ と変わってきて,もはや(4)へ移れないということになってしまう.これはいったいどういうわけであろうか.

実は,何も深遠な理屈があるわけではない.いってみれば,上の方法がただ最初の方程式にしか通用しないようなものであったにすぎないのである.

十六世紀初めころまでの人たちは,必ずや,こういうふうに繰り返し繰り返しためしてみて,すべての方程式に通用する解法もがなと捜したことであったろう.

$$x^3+ax^2+bx+c=0$$

という '一般方程式' の効能は,こういうところに現われてくる.

問題は
$$x^3-6x^2+11x-6=0$$
に対して成功した方法が，この方程式の'個性'に依存するものであるのか，それとも没個性的な'一般解法'であるのかということである．

方程式の個性は，いうまでもなく，−6 とか 11 とかいう'係数'の特異性から生まれてくる．ところで，'一般三次方程式'というものは，係数のすべての特異性を捨て去ってできた'三次方程式の代表'ともいうべきものにほかならない．してみれば，一つの方程式について成功した方法がもし没個性的なものであるならば，それはまたこの一般三次方程式にも通用しなくてはいけないはずであろう．

逆に，一般方程式の解法がすべての方程式に通用するものであることもまた明らかである（前節参照）．

よって，一般的解法を捜すためには，一般三次方程式の解法を捜せばそれでよいということになる．

個々の方程式を解いて，その方法が他のすべてに通用するかどうかをいちいちためす労力に比べれば，これは無視できない簡約とはいえないであろうか．些細にも見える'一般方程式の導入'という工夫がこのような効果を産むということは注目すべきことといわなければならない．

12. 数学の大きな信条の一つは，あらゆるものの'記号化'ということである．

'三次方程式一般'という'観念'を持つだけにとどまら

ず，それを記号化して
$$x^3+ax^2+bx+c = 0$$
という'一般三次方程式'を導入する効果は，初めは単に個々の三次方程式の'代表'を作るにしかすぎないけれども，ついには代表それ自身がその存在を主張し始める．しかして，このような'代表そのもの'という新しい対象に対する形式的な計算が，上にも述べたように，あらゆる三次方程式に通用する'計算の代表'になるのである．

　数学においては，このようなことはたえず行われているのであって，通常'公式'といわれるものは，すべて，こうした'一般概念の記号化'から生まれてくるものにほかならない．

　かく，観念を記号化し，新しく対象となった記号の性質を種々検討することによってさまざまの考察を一望に収め，かつ，もとの観念を明晰なものにする，というのは，数学の大きな性格であるといっても言いすぎではない．したがって，代数学は'一般方程式'というものを得て数学的に一段の進歩を遂げたと言い得るであろう．

　この一般方程式をはじめて得たのはウィエタ（Vieta, 1540-1603）であるといわれている．彼は十六世紀後半における最高の数学者の一人であった．方程式についての卓越した諸研究，また幾何学における数々の業績*は彼がなみなみならぬ頭脳の持主であったことを物語っている．

---

*　たとえば彼は円周率（円周と直径との比）を小数点下第9位まで正しく計算した：3.141592653….

二次方程式
$$x^2+ax+b = 0$$
の二根を α, β とすると
$$\alpha+\beta = -a, \quad \alpha\beta = b$$
であり，三次方程式
$$x^3+ax^2+bx+c = 0$$
の三根を α, β, γ とすると
$$\alpha+\beta+\gamma = -a, \quad \alpha\beta+\beta\gamma+\gamma\alpha = b, \quad \alpha\beta\gamma = -c$$
が成り立つといういわゆる '**根と係数の関係**' を（不完全ながら）導いたのも彼であった．それは，その時代，彼にしてはじめてなし得たことであったろうと思われる*．

---

* 方程式については，高木貞治　代数学講義　改訂新版（共立出版）を参照．

3. 描かれた数
——デカルトの幾何学——

数と図形の統一——点の座標と二点間の距離——直線の方程式——円周の方程式——必要条件と十分条件——解析幾何学による問題の処理——デカルトとフェルマ——円錐曲線——円錐曲線のとらえ方の変遷——円錐曲線の方程式——円錐曲線のとらえ方の統一

数と図形の統一

1. 十七世紀の初めころまでには,ギリシア幾何学はヨーロッパにおいて完全に復興した.ウィエタらは,上にも触れておいたように代数学者であると同時に優秀な幾何学者でもあったことが知られている.'点''直線''曲線''円''角'などの幾何学的概念は,この時代の数学者にとってすでに常識の一部となっており,彼等はそれを自由に駆使することができたのである.

一方,インド,アラビアの代数学は,ウィエタらの努力によって,記号の操作による'一般式'の研究分野としての本領を自覚したが,これも同じく十七世紀の初めごろまでには普遍的な観念と記号とを獲得するに至った.

今日われわれが用いる

$$+,\ -,\ \times,\ =,\ \sqrt{},\ >$$

などの記号は,このころ固定したものであることが知られ

ている．さらにまた，ギリシア以来の伝統でなかなか浸透しなかった'負数'の概念も，このころになってようやく'正数'とほぼ対等の地位を与えられるようになった．

しかしながら，この時代の人々にとっても，幾何学はやはり面倒なものであったし，新興の代数学も，はなはだ形式的な味気ないものであったらしい．

哲学者デカルトはおそらく当時最高の頭脳の持主であったろうと想像されるが，彼でさえも次のように述懐している：

'古代人の幾何学や近代人の代数学についていえば，それらの学問は非常に抽象的で，何の役にも立たないことがらだけに関するのみならず，その前者はただ図形の観察にのみ限られるために，想像力をひどく疲れさせることなしには理解力を働かせることができない．また後者においても若干の規則や若干の記号に盲従させられるために，人はこのものをもって精神を陶冶する学問とはせずして，それを悩ますばかりの混雑にしてわかりにくい技術としてしまった'．

デカルト

幾何学の特徴は，まさしく'観察'できることにあり，したがって'想像力'が利用できる点にある．また代数学の特徴が'記号'化された式を'規則'に従って計算する点にあるのはすでに触れたとおりである．さりながら，それらはどうやらその特徴それ自身のために敬遠されるものとなったかに見える．

代数学においては，個々の場合に応じて工夫をめぐらさなくても答の出せる'計算'や'公式'というものがあるのに，幾何学にはそのように便利なものがないために，いちいち智恵を絞って問題を解かなくてはならない．したがって図形とにらめっくらをして'想像力を疲れさせる'ということになる．一方，幾何学においては図形が'観察'できるのに，代数学ではただ形式的な'技術'のみが問題となるから'混雑にしてわかりにくい'．

すべての問題が必ず解ける，いわば'計算'のようなものが幾何学にもないものであろうか．手数はいくらかかってもそれは構わないが，必ず解けるという'技術'はないものであろうか．前にも述べたように，そのような希望は，おそらくギリシア時代から二千年近くも持ち越された根強いものであったに違いない．

その解答として，かの'解析幾何学'が持ち出されたのはこの時代である．

2. さきにも述べたごとく，解析幾何学の発明はデカルトおよびフェルマによる．上に引用したデカル

トの言葉は彼の著書'方法序説'*に出てくるのであるが，彼はこの本の付録'幾何学'において解析幾何学の理念を公にしたのであった．

彼等の考え方の根本は，**'点の座標'および'座標の間の関係式'**という二つの概念に集約される．

平面上に一つの直線 L をひき，その上に一点 O を固定する．しからば，一つの点 P の位置は，P から L に直角にひいた直線 PH の長さ y と，OH の長さ x とによって少しのあいまいさもなく定まってしまうであろう．すなわち，平面上に点 P を与えるということと，(x, y) のような数の対を与えるということとはまったく同等であり，したがって (x, y) はいわば点 P の'代理'もしくは'表現'ともいうべきものになるはずである．この (x, y) を P の'座標'という．

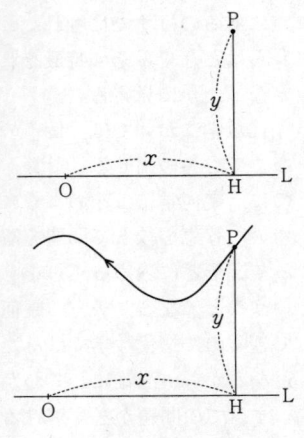

次に点 P が平面上を動いたとしてみる．そのとき，これらの点の座標は，もとよりいろいろに変わってはゆくであろうけれども，まったくでたらめに変わるのではなく，x

―――――――――――
* 谷川多佳子訳　方法序説（岩波文庫）．

が決まると、それと対になり得る y が P の道筋に固有の仕方で定まってしまうことが察せられる。その定まり方を式にしてみれば、x と y との間に、道筋に固有な'関係式'が定まる、といっても同じことである。

たとえば、P が一つの直線 M を描いて動いたとする。このとき、M と L との交わりを Q、OQ の長さを a とすれば、右図からも明らかなように、P, P' が M 上にある限りいつでも △PHQ と △P'H'Q とは相似*:

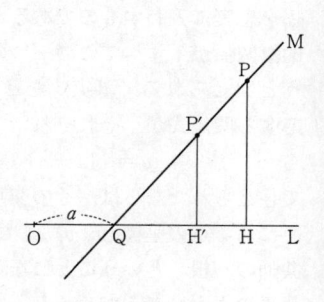

$$\triangle PHQ \backsim \triangle P'H'Q$$

である。したがって

$$PH : QH = P'H' : QH'$$

あるいは P' の座標を (x', y') とすれば

$$y : (x-a) = y' : (x'-a)$$

となる。いま、この共通の値を c と置けば、M 上の任意の点の座標は

$$y : (x-a) = c$$

すなわち

$$y = c(x-a)$$

---

* 第一章 14. 参照.

という '関係式' を満足するであろう．逆に，この関係式を満たすような数の対 (x, y) を座標に持つ点が必ず M の上にあることも容易に見て取ることができる．

このような関係式は，M という直線と平面上の点との関係を忠実に表わすものであるから，M をめぐっての幾何学的な関係が，すべてこの一つの式に要約されているであろうと察せられる．事実，たとえば二つの直線 M, M′ に対応する関係式が，それぞれ
$$y = c(x-a), \quad y = c'(x-a')$$
で与えられたならば，その交点すなわちその両方の直線の上にある点の座標 (x, y) は，まさしく上の二つの方程式の共通の '根' ということになる．

このように考えてくると，点に対してはその座標を，また図形に対してはその関係式を対応させることによって，幾何学における種々の問題をば，代数学における方程式の解法，もしくは式の変形法に帰着させることができるのではあるまいかという期待が持たれるであろう．代数学に '統一的な方法' がある以上，これは幾何学にもそれをもたらすものではないか――解析幾何学はここから生まれ出るのである．

3. ところで，デカルトとフェルマのもくろみに全然相違がなかったわけではない．

フェルマはあくまで幾何学本位であった．彼にとって '座標' という考えは，もっぱら，幾何学の問題を解くため

の手段であったのであり、したがって、そこに用いられる代数学も幾何学のための道具としての意味しか持たなかったといえる.

それにひきかえ、デカルトは、その意図において、いわばさらに高いものを目指していた. 極端にいえば、彼は、この'座標'の考えの下に、幾何学と代数学の欠点を補った一つの'新しい学問'を樹立しようとしたのである. 前に彼の言葉を引用しておいたが、それによってもわかるとおり、彼は幾何学と代数学の欠点を十分に承知し、それらに深い不満を持っていた. しかし、一方において、幾何学と代数学の対象には相当程度の一致ないしは対応があることを見極め*、それらの方法をうまく総合すれば、その共通の対象に対するより強力な方法を創造できるという確信を持ったのであった.

このことが、フェルマとデカルトの理論体系の内容にそうとう大きな相違を生ぜしめたことは当然であろう.

フェルマにあっては、前代からの伝統に従い、書くことのできる'関係式'は必ず'同次式'でなくてはいけなかった. すなわち、彼にとっては、xやyなどの文字は線分を表わし、x^2, xy, y^2などは面積であり、またx^3やx^2yなどは体積を表わすものであったために、たとえば$x^2=ay$と書くことはできても、$x^2=y$というような方程式はこれを書くこと自身意味がなかったのである. 彼にあっては、

---

* 一言にしていえば、'数'も'量'も同じものであるという認識である.

代数学はいまだそうとうに窮屈なものであった．

しかるにデカルトにあっては，長さも面積も体積も単に'数値'であり，したがってそのいずれをも線分の長さをもって表わし得られ，それらは平等に加えたり比べたりできるものと考えられた．したがって，彼の場合には，いかなる関係式も自由に書け，それがまた自由に図形の関係式となり得るのである．

このことは無視できない意味を持っている．すなわち，デカルトは，単に幾何学を代数的に取り扱うことを考え出しただけではなく，代数学を再編し，かつその各要素に幾何学的な映像を与えるという仕事をもやってのけたのである．言い換えれば，彼は，それまでの代数学を新しい観点から基礎づけ，かつ'座標'という考えを媒介として，それと幾何学とを融合せしめたのであった．

してみれば，彼のもくろみどおり，まさしく代数，幾何の両部門が一つの思想の下に統一され，ここに技術と直観を兼ね備えた新しい学問の方法が樹立されたと見られるであろう．

解析幾何学はギリシア幾何学のわくにとどまるものではない．それは，'数と図形の統一'という重要な数学史的意義をになう新しい学問なのである．

点の座標と二点間の距離

4. 以下,'解析幾何学'の初等的な部分に概観を与える*.その体裁は,今日十分慣習となっているものに従おう.点の **'座標'** の定義をあらためて正確に説明することから始める.

平面上に,互いに直角に交わる二本の直線 XOX',YOY' をひき,さらに長さの単位を一つ定めておく.それらの二直線をそれぞれ 'x-軸' 'y-軸' という.

点の座標の定め方は次のごとくである.まず,与えられた点 P から x-軸に直角に PH をひき,OH の長さをばあらかじめ定めておいた単位で測定する.しかして,もし H が O の右にあればその長さ自身を,また,左にあればそれにマイナスの記号をつけたものを x とする.同様に P から y-軸に直角に PK をひいて OK の長さを測り,K が O より上にあればその長さを,また下にあればそのマイナスを y とする.かくして得られた x, y という数の組 (x, y) がとりもなおさず P の **'座標'** にほかならない**.さらに,

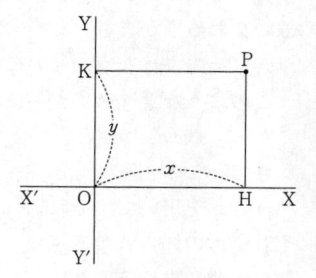

---

* 解析幾何学については,井川俊彦 基礎 解析幾何学(共立出版)参照.

x, y はそれぞれ P の '**x-座標**', '**y-座標**' と称えられる.

このようにすれば, 任意の点は必ず座標を持ち, 逆に任意の数の組 (x, y) はまたある特定の点の座標となるはずである. たとえば, $(-3, 2)$ という数の組が与えられたとする. しからば, まず O から左へ 3 という長さを測り, そこで x-軸に直角に直線をひく. また, O から上へ 2 という長さを測り, そこで y-軸に直角に直線をひく. その二直線の交わる点がまさしく $(-3, 2)$ という座標を持ち, それ以外にそのような点のないことは明らかであろう.

このような意味合いから, (a, b) という座標を持つ点のことを '**点 (a, b)**' と言い表わす.

さて, この '座標' という考えを用いて, それぞれ位置の知られた二点間の距離を求める, という問題を解いてみよう. P, Q を与えられた二点とし, その座標をそれぞれ (x_1, y_1), (x_2, y_2) とする. 図から明らかなように

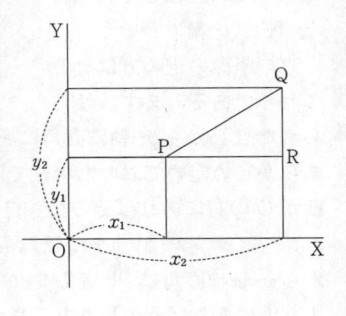

$$PR = x_1 - x_2 \text{ または } x_2 - x_1$$
$$RQ = y_1 - y_2 \text{ または } y_2 - y_1$$

**(前ページ) これが本章 2. で述べたものの精密化であることは明らかであろう.

ところで、△PRQ は直角三角形であるから、ピュタゴラスの定理によって

$$PQ^2 = PR^2 + RQ^2$$

ここへ、上の値を代入すれば

$$PQ^2 = (x_1 - x_2)^2 + (y_1 - y_2)^2$$

よって平方に開いて

$$PQ = \sqrt{(x_1 - x_2)^2 + (y_1 - y_2)^2}$$

を得る。これが求める公式である。つまり、P, Q の位置すなわち '座標' から、上の式によって PQ 間の距離を計算することができるのである。

直線の方程式

5. 前に、直線に対応する '座標の関係式' ということを述べておいたが、ここで、それをもう一回考え直しておくことにする。

前に述べたところを現在の仕方で言い換えると次のようになる。まず、直線 M と x-軸との交わりを Q とし、その座標を $(a, 0)$ とする*。しからば、M 上の任意の二点 P_1, P_2 に対して

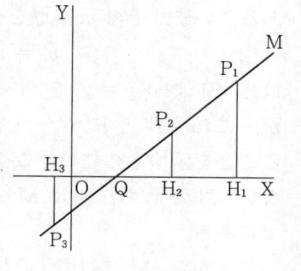

---

* 明らかに Q の y-座標は 0 である。

$$\triangle P_1QH_1 \backsim \triangle P_2QH_2$$

となるから,当然

$$\frac{P_1H_1}{QH_1} = \frac{P_2H_2}{QH_2}$$

ここで,P_1, P_2 の座標をそれぞれ (x_1, y_1), (x_2, y_2) として上の式を書き換えれば

$$\frac{y_1}{x_1-a} = \frac{y_2}{x_2-a}$$

すなわち,M 上の任意の点 (x, y) に対して $y:(x-a)$ は一定であることが知られるから,その値を c と置いて式:

$$y = c(x-a)$$

を得る.

逆に,ある点 P' の座標 (x', y') がこの関係式を満足したとする:

(1) $\qquad\qquad y' = c(x'-a)$

しからば,$P'H'$ と M との交わり P'' の x-座標はまた x' である.いま,その y-座標を y'' とすれば

(2) $\qquad\qquad y'' = c(x'-a)$

(1), (2) より $y'=y''$ を得るが,これは P' と P'' が一致することを示すものにほかならない.すなわち,P' は M の上にある.

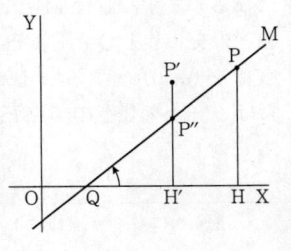

以上から,M に対応する関係式は

$$y = c(x-a)$$

であることが確かめられる．

ここに，c は，それが

$$\frac{y}{x-a}$$

に等しいという意味から考えても明らかなように，∠PQX の'正接'に当たる．しかして，M の**'方向係数'**または**'勾配'**と称せられるものである．この PQX という角が，x-軸を Q のまわりに'時計の針と反対の向きに'回転したとき M と重なるまでの角であることは，記憶しておく必要がある．

ところで，上のような考察は

（i） M と x-軸とは交わる

（ii） △PQH のような三角形が考えられる

という二つの暗黙の仮定の下に進められたものであることを忘れてはならない．よって，たとえば

（α） M が x-軸と平行

（β） M が y-軸と平行

というような場合には，上の考察は通用しないわけである．

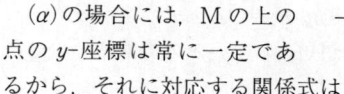

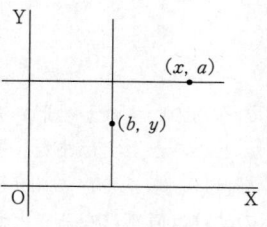

（α）の場合には，M の上の点の y-座標は常に一定であるから，それに対応する関係式は

$$y = a$$

という形であり，(β)の場合には同様に
$$x = b$$
という形であることに注意する．

上に説明したような'図形に対応する関係式'はその図形の'**方程式**'と称せられる．また，その方程式に対して，もとの図形はそれの'**軌跡**'あるいは'**グラフ**'と呼ばれる．この言葉を用いれば，x-軸と$(a, 0)$なる点で交わり，それとx-軸とのなす角の正接がcであるような直線の方程式は
$$y = c(x-a)$$
であり，逆にこれの軌跡はもとの直線である，ということになるわけである．

6. 前節で見たところにより，直線の方程式はいかなる場合にもx, yの一次方程式であることが明らかとなった．すなわち，任意の直線は
$$x = a$$
$$y = b$$
$$y = c(x-a)$$
のうちのいずれかの形の方程式を持っている．

ところが，実はまた，逆に任意の一次方程式：
(*) $\qquad\qquad \alpha x + \beta y + \gamma = 0$
の軌跡は直線になることが知られているのである．このことをここで考えてみよう．

この際，(*)をx, yの'関係式'と見るのであるから，も

ちろん α, β のうちの少なくとも一つは 0 でないと仮定する. 場合を

(1) $\qquad \alpha = 0, \;\; \beta \neq 0$
(2) $\qquad \alpha \neq 0, \;\; \beta = 0$
(3) $\qquad \alpha \neq 0, \;\; \beta \neq 0$

のように三つに分けて考察しよう.

まず(1)では, 方程式は $\beta y + \gamma = 0$, すなわち

$$y = -\frac{\gamma}{\beta}$$

となるが, これはまさしく $\left(0, -\dfrac{\gamma}{\beta}\right)$ を通り x-軸に平行な直線の方程式である.

次に(2)では, 同様にして

$$x = -\frac{\gamma}{\alpha}$$

を得る. その軌跡は y-軸に平行な直線にほかならない.

(3)では, 方程式は

$$y = -\frac{\alpha}{\beta}\left(x + \frac{\gamma}{\alpha}\right)$$

これは, x-軸と $\left(-\dfrac{\gamma}{\alpha}, 0\right)$ で交わり, それと x-軸とのなす角の正接が $-\dfrac{\alpha}{\beta}$ であるような直線の方程式である.

すなわち, いずれの場合でも, 一次方程式の軌跡は直線となることがわかる.

7. 今度は，それぞれ位置の知られた二点 P, Q を通る直線の方程式がどういうものになるかを考えよう．P, Q の座標をそれぞれ (x_1, y_1), (x_2, y_2) とする．

もし，$x_1 = x_2$ なら求める直線は y-軸に平行であり，その方程式が $x = x_1$ となることは明らかであるから，以下 $x_1 \neq x_2$ と仮定しておく．さらに，同様の理由から，また $y_1 \neq y_2$ ということも仮定しよう．

前節から明らかなように，この場合，求める直線の方程式は
$$y = c(x-a)$$
という形をしているはずである*．ここで，(x_1, y_1), (x_2, y_2) がこの方程式を満足すべきことを考慮に入れれば
$$y_1 = c(x_1 - a)$$
$$y_2 = c(x_2 - a)$$
これから，辺々引き算をして
$$y_1 - y_2 = c(x_1 - x_2)$$
すなわち
$$c = \frac{y_1 - y_2}{x_1 - x_2}$$
を得る．

これを $y_1 = c(x_1 - a)$，あるいは同じことであるが
$$a = x_1 - \frac{y_1}{c}$$

---

* この場合 c は 0 でないとしてよい．もし 0 ならその直線は x-軸と一致し，$y_1 \neq y_2$ と仮定したことに反するからである．

に代入すると，

$$a = x_1 - \frac{x_1 - x_2}{y_1 - y_2} y_1$$

よって，ここに方程式 $y = c(x-a)$ における未知なるものがすべて求められて

$$y = \frac{y_1 - y_2}{x_1 - x_2}\left(x - x_1 + \frac{x_1 - x_2}{y_1 - y_2} y_1\right)$$

あるいは

$$y - y_1 = \frac{y_1 - y_2}{x_1 - x_2}(x - x_1)$$

が所要の方程式だということになる．すなわち，二点 P, Q が与えられたならば，それらの座標 (x_1, y_1), (x_2, y_2) をここへ代入することによって，ただちにそれらを結ぶ直線の方程式が得られるという次第である．

8. 二つの直線が平行であるということは，それらの方程式にどのように反映するであろうか．

まず，一方の直線の方程式が $x = a$ という形なら，その直線は，y-軸に平行であるから，他方もまたそうでなくてはならず，したがってその方程式はやはり $x = a'$ という形である．まったく同様の理由から，一方の方程式が $y = b$ という形なら，他方の方程式も同じく $y = b'$ という形をしていなければならない．逆に，二つの直線の方程式が互いにこうした関係にありさえすれば，それらはたしかに平行である．

それゆえ，二つの直線 L, L′ が平行で，しかも L の方程式が

(1) $\qquad y = c(x-a) \quad (c \neq 0)$

という形であれば，L′ の方程式もまた必然的に

(2) $\qquad y = c'(x-a') \quad (c' \neq 0)$

なる形でなくてはならないということになる．しかもこの場合，L, L′ と x-軸とのなす角は等しいはずだから[*]，それらの正接であるところの c と c' はまた相等しい．

ところで，正接の意味を考えれば，正接の等しいような角は，それ自身また相等しいということがたやすく確かめられる．これによれば，逆に二つの直線 L, L′ の方程式がそれぞれ(1), (2)で与えられた場合，もし $c=c'$ ならば，L や L′ と x-軸とのなす角が互いに等しいことが知られる．これは，L と L′ とが平行であることを示すものにほかならない．

結局，(1), (2)という方程式を持つ二つの直線が平行であるということは，

$$c = c'$$

という式で表現されるわけである．

9. しからば，二つの直線 L, L′ が直角に交わる——'直交する'——ということはその方程式の間の関係にどう現われるであろうか．

---

[*] '錯角' の性質（30ページの命題29）参照．

3. 描かれた数——デカルトの幾何学——

まず，一方が $x=a$ という形なら y-軸に平行であるから他方は x-軸に平行，すなわち $y=b$ という形でなくてはいけない．同様に，一方が $y=b$ という形なら他方は $x=a$ という形でなくてはいけない．逆にまた二つの直線の方程式がこのような関係にあれば，それらはまさしく直交する．

よって，一方の方程式が

(1) $\qquad y = c(x-a) \quad (c \neq 0)$

という形の場合，他方の方程式もやはり

(2) $\qquad y = c'(x-a') \quad (c' \neq 0)$

という形である．

しかも，この際，右図のように，二直線の交わり A から x-軸に直角に AH をひくと，△ABH と △CAH とにおいて

(3) $\angle$CHA
$\quad = \angle$AHB
$\quad = $ 直角

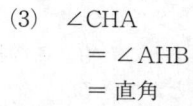

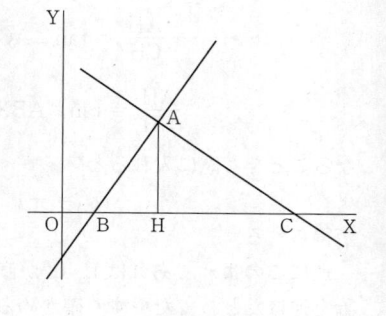

また，

$$\angle B + \angle C = 直角$$
$$\angle CAH + \angle C = 直角$$

であるから

(4) $\qquad \angle B = \angle CAH$

同様にして

(5) $\angle C = \angle BAH$

(3),(4),(5)より

$$\triangle ABH \backsim \triangle CAH$$

これより,

$$AH : CH = BH : AH$$

すなわち

$$\frac{AH}{CH} \cdot \frac{AH}{BH} = 1$$

であることがわかる.

ここで

$$-\frac{AH}{CH} = \tan\angle ACX = c$$

$$\frac{AH}{BH} = \tan\angle ABX = c'$$

なることを考慮に入れると*

$$cc' = -1$$

が得られる.

逆にこのようであればL, L′が直交することも, この推論を逆にたどってたやすく確かめることができる.

すなわち, (1), (2)という方程式を持つ二つの直線が直交するということは

$$cc' = -1$$

なる式でもって表現されるわけである.

---

* 方向係数の定義を想起せよ.

円周の方程式

10. '原論'における'円'の定義は次のごとくであった：

'円とはその内部の一定点よりそこへ至る距離がすべて相等しいような曲線によって囲まれた平面図形である'.

そこにいう一定点が'中心', 等しい距離が'半径', そしてその曲線がいわゆる'円周'にほかならない.

以下に'円周'の方程式を求めてみることにする. 中心 Q の座標を (a, b), 半径を r と置く.

いま, 円周の上にある点 P の座標を (x, y) とし右のような図を描けば, ピュタゴラスの定理によって

$$QR^2 + RP^2 = PQ^2$$

ところで

QR $= x-a$ または $a-x$,
RP $= y-b$ または $b-y$,
PQ $= r$

であるから, これらを上へ代入して

$$(x-a)^2 + (y-b)^2 = r^2$$

なる式を得る. すなわち, 円周の上の任意の点の座標はすべてこの式を満足するわけである.

逆に, もし, ある点 P' の座標 (x', y') がこの式を満足し

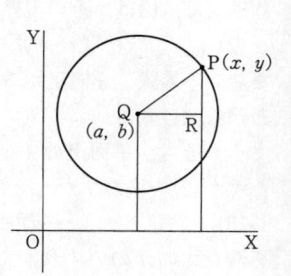

たならば，'二点間の距離の公式' によって
$$QP' = \sqrt{(x'-a)^2 + (y'-b)^2}$$
であるが，これは仮定からちょうど r に等しい．したがって P′ は円周の上になくてはいけない．

結局，中心の座標が (a, b)，半径が r であるような円周の方程式は

(1) $\qquad (x-a)^2 + (y-b)^2 = r^2$

で与えられることが知られたわけである．

円とは，この '周' によって囲まれた図形であるが，いわばそれは '中心からの距離が半径より小さいような点の集まり' であろう．よって，上とまったく同様の考察を繰り返せば，円は，その座標が

(2) $\qquad (x-a)^2 + (y-b)^2 < r^2$

なる '不等式' を満足する点の全体から成り立っていることが看取される．

そもそも，平面上の任意の点の座標 (x, y) は，(1) を満たすか (2) を満たすか，それとも

(3) $\qquad (x-a)^2 + (y-b)^2 > r^2$

を満たすのかのいずれかであろうが，(1) であれば円周上に，また (2) であれば円の内部にあるということがすでにわかってみれば，'円の外部' は，その座標が (3) を満たすような点全体から成り立っていることが了解されるであろう．

必要条件と十分条件

11. 前に見たところによれば,
 (1) $\quad y = c(x-a) \quad (c \neq 0)$
 (2) $\quad y = c'(x-a') \quad (c' \neq 0)$
という方程式を持つ二つの直線が平行であれば
$$c = c'$$
なる式が成り立つ. これは, 詳しく言い換えれば,
　　　'その二つの直線が平行である'
という命題から
　　　'$c = c'$ である'
という命題が必然的に結論できる, ということにほかならない.

　一般に, このように二つの命題があって, 一つの命題から他の命題が必然的に結論できる場合, 後者の命題で示される事実は, 前者の命題で示される事実が成り立つための**'必要条件'**である, と言い, また前者で示される事実は後者で示される事実が成り立つための**'十分条件'**である, と称する.

　すなわち, '$c = c'$ である' ということは, '(1), (2)を方程式とする二つの直線が平行である' ための '必要条件' であり, 逆に, '(1), (2)を方程式とする二つの直線が平行である' ということは, '$c = c'$ である' ための '十分条件' なのである.

'形のあるものは，いつかはこわれる'という言葉がある．これは，'形がある'ということが'いつかはこわれる'ための'十分条件'であり，逆に，'いつかはこわれる'ことが'形がある'ための'必要条件'であることを主張している．

ところで，二つの命題を与えたとき，一方が他方のための'必要条件'でもあり，また'十分条件'でもある，という場合がある．たとえば，初めにあげた例ではまさしくそうなっているのであって，(1), (2)なる方程式を持つような直線が平行であれば$c=c'$であり，逆に，$c=c'$であればまた平行となる．

このような場合，$c=c'$であるということは，それらの直線が平行であるための**'必要かつ十分な条件'**である，というふうな言葉を用いる．

これは，それら二つの命題がまったく同等のものであって，どちらを言い出したとしても，その効果がまったく同じであることを描写する言葉にほかならない．

さて，この用語を用いると，'軌跡'と'方程式'との関係が，よほど明快に述べられるようになる．

われわれは，円周の方程式が
(3) $$(x-a)^2+(y-b)^2 = r^2$$
という形のものであることを知っている．この事情は，分析していえば，

a) 点が円周の上にあれば，その座標(x, y)は(3)を満足する．

b) 点の座標が(3)を満足すれば，その点は円周の上にある．

という具合になる．もはや明らかなように，(3)という方程式を (x, y) が満たすということは，それを座標に持つ点が円周の上にあるための必要かつ十分な条件なのである．すなわち，一般に，図形の方程式というものは，点がその図形の上にあるために必要かつ十分な座標の間の条件をば，式に表わしたものにほかならない．

なお，次の注意をつけ加えておく．'AであればBである' という命題が与えられたとき，'BならばAである' という形の命題は，もとの命題の **'逆'** である，といわれる．同様にして，

　　　　'AでないならばBでない'
　　　　'BでないならばAでない'

という命題は，それぞれもとの命題の **'裏'** **'対偶'** と称えられる．

一般に，もとの命題が正しくとも，その逆や裏は必ずしも真ではない．たとえば，'雪は白い' という命題は '雪であれば白い' と解釈できるが，その逆 '白ければ雪である' および裏 '雪でなければ白くない' は明らかに真ではない．そもそも，'AであればBである' という命題は，'Bである' ということが 'Aである' ための必要条件であることを示すものである．してみれば，その逆であるところの 'BであればAである' が必ずしも真でない，ということは，必要条件必ずしも十分条件でないことを教えるものに

ほかならない．十分条件必ずしも必要条件でないことも，同様にして知られる．

しかしながら，たやすく認められるように，対偶はもとの命題とともに真である．たとえば，'雪ならば白い' が真ならば，その対偶 '白くなければ雪でない' も真であり，後者が真ならば前者も必然的に真でなければならない．すなわち，もとの命題が成り立てば同時にその対偶も成り立ち，対偶が成り立てば，もとの命題も正しいのである．

解析幾何学による問題の処理

12. 前々節まで述べたところのものは，幾つかの幾何学的概念の代数的なものへの翻訳であった．これらが具体的な問題の解法にいかに用いられるか，を一例によって示しておく．

問題　△ABC の各頂点から対辺にひいた垂線* は一点に会する**．

直線 BC を x-軸に，また A から BC に下した垂線を y-軸にとろう．A, B, C の座標をそれぞれ $(0, a)$, $(b, 0)$, $(c, 0)$ と置く．ここで b と c とは異なる数であることに注意する．もし $b=c$ なら B と C とが一致してしまうからである．

---

* 直角にひいた直線のことである．
** いわゆる '垂心の定理'．三つの垂線の会する点はこの三角形の '垂心' と称えられる．

さて，AC の方程式は

$$y = -\frac{a}{c}x + a$$

また，AB の方程式は

$$y = -\frac{a}{b}x + a$$

となる（本章 **7.** 参照）．よって，これらに直交する直線の方程式は，それぞれ

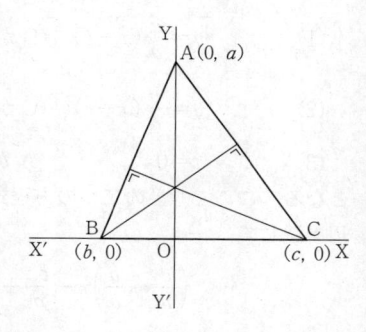

$$y = \frac{c}{a}(x - a_1)$$

$$y = \frac{b}{a}(x - a_2)$$

という形を持たねばならない（本章 **9.** 参照）．

もし，第一のものがBからACに下した垂線の方程式だとすると，$(b, 0)$ がこれを満足しなければならないことから，この方程式において x に b を，y に 0 を代入してみれば

$$a_1 = b$$

同様に，第二のものがCからABに下した垂線の方程式だとすると，$(c, 0)$ がこれを満足しなければならないことから

$$a_2 = c$$

ゆえに，三本の垂線の方程式はそれぞれ

(1) $\quad y = \dfrac{c}{a}(x-b) \quad$ (B から AC)

(2) $\quad y = \dfrac{b}{a}(x-c) \quad$ (C から AB)

(3) $\quad x = 0 \qquad\qquad$ (A から BC)

となる．ここで，上の二つの方程式を解いてみる．まず，辺々減じて

$$\left(\dfrac{c}{a} - \dfrac{b}{a}\right)x - \dfrac{bc}{a} + \dfrac{bc}{a} = 0$$

すなわち

$$\dfrac{b-c}{a}x = 0$$

前に注意しておいたことによって $b \neq c$ だから，当然

$$x = 0$$

これを(1)に代入して

$$y = -\dfrac{bc}{a}$$

を得る．

これは，B から AC に下した垂線と，C から AB に下した垂線とが y-軸上，すなわち，A から BC に下した垂線の上の $(0, -bc/a)$ なる点で交わっていることを示すにほかならない．よって，三垂線は一点に会するのである．

13. 解析幾何学の要領はだいたい上のようである．上の例でもわかるように，図形にいろいろの工夫に

よる補助線をひくこともなく，ただ式の計算を形式的に進めれば答が出てくるのであるから，たしかに便利な方法には違いない．

さりながら，世の常のごとく何から何までけっこうずくめの方法というものがあるわけもないのは当然で，この方法にもその'万能'ということの代償としてそうとうに大きな計算が必要だという欠点がある．ある場合には，ギリシア流の工夫の方がより手っ取り早くて気がきいていることさえないではない．

とはいえ，ともかくもそれが幾何学に統一的な方法を与えたということは，おろそかにできない意味を持っている．また，一次方程式に'直線'というその軌跡が付随せしめられたように，代数学の各要素に幾何学的直観を与えたことは，代数学を著しく明瞭化するのに役立ったといえる．

一般に，かように，いろいろの対象に幾何学的な直観を付随せしめてその印象を鮮明ならしめ，他方，いろいろのものを数などの問題にひきなおしてそれらを統一的に取り扱う，というのは，現在では数学における大きな理想の一つとなっている．

してみれば，解析幾何学は，まさしくその理想実現の第一号であった，ということができるであろう．

デカルトとフェルマ

14. デカルトと言いフェルマと言い,彼等はその時代有数の知識人であった.デカルトは,かの 'Cogito, ergo sum.（われ思う,ゆえにわれは存在する）' という名文句を吐いた哲学者としてあまりにも有名である.彼は,あらゆる与えられた真理は '夢に見る幻と等しく真でない' かもしれないとし,それらに絶対の抗議を提出した.しかし,そのようにすべてを疑ってもなお上の命題のみは破壊できないと考え,これをもってその哲学の出発点としたのであった.この '無前提' という要求を打ち出したことによって,彼は哲学における新しい時代の創始者と見なされている.

かようないっさいを疑ってかかる態度,自分で納得したものしか信用しないという態度こそは,まさしく革命的,近世的なものといってよかろうと思われる.

一方,フェルマは解析幾何学以外にも,今日われわれが '極大極小の問題' と呼んでいるものに手を染めたり,また今日の '積分法' に非常によく似た方法を用いていろいろの図形の面積を求めたりしている.さらにまた,パスカルとともに,ある賭けが有利か有利でないかという問題を分析して,今日の確率統計の理論の先駆者ともなった.

しかし,彼の独擅場は何といってもかの '整数論' であろう.この数学の部門はほとんど彼の創始にかかるものと

いってもさして言いすぎではない．

それは，一言にしていえば

$$1, 2, 3, 4, \cdots, 100, \cdots$$

なるいわゆる '**自然数**' についての理論なのであるが，彼はこの方面に異常な直覚力を持っていたようである．幾多の輝かしい業績をここにとどめた．

しかし，その数々の成果は，多く証明無しに残された．誰しもがそうもあろうと思うようなことを命題の形に残すのは簡単であるが，彼の場合はそうではない．彼の残した命題には，のちになって種々事情がわかってみると，このようなことをいったい彼がどうして予想できたのであろうと不審に思われるものさえないではないのである．

彼の残した命題に証明を与えることは，後代一流の数学者にとっても一方ならぬ骨折りであった．しかも，さて証明ができてみると，彼の直覚はほとんど誤ってはいないのである．

しかし，なかには今日までまだ証明できていないものもある．'n が 2 よりも大きい自然数ならば

$$x^n + y^n = z^n$$

を満たすような 0 でない自然数 x, y, z は存在しない' という命題は 'フェルマの問題' といわれ，現在までに数々の逸話の種となってきた*．

元来，

＊　これは最近（1995 年）証明された．（文庫版注）

$$x^2+y^2=z^2$$

という方程式を満たすような自然数 x, y, z は数多く知られている．そもそも，ピュタゴラスの定理を想起すれば明らかなように，これを解くことは，つまり，辺の長さが自然数であるような直角三角形を見つけることなのである．一般に，そのような三角形は'ピュタゴラスの三角形'と称せられる．辺の長さが 3, 4, 5 ; 5, 12, 13 ; 8, 15, 17 であるようなものがその実例であることは，たやすく確かめられるであろう．フェルマは，ここで

$$x^2+y^2=z^2$$

の '2' をば '3 以上' に取り換えると，もはやそれを満たすような自然数 x, y, z は存在しない，と主張するわけである．

これは，彼がその愛読書であるディオファントス（Diophantos, 三世紀末）の'数論'の欄外に'私はこれに対する真にすばらしい証明を知ってはいるのだが，この余白が狭すぎて書けない'という言葉とともに書き込んでいたものである．以後久しい間人々はこれを解こうと努力し，いろいろ調べたところ，どう見ても間違いのなさそうな命題だとほとんど確信はできるのであるが，それにもかかわらずいまだに証明は得られていない．

フェルマの直覚がよく数世紀の歳月を越えて飛翔し得たものであるか否か，それは現在のところ謎というほかはない．

円錐曲線

15. ギリシア人の考察した平面図形は円と直線とに限られていたわけではない.とくに,いわゆる '**円錐曲線**' は微細にわたって調べられた.円錐曲線というのは '円錐'* の切口として現われる曲線のことである.

元来,彼等は平面の図形のみならず立体の図形をもそう

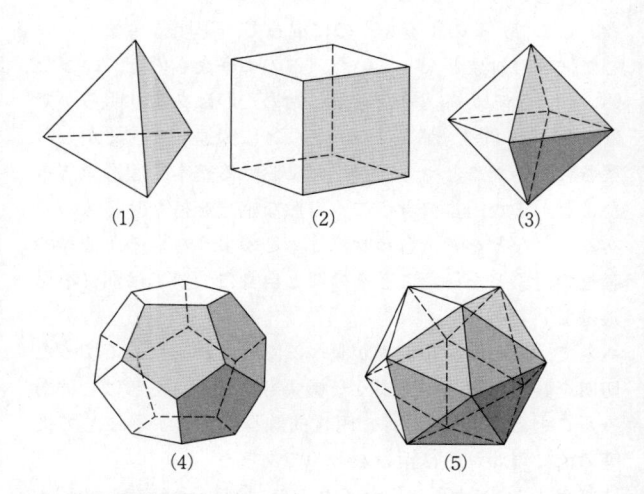

(1) (2) (3)

(4) (5)

---

* 平面上に描かれた円周上の各点と,その平面上にない一点とを結ぶ直線によって形づくられる図形である.その一点を '頂点',直線を '母線' という.

とう深く研究していた．前にも述べたように，原論では，最後の三章がその記述にふり当てられている．そのおもな対象には，正四面体や立方体などいわゆる'正多面体'があるが，それらに対する彼等の考察は精緻を極める．とくに，原論最後の第十三章における'正多面体には正四面体，立方体，正八面体，正十二面体，正二十面体，の五種類しかない'という命題の証明など，これを今日流にやりなおすとしても，それほど簡単にはなるまいと思われるくらいすばらしいものである．

ところで，そのようなものに混って，'円錐'もまた，つとに彼等の対象となっていた．このようなものを，いったいいつのころから彼等が考察し始めたかはあまり明らかではないが，'角錐'がピラミッドなどに関連して古くから考察されていたことや，円が平面における基本的図形であったこと，また円錐自身がごく自然な感じを持たせるものであることなどを考え合わせれば，このようなものが彼等の考察の対象となったことそのこと自身については別に不思議はないであろう．

さて，この円錐を彼等が調べる際，これを平面で切った切口を観察するというような機会も，おそらくしばしばあったことと想像される．'円錐曲線'はこのようにして彼等の前に現われるに至ったものであろう．

プラトンの弟子のメナイクモス（Menaichmos, B.C. 350 ごろ）はこの円錐曲線を組織的に研究することを始めた最初の人とされる．彼はこのような曲線に関する知見を利用

して'デロス*の問題'と呼ばれた難問を解決したと伝えられる。それは'与えられた立方体の二倍の体積を持つ立方体を作れ'という問題なのであるが、これには次のような伝説がまつわっている。あるとき、デロスに伝染病が流行して多くの人がこれにかかった。人々は困って神に伺いを立ててみたところ、'わが祭壇を二倍にせよ。さすれば疫病はやむであろう'とのお告げがあった。人々は、それはいとたやすいことと喜んで、さっそく大工に命じて作らせた。ところで、大工の作り上げた新祭壇は、旧祭壇の辺をそれぞれ二倍に引き延ばしたものであった。しかし、よく考えてみれば、これでは実は旧祭壇の八倍のものが得られたことになるわけであって、神慮にはそい得ないということになる。そこで人々は二倍の祭壇を作るにはいったいどうすればよいか、と考え始めたというのである。

この問題は'ギリシアの三大難問'**といわれるものの一つなのであるが、その道具として'定規'と'コンパス'だけしか許さない限りにおいては、およそできない相談だということが今日明らかにされている。メナイクモスが円錐曲線をいったいどのように用いてこれを解いたかはあまり明らかではない。しかし、定規とコンパス以外にこのような曲線をも許すとすれば、理屈からいけば、解けることは解けるはずなのである。

---

* エーゲ海上の島.
** 第七章参照.

16. 円錐曲線は，それが現われる切口の様子によって三種に分類される．

円錐を平面で切る切り方をば，それを真横から眺めたときの様子によって分ければ，図のごとく三通りとなるであろう．

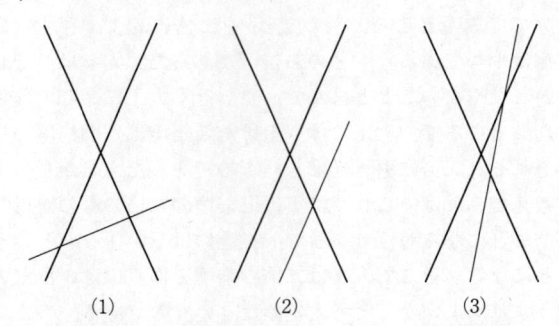

    (1)   (2)   (3)

(1)はすなわち平面がすべての母線と交わる場合であり，(2)は平面が一本の特別な母線を除くすべての母線と交わる場合であり，さらに(3)は，平面が幾つかの母線とその延長上で交わる場合である．これ以外の場合が起らないことは，たやすく見て取られるであろう．

おのおのの場合における切口の曲線の図を描いてみれば，だいたい次ページのようになる．

(a)，(b)，(c)のような円錐曲線をそれぞれ '**楕円**'*，'**放物線**'，'**双曲線**' と称する．ただし，ここに，最後の双曲

---

* 円は特別な楕円と考える．

3. 描かれた数——デカルトの幾何学——

(a)　　　　　　　　(b)　　　　　　　　(c)

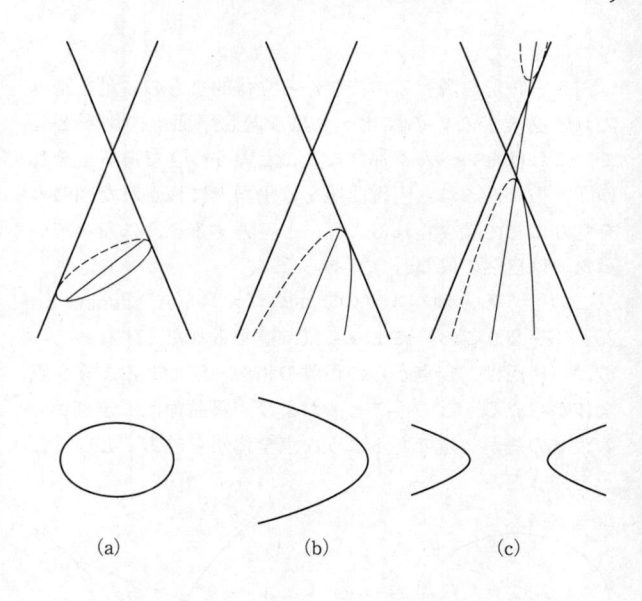

線という名前は，(c)における二つの曲線の個々に対してではなく，二つを合わせた全体に与えられるものであることを銘記しなければならない．

円錐曲線のとらえ方の変遷

17. メナイクモスはもちろんのこと，その後長い間，ギリシア人たちは円錐曲線を調べるのに，まず上のように円錐を描き，それを平面で切ったところを想像し

つつ推論した．

　円や三角形を調べるのになんら立体的なものに足を踏み入れる必要がないのに比べれば，同じ平面上の図形として，これはたいへん不都合なことというべきである．それゆえ，彼等がこれら円錐曲線をば平面上に描かれた図のみをもとにして調べられるようにと努力するようになっていったのは自然の成り行きであろう．

　このもくろみはペルガのアポロニオス（Apollonios, B.C. 260 ごろ-200 ごろ）によってほぼ達せられた．すなわち，彼は'楕円は二定点からの距離の和が一定であるような点全体から成る'ということ，および'双曲線は二定点からの距離の差が一定であるような点全体から成る'ということを知った．

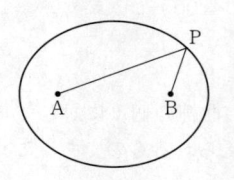

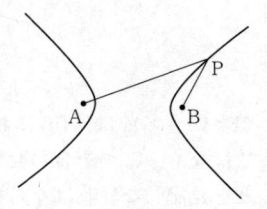

　また，放物線に関しては，適当な直線 l と放物線との交わりを A とし，放物線上の任意の点 P から l に垂線 PH をひくと，常に

$$\frac{\mathrm{PH}^2}{\mathrm{AH}} = 一定$$

となることを示した．

彼のこの結果によって、平面曲線としての円錐曲線は、なんら立体的なものに足を踏み入れることなく、平面の中だけで定義できることとなったわけである。考察がそれによって著しく簡単化されたことはいうまでもない。

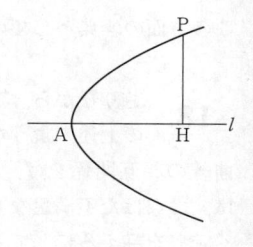

彼はまた 'ellipse（楕円）', 'parabola（放物線）', 'hyperbola（双曲線）' という言葉の命名者でもある。これらは、元来、それぞれ '不足する' '一致する' '過剰する' という意味の言葉——いわば、'大中小'、'上中下' にも似た言葉なのである。彼は、三種の円錐曲線に対して下図のような直線 l をひき、ある特徴的な量 a をとってくると、図における x, y の間に、それぞれ

$$y^2 < ax$$
$$y^2 = ax$$
$$y^2 > ax$$

という関係のあることを見て、かく名づけたのであった。

さらに、彼が彼自身および先人たちの労作を集大成してものした '円錐曲線' 八巻は、およそ十六世紀のころまで、

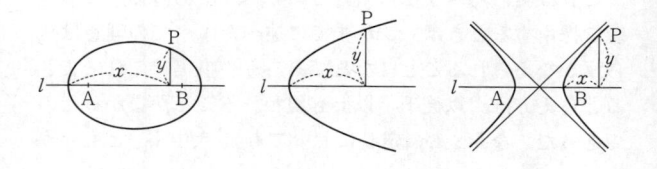

この方面の経典としての地位を保ったのであった.

18. さりながら，'円錐曲線'をとらえるアポロニオスの上述のような仕方は，円錐曲線としての三種の曲線の相互関係をば，なんら明らかにしないという点では，はなはだ不満足なものといわなければならない．同じく定義を与えるにしても，同族のものには同族らしく，相互の関係が一目でわかるような仕方が望ましいのは当然である．彼の流儀では，なるほど楕円や放物線や双曲線はたしかにとらえられ，それによって'平面幾何学的'な定義が可能となってはいるけれども，これでは，これら三種類の曲線が円錐曲線なる名の下に総称されるゆえんが示されない．その上，彼においては，放物線があまりにものけ者にされすぎている．

しかし，それから五百年後に，パッポス（Pappos, A.D. 380 ごろ）はうまい定義を見出した．それは次のようである：

'円錐曲線とは一定点と一定直線よりの距離の比が一定であるような点全体から成る図形である．そして，その比が1より大きいか，1に等しいか，1より小さいかに従い，それらの図形をそれぞれ双曲線，放物線，楕円という'．

これは実に巧みなとらえ方というべきであって，この定義を採用するときは，これまでに述べたすべての理想は残らずかなえられることになるであろう．事実，これにまさるとらえ方は，以後千年以上も現われることがなかったのであった．なお，この定義においても，'大中小'ともいう

べき性質が現われていることに注意しておこう.

さて,上に述べてきたことは,ギリシアおよびそれに直続する時代における円錐曲線のとらえ方についての話である.もちろん,その間,円錐曲線そのものの諸種の性質は数多く知られるに至っていた.上述のアポロニオスの'円錐曲線'八巻は,そのような多くの知見を整理し,後世に伝える役割を果たしたものなのである.

19. 話は再び十七世紀前半にもどる.

すでに述べたように,このころは幾何学が大きな革命を経験した時代なのである.すべての幾何学的事実は,図形の'方程式'を通して代数的に表現され得ることになった.してみれば,かの'円錐曲線'といえども,決してその例外たり得るはずはない.すなわち,円錐曲線をば,これまでとはまったく異なった'方程式'という角度から見直し得る時代がやって来たわけである.その結果は少なからず興味あるものであった.

それによれば,円錐曲線の方程式は,すべて,x, y の二次方程式であり,逆にまた,任意の二次方程式:
$$ax^2+bxy+cy^2+dx+ey+f=0$$
の軌跡は,特殊な例外を除いては,すべて円錐曲線になることが知られるのである.

ここに,その'特殊の例外'には,たとえば
$$x^2+y^2+1=0, \quad 5x^2+6=0$$
などのような軌跡のまったくないもの,また

$$x^2+y^2 = 0, \quad 4x^2+5y^2 = 0$$

などのような軌跡がただ一点のみから成るもの，さらにまた

$$xy = 0, \quad x^2 = 0$$

などのような軌跡が二本または一本の直線になるもの，の三つの場合があげられる．すなわち，かかるものさえ除外すれば，'円錐曲線＝二次曲線'ということになるのである．

アポロニオスやパッポスのとらえ方があくまで'幾何学的'であるのに対し，解析幾何学によるとらえ方がまったく'代数的'であり，即物的な命題から離れて，より高く，一般に図形の序列の中で円錐曲線がどういう位置を占めるかということを明らかにする点，はなはだ重大といわなければならない．

このように，'解析幾何学'は，幾何学的対象を一望の下に収めしめるという点にも，その長所の一つを持つのである．

円錐曲線の方程式

20. 以下，われわれはまずアポロニオスのとらえ方をその'定義'として出発することによって，円錐曲線の方程式を求めてみることにする．

最初は'楕円'である．アポロニオスのとらえ方によれば，楕円は二定点 A, B よりの距離の和が一定であるよう

3. 描かれた数——デカルトの幾何学——

な点全体から成り立っている．いま，直線 AB を x-軸とし，AB の二等分点 O を通ってこれに直交する直線を y-軸とする．

楕円上の点を P とすれば

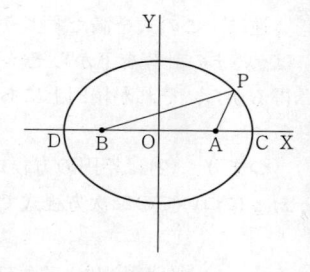

$$PA+PB = 一定$$

であるが，便宜上この右辺の一定値を $2a$ と置く．これは図における CD の長さにほかならない．

いま，A, B, P の座標をそれぞれ $(\alpha, 0)$, $(-\alpha, 0)$, (x, y) とすれば，上の式は '距離の公式' によって

(1) $$\sqrt{(x-\alpha)^2+y^2}+\sqrt{(x+\alpha)^2+y^2} = 2a$$

したがって

$$\sqrt{(x-\alpha)^2+y^2} = 2a-\sqrt{(x+\alpha)^2+y^2}$$

となる．これを二回平方すれば

$$(a^2-\alpha^2)x^2+a^2y^2 = a^2(a^2-\alpha^2)$$

一方，$a>\alpha>0$ であるから $a^2>\alpha^2$ となって，$a^2-\alpha^2$ は平方に開くことができる．
よって，

$$b = \sqrt{a^2-\alpha^2}$$

と置いて上の式を書き換えると

(2) $$\frac{x^2}{a^2}+\frac{y^2}{b^2} = 1$$

を得る．

逆に，この式を満たすような座標を持つ点があったならば，いまの計算を下から上へとたどっていって，再び(1)を得るから，それが楕円上にあることを確かめることができる．

つまり，(2)は楕円の方程式にほかならない．まさしく，x, yについての二次方程式であることに注意しよう．

21.

'双曲線'は，アポロニオスによれば，'二定点 A, Bよりの距離の差が一定であるような点の全体'としてとらえられた．ここにおいても楕円の場合と同じくその一定値を $2a$ と置き，上と全然同様に計算を進めれば，その方程式として容易に

$$\frac{x^2}{a^2} - \frac{y^2}{b^2} = 1 \quad (b = \sqrt{\alpha^2 - a^2})$$

を得る．

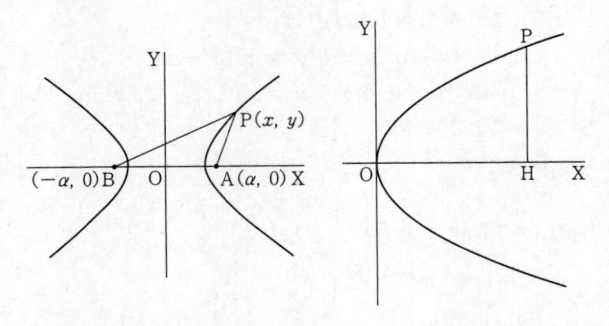

最後は'放物線'である．前にも述べたように，アポロ

ニオスは,放物線に対して適当に一つの直線 l をとり,それと放物線との交わりを O とするとき,放物線上の任意の点 P から l に垂線 PH を下せば,

$$\frac{PH^2}{OH} = 一定$$

となることを見出した.

いま,l を x-軸に,また O においてこれに直交する直線を y-軸にとろう.さらに,P の座標を (x, y) とし,また上の式の右辺の一定値を α と置く.しからば,上の式はとりもなおさず

$$y^2 = \alpha x$$

ということを示すにほかならない.これがすなわち放物線の方程式である.

双曲線,放物線のいずれの場合においても,楕円の場合と同じく,その方程式が二次であることに注意しよう.

円錐曲線のとらえ方の統一

22. 今度は,アポロニオスのとらえ方とパッポスのとらえ方との関係を考察する.

まず,楕円の場合である.われわれは上に

(1) $\quad \sqrt{(x-\alpha)^2+y^2}+\sqrt{(x+\alpha)^2+y^2} = 2a$

という式を得た.いま,この両辺に

$$\sqrt{(x+\alpha)^2+y^2}-\sqrt{(x-\alpha)^2+y^2}$$

を掛けてみよう:

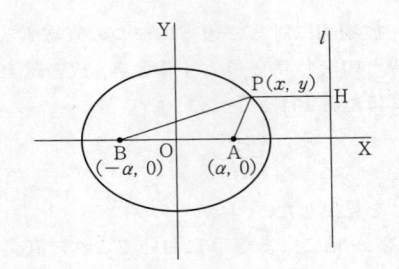

$$(\sqrt{(x+\alpha)^2+y^2})^2 - (\sqrt{(x-\alpha)^2+y^2})^2$$
$$= 2a(\sqrt{(x+\alpha)^2+y^2} - \sqrt{(x-\alpha)^2+y^2})$$
$$(x+\alpha)^2 - (x-\alpha)^2$$
$$= 2a(\sqrt{(x+\alpha)^2+y^2} - \sqrt{(x-\alpha)^2+y^2})$$
$$4\alpha x = 2a(\sqrt{(x+\alpha)^2+y^2} - \sqrt{(x-\alpha)^2+y^2})$$

(2) $\quad \sqrt{(x+\alpha)^2+y^2} - \sqrt{(x-\alpha)^2+y^2} = 2\dfrac{\alpha}{a}x$

(1)から(2)を引けば

$$\sqrt{(x-\alpha)^2+y^2} = a - \dfrac{\alpha}{a}x$$

であるが，'距離の公式'によってこの左辺は PA に等しいから，結局

$$\mathrm{PA} = a - \dfrac{\alpha}{a}x$$

を得る．

ここで，

$$x = \frac{a^2}{\alpha}$$

という方程式を持つ直線 l を考え，そこへ P から垂線 PH を下すと

$$\frac{\text{PA}}{\text{PH}} = \frac{a - \frac{\alpha}{a}x}{\frac{a^2}{\alpha} - x} = \frac{\alpha}{a}$$

が知られる．この右辺は一定で 1 よりも小さい．よって，ここに，パップスのように '楕円は，一定点 (A) と一定直線 (l) よりの距離の比が 1 よりも小さい一定値であるような点全体から成る' と言い得ることがわかる．

双曲線の場合も，これとまったく同様に推論することができるから，ここでは省略する．

さて，放物線に対しては，われわれは

$$y^2 = \alpha x$$

という方程式を得た．

いま，F をば $\left(\frac{\alpha}{4}, 0\right)$ なる座標を持つ点とし，さらに

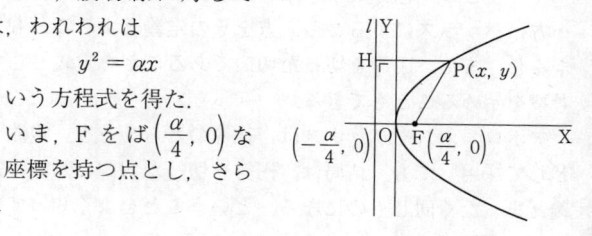

$$x = -\frac{\alpha}{4}$$

という方程式を持つ直線 l を考える．この直線へ P から垂線 PH を下せば，ただちに

$$\frac{\mathrm{PF}}{\mathrm{PH}} = \frac{\sqrt{\left(x-\frac{\alpha}{4}\right)^2+y^2}}{x+\frac{\alpha}{4}} = \frac{\sqrt{\left(x-\frac{\alpha}{4}\right)^2+\alpha x}}{x+\frac{\alpha}{4}} = 1$$

なる式が得られる．これすなわち，パッポスの述べたように，'放物線は一定点（F）と一定直線（l）よりの距離の比が1に等しいような点全体から成り立っている'ことを示すにほかならない．

かくして，アポロニオスの考え方による'楕円'，'双曲線'，'放物線'は，それぞれまた，パッポスのとらえ方による'楕円'，'双曲線'，'放物線'でもあることが確かめられたわけである．

23. われわれはアポロニオスによるとらえ方を楕円などの'定義'として出発したのであった．しかし，一方，パッポスによるとらえ方をその定義とすることもできるし，また，円錐を切った切口であることを定義として考察を始めることもできる．

アポロニオスやパッポスは，彼等のとらえ方を'定義'として採用しても，結局は，円錐を切った切口としての定義とまったく同じものになる，ということをよく知っていた．

よって，

パッポスの楕円
↑↓

円錐の切口としての楕円
↑↓
アポロニオスの楕円

という図式が得られるから,どの定義に従ったとしても,どの道同じものしか現われず,決して食い違いの起らぬことが察せられる.

さらに,われわれは円錐曲線の方程式がすべて二次方程式であることを確かめておいた.

しかし,より一般な結果として前にも触れておいたように,任意の二次方程式:

(1) $$ax^2+bxy+cy^2+dx+ey+f=0$$

の '軌跡' は,特殊な場合を除いては必ず円錐曲線となることが証明されている[*].

もはや明らかなことであろうが,'解析幾何学的' 方法の適用に際しては,'x-軸' や 'y-軸' のとり方に相当程度の '任意性' がある.したがって,一つの方程式の軌跡は,より適当な '軸' のとり方によっては,もとのものより一段と簡単な方程式を持つ可能性があるわけである.実は,このような方針の下に適当な軸を捜してゆくと,(1)の軌跡が '点' もしくは '直線' でない限り,それに対する方程式をば

---

[*] 円錐曲線については,吉田洋一・河野伊三郎 代数および幾何(培風館),三村征雄 大学演習 代数学と幾何学(裳華房)を参照.

(2) $$\frac{x^2}{a^2}+\frac{y^2}{b^2}=1$$

(3) $$\frac{x^2}{a^2}-\frac{y^2}{b^2}=1$$

(4) $$y^2=\alpha x$$

のうちのいずれかの形に帰着せしめ得ることが知られている．すなわち，それぞれの場合，その軌跡は楕円，双曲線，放物線となるわけである．

(1)という生のままの方程式は面倒であるが，それを(2)，(3)，(4)のような形に帰着せしめれば，その形の簡単さに加えて幾何学的な直観がいろいろと入り込み，非常にわかりやすいものとなってくる．このようなところに，解析幾何学による'代数学の幾何学化'ということの意義があるということができるであろう．

4. 接線を描く
——微分法と極限の概念——

接線の描き方——フェルマの方法——バロウの方法——
ニュートンの流率法——ライプニッツの微分法——函数
の概念——導函数とその性質——極限の概念の誕生——
微分法の公式——連続な函数

接線の描き方

1. 円の接線とは，周知のごとく，円とただ一点のみを共有する直線である．ギリシア人たちは，このようなものを詳しく考察した．原論にも，第三章において，それが述べられている．

簡単な考察によって，このような直線は，必ず直径と直交するものであることが確かめられる．したがって，円の上の一点Pにおいて接線をひくためには，まず，Pを通る直径をひき，それにPにおいて垂線を立てれば，それでよい．

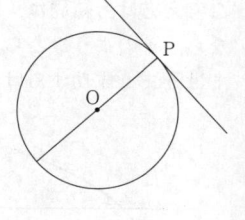

ところで，この円の接線というものをよく観察するとき，われわれは，それが円と'ある点において密着する'，

あるいは '一瞬間触れ合う' といったような性質を持つ直線であることを見て取ることができる．しかして，この見地からすれば，他の種々の曲線についても，そのような性質を持つ直線が考えられることを見出すであろう（右上図参照）．以後，このような直線をば，円におけると同様，その曲線に対する **'接線'** と称えることにする．

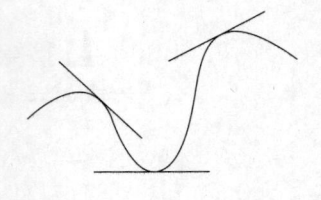

ただちに起ってくる問題は，そのような '接線' をどうやってひくか，ということである．円の場合を模倣して，ここでも，接線というものをば 'その曲線とただ一点のみを共有する直線' としてとらえ，そのようなもののひき方を考えればよいようにも思われる．しかしながら，かような考え方は，結局は，破綻をきたすことを免れない．なぜなら，そのようなとらえ方は，なるほど，楕円などに対してはうまく成功するけれども，放物線などになると，下の

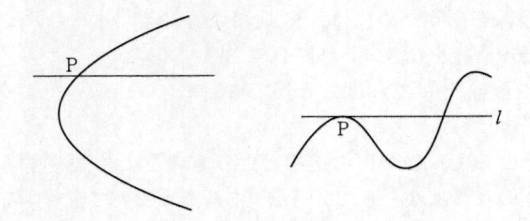

4. 接線を描く——微分法と極限の概念——

左の図に示したような妙な直線までもが同時に含まれてきてしまう．また，右の図のような曲線に対しては，そこに描かれた直線 l が，たしかに点Pにおける接線であるにもかかわらず，上のような考え方では漏れてしまうのである．

よって，なんらか他の方法を考え出さなければならなくなってくる．

しかしながら，'接線' には，次のような著しい特性があることに注意しよう．すなわち，まず，円の上に二点P, Qをとり，それらを直線で結ぶ．しかして，このQをPに限りなく近づけてゆけば，直線PQは，Pにおける接線にどれだけでも近づいてゆくであろう．このやり方は，他の曲線についてやってみても，明らかに知られるとおり，まったく同様の事情をもたらすのである．

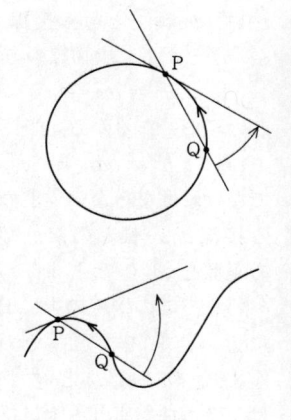

してみれば，このような性質をうまく活用すれば，接線がひけるのではないか，と推察される．すなわち，この性質を利用して，'目の子' によってではなく，正当な仕方で接線をひくにはいったいどうすればよいか，ということが問題となってくる．

以下において,そのような技術上の問題がいかように進歩してきたかを述べようと思う.

フェルマの方法

2. かのフェルマは,放物線に対し,大約次のようにして接線をひいた.まず次ページの図のようにx-軸,y-軸をとり,接線をひこうと思う点 P の座標を (a, b) とする.放物線の方程式は

$$y^2 = \alpha x$$

という形であるから,当然

$$b^2 = \alpha a$$

でなければならない.求める接線と x-軸との交点 Q の座標を $(c, 0)$ としよう.

いま,この接線の上に P に近い点 P′ をとり,その座標を $(a+e, d)$ とすれば,P′ は曲線よりも上に位するのであるから,明らかに*

(1) $\qquad d^2 > \alpha(a+e)$

ところで,△PQM と △P′QN とにおいては

フェルマ

---

* d=P′N>RN. しかるに RN$^2=\alpha(a+e)$.

$\angle \text{PMQ} = \angle \text{P'NQ} = $ 直角

$\angle \text{PQM}$ は共通

であるから,さらに

$\angle \text{QPM} = \angle \text{QP'N}$

ともなって,結局

△PQM ∽ △P'QN

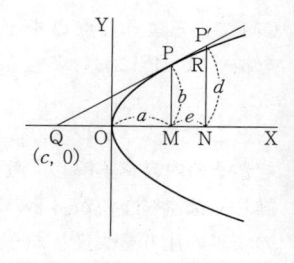

を得る.よって

$$\frac{\text{PM}}{\text{P'N}} = \frac{\text{QM}}{\text{QN}}$$

これより

$$\frac{(a-c)^2}{(a+e-c)^2} = \frac{\text{QM}^2}{\text{QN}^2} = \frac{\text{PM}^2}{\text{P'N}^2} = \frac{b^2}{d^2} < \frac{a}{a+e}$$

が知られる.これは,書き直せば

$$(a-c)^2 a + (a-c)^2 e < a(a-c)^2 + 2ea(a-c) + ae^2$$
$$(a-c)^2 e < 2ea(a-c) + ae^2$$

e で割って

(2) $\qquad (a-c)^2 < 2a(a-c) + ae$

しかるに,いま,$e=0$,すなわち P' が P に一致したとすれば,P' は放物線上に来るわけであるから,(1)は等式になる.よってこの場合,(2)は

$$(a-c)^2 = 2a(a-c)$$
$$a-c = 2a$$
$$-c = a$$

という式に帰着する.すなわち,ここに QO と OM はその長さが相等しいものであることがわかる.よって,QO=

OM であるような点 Q を x-軸上に求めて,この Q と P とを結べば,P における接線がひかれる,という次第である[*].

ところで,フェルマのこの方法を知ったデカルトは,なぜかその内容を誤解し,激しく非難した.そのいきさつは詳しくは述べないが,その結果,フェルマは次のようにその表現の仕方を改良しようとしている.

P′ が P に限りなく近ければ,P′ も P と同じく放物線上にあるはずであるから

(3) $$\frac{(a-c)^2}{(a+e-c)^2} = \frac{\mathrm{QM}^2}{\mathrm{QN}^2} = \frac{\mathrm{PM}^2}{\mathrm{P'N}^2} = \frac{b^2}{d^2}$$

$$= \frac{\alpha a}{\alpha(a+e)} = \frac{a}{a+e}$$

これより

$$(a-c)^2 = 2a(a-c) + ae$$

しかし,P, P′ は限りなく近いから,$e=0$ と置いて

$$-c = a$$

という結果を得る.

3. 容易に知られることであるが,この方法によって接線がひけることはたしかである.このフェルマの考え方が,接線とは限りなく近い点 P, P′ を結んだものである,という見地に立っていることは明らかであろう.

―――――――――――
[*] 以上はフェルマの方法をわかりやすく書き換えたものである.

しかしながら、よく考えてみるに、これはたいへん奇妙な考え方といわなくてはならない。すなわち、そもそも、'限りなく近い'ということは'一致する'ことなのであろうか、それとも'離れている'ことなのであろうか。彼の計算によれば、初めは'e'は0でないものとして生かされているから、それから推せば、P, P'は離れているもののようでもある。しかるに、あとになって$e=0$と置くのであるから、今度はP, P'は一致するものとしなくてはならない。

　実は、この魔術的なところこそが、彼の方法の核心なのであって、初めから$e=0$と置いてしまえば(3)という式は

$$\frac{(a-c)^2}{(a-c)^2} = \frac{a}{a}$$

となり、なんら導かれるものはないのである。

　このようなことは、おそらく、フェルマ自身でさえも、摩訶不思議に思ったところであろう。

　とはいえ、しばらく好意的に考えてみれば、無下に悪口ばかりもいっていられなくなってくる。

　初めに帰って、円の上の点Pにおける接線を考察する。そこでは、われわれは、P以外にQをとり、しかして、QをPに次第に近づけていけば、直線PQはPにおける接線に限りなく迫っていくことを見た。

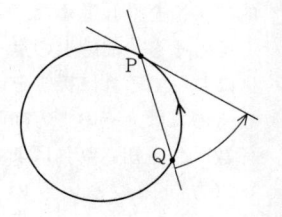

してみれば，誰しも，Pにおける接線とは，PとPに限りなく近い点P'とを結ぶ直線だと言いたくもなろう，というものである．

表現の仕方に考慮の余地はあるにしても，彼がまさしく接線の正体を見届け，その一つのひき方を提起したことは，間違いのないところである．

しかし，彼は，この方法を他の曲線に適用することは考えなかったし，実際，そうするには不便な点もないではない．

なお，このフェルマの方法を非難したデカルトが，これを自分の納得できるように改良しようと試みていることを，ここに言い添えておく．

バロウの方法

4. ほどなく，バロウ（Barrow, 1630-1677）という人がフェルマよりほんの少し，しかし結局においてはほとんど決定的に事情を推し進めた．

そもそも，曲線上の点Pにおいてそれに接線をひくのには，その'方向係数'さえ知られればよい（方向係数というの

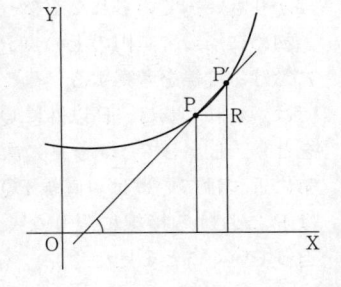

は，前にも述べたとおり，その直線と x-軸とのなす角の正接のことである）．必ずしも前々節で説明したフェルマの方法におけるように点 Q のごときものを求める必要はないのである．バロウは，この方向係数を定めるためには，まず P に限りなく近い点 P' をとって，直角三角形 PP'R を作り，比：

$$\frac{\text{RP}'}{\text{PR}}$$

を計算すればよい，と考えた*．彼がフェルマと同様，P における接線とは，P とこれに限りなく近い点 P' とを結ぶ直線だという立場に立とうとすることは明瞭である．

彼の流儀の要点をはっきりさせるために，上のような仕方で放物線に接線をひいてみよう．P の座標を (a, b)，また P' の座標を $(a+e, b+f)$ とする．

放物線の方程式は
$$y^2 = \alpha x$$
という形であるから，
$$b^2 = \alpha a$$
$$(b+f)^2 = \alpha(a+e)$$
でなくてはいけない．よって，P, P' を結ぶ直線，すなわ

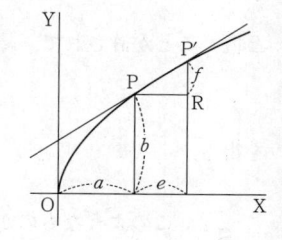

---

* このような三角形は，すでにパスカルらによって接線の性質を論じるのに用いられていたが，バロウは，これを'方向係数の計算法'にあからさまに利用したのである．

ち接線の方向係数：

$$\frac{\mathrm{RP'}}{\mathrm{PR}} = \frac{f}{e}$$

を c と置けば

$$b^2+2fb+f^2 = \alpha a+\alpha e = b^2+\alpha e$$

$$2fb+f^2 = \alpha e$$

$$\frac{f}{e} = \frac{\alpha - \dfrac{f}{e}\cdot f}{2b}$$

$$c = \frac{\alpha - cf}{2b}$$

しかるに，P′ は P に限りなく近いのであるから

$$f = 0$$

と置くことが許されて，結局求める方向係数

$$\frac{\alpha}{2b}$$

を得る．

5. このようなものが，フェルマの方法と同様の難点を含むことは明らかである．しかしながら，この方法も，同様に正しい接線を与えるものであることは，たやすくこれを確かめることができる．

彼の方法が，フェルマのそれにまさるのは，これによるときは，数多くの曲線の接線がより簡単にひける，という点にある．

一般に，このように'接線をひく'あるいは'接線の方向係数を計算する'ところの方法は，のちにも述べるごとく，**'微分法'**と称えられる．

　バロウは，その方法をさらに系統だて，幾つかの一般法則を見出すことさえできたならば，たしかにこの'微分法'の創始者となり得たはずの人であった．事実，間もなくできあがった微分法は，方法自身としては彼のものとたいした差のないものであったのみならず，上にいわゆる'限りなく近い'ということについての論理的困難も，長い間解決されないままであった．

　この点，バロウにとってはたいへん残念なことではあるが，普通，微分法発見の功は，彼の弟子ニュートンおよび哲学者ライプニッツに帰せられている．

　ニュートンの成功は，物理学における彼の歴史的な業績としごく密接に結びついていて，ある意味では，彼の時代を飾る大きな事件とも見られなくはない．

　以下，それについて語ることにしよう．

ニュートンの流率法

6.　そもそも，ルネッサンス，宗教改革に引き続いてやって来たこの十七世紀という時代は，種々の面から見て，その有する意義はまことに大きいものがあった．

　'資本主義'という新しい社会組織はようやくその底力

を見せ始めていた．しかし，それはいまだ社会を圧倒するほどまでには進んでいなかったので，それと亡びゆく封建制度とが頡頏(きっこう)し，両者の利害の一致するところ，絶対的な王権が各地で勢威をふるった．すなわち，社会構造の過渡期に当たっていたわけである．その豪華な宮廷からは，新時代の人々の奔放な意慾の発露になる，かの豊麗な'バロック美術'が次々と生み出されていった．なかでも，ルイ十四世時代のフランス宮廷はきわめて華やかなものであったと伝えられている．

　一方，思想的には，この時代は'合理主義''実証主義'の標語によって特徴づけられるであろう．この思想は，デカルトやベーコン（Bacon, 1561-1626）らにその源を発している．人々は，因襲にとらわれることなく，あらゆる謎と取り組んでいった．そして，人間の智恵によればあらゆるものが解決される，という信念が次第に広く行きわたるようになった．この風潮は，やがて次の'啓蒙思想'へと連なっていくものである．

　しかも，そう信じるだけではなく，その信念をいよいよ

ニュートン

固くするものとして，背後には数々の輝かしい科学上の成果が実っていった．なかでも，ニュートンによるところの'宇宙の数学的記述'という業績は特筆すべき大成功である．

コペルニクス (Copernicus, 1473-1543) が地動説を提起して以来，人々は，地球が太陽の周囲をまわる天体の一つであり，太陽は無数にある恒星のうちの一つであることを次第に知るようになった．ニュートンは，このような天体が規則正しくその軌道を運行する原理を見出したのである．

彼は，すべてのものの間には相互に引き合う力が働くことを見出し，これを'万有引力'と名づけた．天体の運行を引き起すところのものも，この万有引力にほかならないというのである．

このような考え方は，一時代前であれば，おそらく，神を冒瀆するものとされたに相違ない．

7. ところで，ニュートンがその理論を建てるのに用いた最も重要な数学的手段は，彼が'流率法'と呼んだところのものであった．これが実はわれわれの当面の主題である'接線のひき方'にほかならないのであ

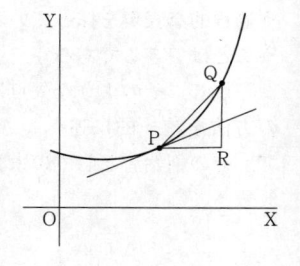

る.

　彼はその方法を次のように述べている．接線をひこうと思う曲線上の点を P とし，もう一つの点を Q とする．さらに，前ページの図のように x-軸，y-軸をとり，それに平行な辺を持つ直角三角形 PRQ を作る．しからば

$$\frac{\mathrm{RQ}}{\mathrm{PR}}$$

は直線 PQ の方向係数である．

　ここでいま，Q を P に限りなく近づけていけば，上のような比は次第に変わってはゆくが，Q が P に一致したその究極の瞬間にはある一つの定まった値をとるであろう．その値こそ P における接線の方向係数にほかならない，というのである．

　これは本質的には，P とそれに '限りなく近い' 点 Q とを結んだものが接線にほかならないとするバロウのとらえ方と軌を一にするものである．論理的構造はさして改良されているわけではない．ただ，バロウのように Q が P に '限りなく近い' などとはいわず，'限りなく近づく' という過程的な表現を採っているため，より説得力があるということはできるであろう．

　しかし，そのような欠点はあったが，ともかくも彼はこの方法を統一的に述べ，さらに自らその有用性を立証して，その創始者としての栄誉をになったのであった．

4. 接線を描く——微分法と極限の概念——

8. このような方法が，天体に限らず，一般に物体というものの運動の記述においていかに重要な役割を演じるかは，次のことから察知することができる．

いま，一つの物体が運動しているとし，各時刻におけるその始点からの距離をグラフに描いてみる．このとき，時刻 t, s に対応する曲線上の点 P, Q を結べば，その方向係数は

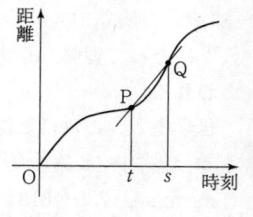

$$\frac{(\text{Q における距離})-(\text{P における距離})}{s-t}$$

となるから，これは時刻 t から s までの間の物体の'平均の速度'に等しい．もとより，'速さ'というものは時々刻々変わるから，時間の間隔 $s-t$ があまりに長すぎるときは，この平均にたいした意味は認められない．しかし，ここで s を t に限りなく近づけていけば，この'平均の速度'は時刻 t における物体の運動の速さを次第に忠実に表わすものとなってゆくであろう．しかも，最後には，それは't における速度'とでもいうべきものとなるに相違ない．

ニュートンは，元来は漠然としているわれわれの'速度'という観念をば，このように'接線の方向係数'としてとらえ，それを自分の理論の基礎としたのであった．

彼が，この'流率法'そのものを体系的に述べたのは後年に至ってからであるが，ともかくもこの方法を用いて建

設された'物体の運動の理論'を公表したのは,'プリンキピア',詳しくは,'Philosophiae Naturalis Principia Mathematica（自然哲学の数学的原理）'においてである.これは'原論'の形式にのっとって書かれているが,それは当時の人々にとって理解しやすいようにとの意図に出るものだといわれる.

科学史上,これほど深い影響を残し,これほど高く評価された書物は数少ないと思われる.ラグランジュ(Lagrange, 1736-1813)は,このニュートンの業績をさらにみごとに発展させた,これも一人の鬼才であるが,プリンキピアを評して'人智の可能を示すかくのごとき実例に接して,私は眩惑を感じる'とまで述べている.

実際,相対性理論や量子力学が現われるまでは,まさしくこのプリンキピアが'宇宙を支配'したのであった.

ライプニッツの微分法

9. この'接線をひく方法'の発見に関し,ニュートンと先陣争いをする大立者があった.すなわちライプニッツである.彼はドイツの生んだ最も偉大な哲学者の一人であり,さらに数学者としては,ニュートンとともにこの'接線をひく方法'のいま一人の独立の発見者として,十分その権利を主張し得る人である.

実をいうと,ニュートンとライプニッツとの間には,このことの先発権をめぐって衝突があり,それはしまいには

イギリスと大陸の学会同士の仲違いということにまで発展したのであった．そのためイギリスの数学は'少なくとも一世紀は遅れた'，とさえいう人もある．

しかし，史実的には，ともかくも彼等の発明が独立であったこと，およびニュートンのほうがわずかに早かったことが認められているようである．

ライプニッツ

ライプニッツの方法は，ほぼバロウの考え方と同じものに基づいているが，便利で見やすい記号を持ち，また多くの有用な公式を含むせいもあって，現今の数学に与えている影響はニュートンのそれよりはるかに大きいといってよい．あとでも述べるが，われわれが今日用いるこの方面の記号はおおむねライプニッツに負うものである．

彼はこの方法を'**微分法**'と称した．これは今日最も普通に用いられる名称である．

接線といえば何でもないもののようであるが，ここから次第に'**解析学**'という数学の一大分野が成長し始めた．そして一方，その発展とともに，それが自然科学とくに物理学の'言葉'として欠くべからざるものであることも，

ますます明らかとなっていった.

函数の概念

10. 以下に'微分法'の初等的な部分をごく簡単に述べてみたいと思う*. そもそも, 曲線に接線をひくのが主題であるから, まずもって, その'曲線'の概念を明らかにしておかなければならない. それには**'函数'**** の概念が必要である.

最初に
$$x^2+x+1$$
という式を考えてみよう. いま, この式に対して $x=1$ と置けば, その結果は
$$1^2+1+1 = 3$$
となり, $x=2$ と置けば
$$2^2+2+1 = 7$$
となり, また $x=-3$ と置けば
$$(-3)^2+(-3)+1 = 7$$
となる. 他の任意の数を置いても事情はまったく同様であって, 結局どういう数に対しても, それを代入すれば, こ

---

* 微分法については, 吉田洋一 微分積分学(培風館), 高木貞治 解析概論(岩波書店)を参照.
** 英語 'function'(ラテン語の functio から出た語)の訳語. **関数** とも書く. functio という言葉はライプニッツに始まるものである.

の式を媒介として一つの答の出てくることがわかる．してみれば，

$$x^2+x+1$$

という式は，任意の数に対して一つの数を対応させる'規則'を与えるものであることが察せられる．

このような事情は

$$\sin x$$

という式でも同様である．たとえば，この式において $x=30$ と置けば，結果は

$$\sin 30 = \frac{1}{2}$$

となり[*]，$x=45$ と置けば $\frac{1}{\sqrt{2}}$ となり，さらに $x=60$ と置けば $\frac{\sqrt{3}}{2}$ となる．ただし，この場合においては，x に代入できる数が 0 以上 180 以下という制限に従う必要があるという点で，上と少々様子が異なっている[**]．

これらのように，一群の数の集まりにおけるおのおのの数にそれぞれ一つの数を対応せしめる'規則'が与えられた場合，その'規則'そのものをばその数の集まりの上で定まった**'函数'**と称える．

たとえば，x^2+x+1 はすべての数の集まりの上に定まった函数であり，$\sin x$ は $0 \leq x \leq 180$ なる数の集まりの上

---

[*] 本来ならば sin 30° と書くのがほんとうであるが，便宜上°を落として sin 30 と書く．

[**] $\sin x$ は実は x のあらゆる実数値に対して定義できるのであるが，本書ではまだそこまでは定義していない．

に定まった函数というわけである．

ところで，われわれは
$$y = \sin x$$
という式をば，x に対して 'sin' という規則をあてはめて出てくる答が y であるというふうに解釈することもできる．すなわち，たとえば
$$\frac{1}{2} = \sin 30$$
という式は，これを，30 に sin という規則をあてはめて出てきた答が $\frac{1}{2}$ だというふうに解釈してもよかろうというのである．

この見地から，われわれは，$\sin x$ という式で定められる上述の '函数' すなわち規則が 'sin' という記号それ自身でもって表わされていると見ることもできるわけである．

そこで，これを一般におしひろめて，他のいろいろの函数をも f や g などという一つの記号で表わすことにし，この '規則' によって x に対応する y をば
$$f(x) \text{ あるいは } g(x)$$
などで示すことにしよう．上の sin の例からすれば
$$fx \text{ あるいは } gx$$
などと書いたほうがよいのであるが，わかりやすくするために括弧をつけるのである．

11. 一つの函数：
$$y = f(x)$$

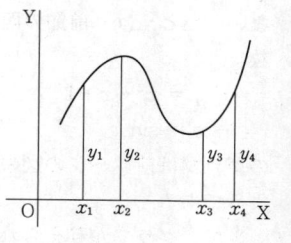

が与えられたとする．はじめに，平面上に x-軸，y-軸を定めておく．いま，f という函数の定まっている '数の集まり' の中から数 $x_1, x_2, x_3, \cdots$ を一つ一つ抜き出し，この函数によってそれらに対応する数 $y_1, y_2, y_3, \cdots$ を求める：

$$y_1 = f(x_1)$$
$$y_2 = f(x_2)$$
$$y_3 = f(x_3)$$
$$\cdots\cdots\cdots\cdots$$

かくして得られた値を用い，平面上に (x_1, y_1)，(x_2, y_2)，(x_3, y_3)，$\cdots$ という点を次々と打ってゆけば，ここに一つの曲線ができあがるであろう．

これが，函数 f の **'グラフ'** といわれるものにほかなら

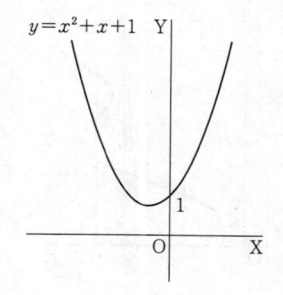

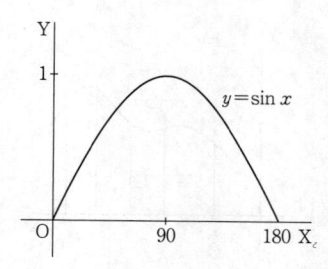

ない。たとえば、前節の函数：
$$y = x^2 + x + 1$$
$$y = \sin x$$
のグラフは前ページの図のようである。

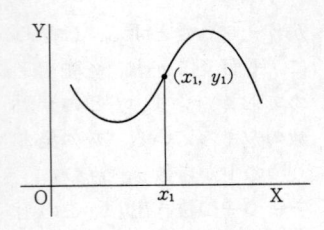

さて、グラフが与えられたならば、もとの函数の様子がそれによって一目でわかるということは注意しておく必要がある。すなわち、函数 f のグラフが与えられたとき、たとえば x_1 に対応する y_1 の値が知りたければ、グラフ上の点のうち x-座標が x_1 であるようなものを捜し、その y-座標を見ればそれでよいわけである。

このことをよく考えてみると、今度は逆に平面上に一つの曲線が与えられた場合、それによって一つの函数が作れるのではないかと推察されるであろう。

実は、それはある場合にはたしかに可能である。すなわ

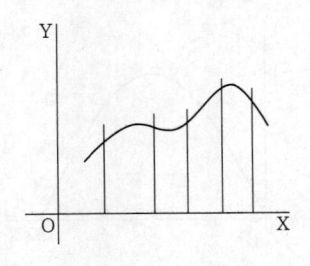

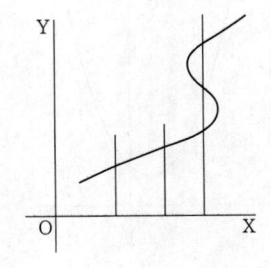

ち，x-軸上の各点 $(x, 0)$ から x-軸に垂線を立てたとき，それがその曲線と常にただ一回しか交わらないならば，各 x に対してその交点の y-座標を $f(x)$ と約束することによって，そこに一つの函数 f が定められる．

もっとも，前ページの右の図のような場合には，そのようには事が運ばれない．

今後，便宜上，曲線といえば，必ず，上のように函数のグラフとなり得るもののみを指すことに定めておく．

導函数とその性質

12. 函数：
$$y = f(x)$$
のグラフであるところの曲線を考える．この上の，座標が $(a, f(a))$ であるような点 P における接線の方向係数は，普通

$$f'(a)$$

と記される．

ニュートンによれば，それは次のようにして求められた．まず，グラフの上にもう一つの点 Q をとって，その座標を $(b, f(b))$ とし，直線 PQ の方向係数：

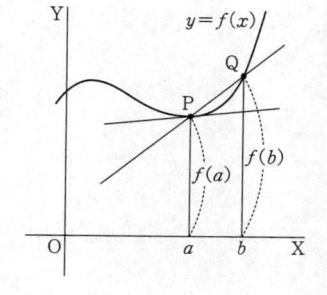

$$\frac{f(b)-f(a)}{b-a}$$

を作る．しかして，ここで Q を P に近づけたとき，あるいは同じことであるが b を a に近づけたとき，Q が P に一致した究極の瞬間における上の比の値を見れば，それが

$$f'(a)$$

にほかならない．

たとえば，

$$y = x^2 = f(x)$$

という函数を考えてみよう．そのグラフ上の点 (a, a^2), (b, b^2) を結ぶ直線の方向係数は

$$\frac{b^2-a^2}{b-a} = \frac{(b-a)(b+a)}{b-a}$$

$$= b+a$$

であるが，ここで b を a に近づけると，右辺は $2a$ に限りなく近づいていって，b が a に一致した瞬間においては $2a$ となる．

よって

$$f'(a) = 2a$$

なのである．

さて，各 x に対して $f'(x)$ が求められると，この x に $f'(x)$ を対応せしめることによって，ここに一つの新しい函数

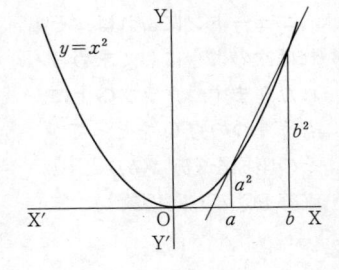

f' ができあがるであろう．この f' という函数は f から‘導かれた’函数といえるから，f の‘**導函数** (derived function)’と称えられている．

導函数はまた

$$\frac{dy}{dx} \quad \text{あるいは} \quad \frac{df}{dx}$$

と書かれることもある．これはライプニッツによる記号である．

導函数を求めることは‘**微分する**’と称えられる．すなわち，この言葉によれば，$y=x^2$ という函数を微分すると $y=2x$ が得られるわけである．

13. 接線はグラフと一瞬間密着し，それと触れ合うところのものであるから，したがってまた，それはグラフのその点における傾斜と同じ傾斜を持つ直線であるということができる．すなわち，点Pでグラフが右上りの傾向にあれば，その点における接線も右上りであり，グラフが右下りの傾向にあれば接線も右下りとなる．

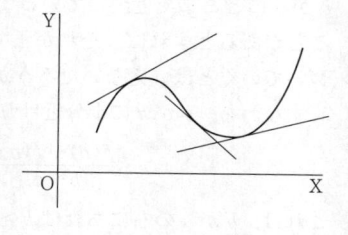

つまり，直観的な意味における接線は，グラフの上り下り，すなわち函数の値の増減をよく表現するものである．

われわれは，上に，接線の方向係数の勘定の仕方を整理

した．ここでは，それを利用してひかれた接線がちょうど上のような性質を持つということをためしてみよう．

最初に，接線が右上りということは，それと x-軸とのなす角が鋭角ということであるから，その方向係数が正ということで表現され，また右下りということは同様にその方向係数が負ということで表現されることを注意しておく．

さて，まず
$$f'(a) > 0$$
すなわち，$(a, f(a))$ における接線が右上りであったと仮定する．$f'(a)$ は，その求め方に従えば，

(1) $$\frac{f(b)-f(a)}{b-a}$$

というものの，b が a に近づいたときの究極の値である．しからば，b が a に十分近ければ，$f'(a)$ と同じく，(1) という比も正とならなくてはならないであろう．なぜなら，b が a にどこまで近づいていっても上の比が負や 0 になることがあるとすれば，それが正であるところの $f'(a)$ に近づいていくとはいえないだろうからである．

すなわち，b が a に十分近ければ
$$\frac{f(b)-f(a)}{b-a} > 0$$
これは，b が a の右にあれば $b>a$ だから
　　$f(b)-f(a) > 0$ すなわち $f(b) > f(a)$
また，b が a の左にあれば $b<a$ だから
　　$f(b)-f(a) < 0$ すなわち $f(b) < f(a)$

ということを示す．幾何学的にいえば，b が a の右にあれば $f(b)$ のほうが $f(a)$ より高く，左にあれば低いということにほかならない．すなわち，これでグラフが 'a のごく近所において右上り' だということが確かめられたわけである．

同様にして

$$f'(a) < 0$$

のときは右下りであることが確かめられる．

14. 導函数はまた函数の '**極大極小**' を調べるのにも用いられる．函数

$$y = f(x)$$

が a で極大をとるというのは，端的にいって，そのグラフが a に対応する点で '山' を作ることであり，極小をとるというのは，同じくその点で '谷' を作ることを指す．

厳密には次のように定義する．いま，a に十分近い x の '範囲' を適当に定めたとき，その範囲にあるすべての x に対して常に

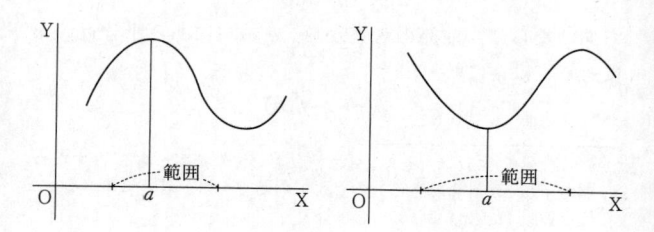

$$f(x) < f(a)$$

となるような場合, $y=f(x)$ は a で '**極大**' をとると称する. '**極小**' は上の式の不等号を逆にして定義される.

　ここで十分強調する必要のあるのは, '山を作る' とか '谷を作る' とかいっても, それは決して '一番高い' とか '一番低い' とかいうことを指しているわけではないということである. それはただ '近所' で一番高いとか一番低いとかいうことを描写するにすぎない. したがって, 上のように '範囲' を設ける必要があるのである.

　この '極大極小' の概念に関して最も重要なことは, 極大や極小をとる a においては必ず

$$f'(a) = 0$$

となる, ということである*. これは, そのような点における接線が x-軸に平行ということであるから, 容易に想像されることではあるが, 次のようにこれを確かめることができる.

　いま, a で $y=f(x)$ が極大をとったとしよう. ここにもし

$$f'(a) > 0$$

であるならば, 前節の考察から, a の右にある十分近い x に対しては常に

$$f(x) > f(a)$$

---

* ただし, これは, そのような点において '接線がある', すなわち $f'(x)$ が計算できるものとしての話である. 以下に述べる **15.** を参照.

となるはずである．しかるにこのような場合にはaには山があり得ない．したがって$f'(a)>0$であることはできない．同様にして$f'(a)<0$であることもできないから，結局

$$f'(a) = 0$$

でしかあり得ないということになる．

aで$y=f(x)$が極小をとるときも事情はまったく同様である．

15. それゆえ，函数

$$y = f(x)$$

に対して，それが極大もしくは極小をとるようなxを見出したいならば，まずfを微分して'導函数' f'を求め，次いで

$$f'(x) = 0$$

という方程式を解いて，その根の中から所要のものを捜せばよい．

たとえば，

$$y = f(x) = x^2$$

においては$f'(x)=2x$であるから，

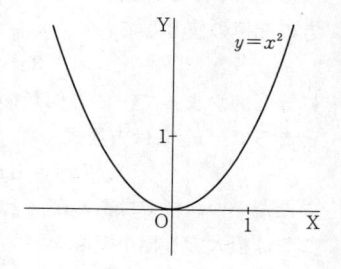

$$f'(x) = 2x = 0$$

の根として$x=0$を得る．

実際，この函数は$x=0$において極小をとり，そのほか

には極大も極小も無いのである（前ページの図参照）．

しかし，逆は必ずしも真ではないのであって，ある x で $f'(x)=0$ とはなっても，そこが極大でも極小でもないことがあり得るということを銘記しなければならない[*]．

たとえば，函数
$$y = f(x) = x^3$$
をとろう．その $x=a$ における導函数の値は

$$\frac{b^3-a^3}{b-a}$$

$$= \frac{(b-a)(b^2+ba+a^2)}{b-a}$$

$$= b^2+ba+a^2$$

なる比の b が a に近づいたときの究極の値として

$$3a^2$$

に等しい．よって，この函数の導函数は $y=3x^2$ となる．ところで，$x=0$ は方程式
$$f'(x) = 3x^2 = 0$$
のただ一つの根ではあるが，上図からも明らかなように，ここは極大でも極小でもない．

したがって，極大や極小を求めるときは，必ず，$f'(x)=0$ となるような x をいちいち調べる必要があるのである．

---

[*] すなわち，$f'(x)=0$ ということは極大極小の '必要条件' ではあるが '十分条件' ではない．

極限の概念の誕生

16. 上に述べたことはほんのわずかであるが、この'微分法'がたしかにわれわれの観念に合う接線を与えるものであり、また函数あるいはそのグラフの性質を調べるのに欠くことのできないものであることがよく見て取られると思う．

微分法の逆の算法，すなわち導函数を知ってもとの函数を求める算法は**'積分法'**といわれるが，これもニュートン，ライプニッツの両者によって十分に承知され，その有用性もよく証明されて次代に伝えられた．

しかも，発展するに従い，この'微分積分法'は初め予想されたよりは，さらに一段と有用なものであることが明らかとなっていった．

ところが，人々の心の中にはぬぐいきれない一抹の不安が残っていた．というのは，かの導函数の定義が論理的にきわめてあいまいなものであったからである．

$y=f(x)$ のグラフ上の点 $(a, f(a))$ における接線の方向係数は，

$$(1) \qquad \frac{f(b)-f(a)}{b-a}$$

なる比の，b が a に近づいたときの'究極の値'としてとらえられた．しかし，b が a に近づいた究極の瞬間には，この比は

$$\frac{0}{0}$$

という，まことに不思議なものとなってしまう．

$f(x)=x^2$ や $f(x)=x^3$ においては，(1)は

$$\frac{b^2-a^2}{b-a} = b+a, \qquad \frac{b^3-a^3}{b-a} = b^2+ba+a^2$$

のようにうまく簡単になって，究極の値が計算できたのであるが，どうしてもとの比の形のままでは駄目なのであろうか．

この重要な理論の安泰を図るために，ここから尨大極まる哲学が成長していった．しかしいずれもその重責を支えきれないようなものばかりであった．

この魔術的な代物を，はじめてうまく処理し得たのはコーシ（Cauchy, 1789-1857）である．

彼の成功の鍵は，すべての人々がそれに固執したところの'究極'あるいは'無限に近い'というような観念を，あっさりと捨てた点にあった．彼はいう：

'次々に相異なる値をとる量を変数と言い……一つの変数の次々にとる値が一つの定まった値に近づいてゆき，その差が任意の与えられた量よりも小さくなってゆくようであれば[*]，その定まった値は初めの変数の**極限**であるという'．

---

[*] その差は，0.1 を与えればそれよりもさらに小さくなり，0.01 を与えればそれよりもなお小さくなり，以下同様どれだけでも小さくなってゆく，ということである．

すなわち，彼は'究極'まで行ってしまわないで，その途中の様子だけを見ようとするわけである．このような表現が論理的に難点の少ないものであることはよく察せられるであろう．

さて，この流儀によれば，ニュートンらによる接線の方向係数のとらえ方は次のように言い換えられる．

まず

$$(1) \quad \frac{f(b)-f(a)}{b-a}$$

という比は，b がいろいろに変わるとき次々に違った値をとるから，一つの'変数'である．ここで，b を a に近づけてゆけば，(1)と接線の方向係数 $f'(a)$ との差は，たしかに任意に与えられた量より小さくなっていくであろう．したがって，$f'(a)$ は(1)という変数の'極限'というわけである．

このようにすれば，b が a に一致した'瞬間'というものをもはや考える必要はないわけであるから，

$$\frac{0}{0}$$

などという不可思議はまさしく避けられることになるであろう．

17. 本章の初めからのわれわれの主題は'接線というものをどうやってとらえるか'ということであった．それに対し，ニュートンやライプニッツらが，まさし

くわれわれの観念に合う接線のひき方というものを得るに至ったいきさつについて述べてきたわけである.

さらに, 前節においては, 彼等にあってはいまだ完全とはいえなかった表現の仕方が, コーシによりともかくも整理されたことに触れた.

それゆえ, われわれは, 接線の '定義' として次のものを採用することができる.

'函数 $y=f(x)$ のグラフ上の点 $(a, f(a))$ における接線とは, b が a に近づいたときの, 変数:

$$\frac{f(b)-f(a)}{b-a}$$

の極限を方向係数として持つような直線である'.

ただし, ここでちょっと注意しておくことがある. それは, コーシの極限の定義をよく見ればわかるように, 彼はあらゆる変数が極限を持つとはいっていないということである.

実際, たとえば, 図のようなグラフを持つ函数

$$y = f(x)$$

において[*], 比:

$$\frac{f(b)-f(1)}{b-1}$$

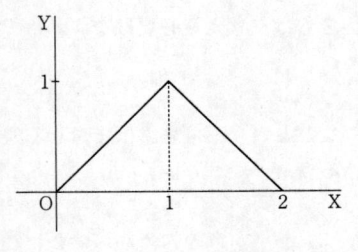

---

[*] この函数は $0 \leq x \leq 1$ なる範囲では $y=x$ という式で表現され, $1 \leq x \leq 2$ なる範囲では $y=2-x$ という式で表現される.

を作ってみると、b が 1 より右にあれば、これは -1 に等しく、左にあれば 1 に等しい*。したがって、このような変数は、b が 1 に近づくとき、ある '一つ' の特定の値に対して、任意に与えられた量よりもなお小さい差を持つようにはとうてい近づいていくことができない。すなわち、極限がない、というわけである。事実、図からも見て取られるように、$x=1$ に対応する点では、このグラフに接線らしいものはこれをひくことができないであろう。

このように、すべての函数が '微分できる' わけではないということを忘れてはならない。前節までの考察においては、微分できる函数のみを取り扱っていたのであった。

コーシの立場は、'究極' まで行くことをあきらめるものであるために、その究極のもの、すなわち '極限' の '存在' に関しても、冷静にこれを眺めることを許すのである。

なお、上に出てきた

$$\frac{f(b)-f(1)}{b-1}$$

は、b を次々と動かすとき、1 と -1 との二つの値しかとらなかった。よって、厳密にいえば、実は、コーシのいう '次々に相異なる値をとる量' としての '変数' の名には値しないのである。上においては、このようなものをも変数

---

* $b>1$ ならば $\frac{f(b)-f(1)}{b-1}=\frac{2-b-1}{b-1}=-1$、また $b<1$ ならば $\frac{f(b)-f(1)}{b-1}=\frac{b-1}{b-1}=1$ である。

とむりやり見なして，議論を進めてきたのであった．しかし，このようなものはもとより，たえず一つの値しかとらないような量さえもごく頻繁に現われ，その極限を考える必要も，ときどき起ってくる．ところで，元来，'変数' というものの役割には，次々と '相異なる' 値をとるということはなんら効いてこないのであって，ただ，**次々と値の定まる**ようなものでさえあれば，同様にこれを用いることができるのである．よって，今後，変数とはこのようなものと解釈することにしよう．

この新しい '変数' に対する極限の定義は，もちろん前と同様である．

微分法の公式

18. 函数を微分するのに便利な知識を二，三あげておく．

a) すべての x に対し，一つの特定の数 c を対応させるような函数：

$$y = f(x) = c$$

を '**定数 c**' という．しかるとき，定数 c の導函数は定数 0 に等しい．なぜなら

$$\frac{f(b)-f(a)}{b-a} = \frac{c-c}{b-a}$$

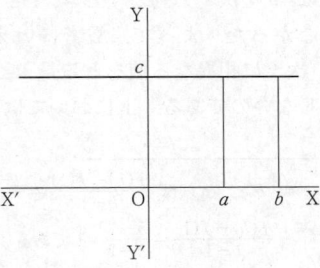

$$= 0$$

より，この変数の極限が常に 0 となるからである*.

b) c が任意の数のとき，

$$y = f(x) = cx$$

という函数の導函数は定数 c に等しい.

$$\frac{f(b)-f(a)}{b-a} = \frac{cb-ca}{b-a}$$
$$= c$$

より，その極限が常に c となるからである*.

c) 上と同じく c が任意の数のとき，

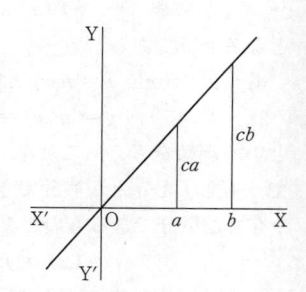

$$y = f(x) = cx^n \quad (n > 1)$$

という函数の導函数は $y = ncx^{n-1}$ に等しい.

まず公式:

$$a^n - b^n = (a-b)(a^{n-1} + a^{n-2}b + \cdots + ab^{n-2} + b^{n-1})$$

によって

$$\frac{f(b)-f(a)}{b-a} = \frac{c(b^n - a^n)}{b-a}$$
$$= \frac{c(b-a)(b^{n-1} + b^{n-2}a + \cdots + ba^{n-2} + a^{n-1})}{b-a}$$
$$= c(b^{n-1} + b^{n-2}a + \cdots + ba^{n-2} + a^{n-1})$$

---

* 前節の終りに述べたことを参照.

であるが，容易に知られるように，b が a に近づくとき
$$b^{n-1},\ b^{n-2}a,\ \cdots,\ ba^{n-2}$$
はどれだけでも a^{n-1} に近づくから，上の式の極限は nca^{n-1} に等しい．よって
$$f'(x) = ncx^{n-1}$$
となるわけである．

d) $y=f(x)$, $y=g(x)$ という二つの函数に対し
$$y = h(x) = f(x)+g(x)$$
という函数を考え，これを '**f と g との和**' という．ここで，もし f と g とが微分できるものであるならば，その和 h もまた微分できるものとなって，しかも
$$h'(x) = f'(x)+g'(x)$$
という式が成り立つ．それは次のようにして知られる．まず

$$\frac{h(b)-h(a)}{b-a} = \frac{\{f(b)+g(b)\}-\{f(a)+g(a)\}}{b-a}$$

$$= \frac{f(b)-f(a)}{b-a}+\frac{g(b)-g(a)}{b-a}$$

であるが，b が a に近づくとき，右辺第一項および第二項はそれぞれ $f'(a)$ および $g'(a)$ に近づくから，左辺は $f'(a)+g'(a)$ に近づかなければならない．よって
$$h'(x) = f'(x)+g'(x)$$
となるのである．
$$y = k(x) = f(x)-g(x)$$
という函数，すなわち '**f と g との差**' に対しても，上と同

様

$$k'(x) = f'(x) - g'(x)$$

となることは,もはや明らかであろう.

19. さて,以上の事実を用いると,たとえば
$$y = f(x) = ax^n + bx^{n-1} + \cdots + cx + d$$
という形の函数の導函数は,常にこれを求めることができる*. すなわち,この函数は

$$y = ax^n,\ y = bx^{n-1},\ \cdots,\ y = cx,\ 定数\ d$$

という,全部で $(n+1)$ 個の函数の '和' であるから,$f'(x)$ はこれらの函数の導函数

$$nax^{n-1},\ (n-1)bx^{n-2},\ \cdots,\ 定数\ c,\ 定数\ 0$$

の '和' に等しい:

$$f'(x) = nax^{n-1} + (n-1)bx^{n-2} + \cdots + c$$

よって,たとえば
$$y = f(x) = 5x^3 + 2x^2 + 7x + 3$$
なる函数の導函数 $f'(x)$ は
$$5 \cdot 3 \cdot x^2 + 2 \cdot 2 \cdot x + 7$$
$$= 15x^2 + 4x + 7$$
であり,また
$$y = f(x) = x^7 + x^3 + 1$$
に対しては
$$f'(x) = 7x^6 + 3x^2$$

---

* $ax^n + bx^{n-1} + \cdots + cx + d$ なる形の式を '多項式' という.

である.

連続な函数

20. これまで，われわれは曲線を取り扱うのに，それが至る所で'つながっている'ことを暗黙のうちに仮定していた．しかし，函数によっては，そのグラフが必ずしもつながっていない場合もあることを注意しなければならない（下の図を参照）．

たとえば，われわれは数を計算するのに'切り捨て'という操作を用いることがある．ここでは，たとえば，

　7.5 のときは 7
　9.8 のときは 9
　0.2 のときは 0

という具合に，小数部分をすべて省略する場合を考えてみよう．いま，x という数にこの'切り捨て'の操作を施したものを y とし，各 x にその y を対応させることにすると，$x \geqq 0$ という数の集まりの上に一つの函数が定められることになる．そのグラフは次ページの図のごとくであるが，それは $x=1$，$x=2$，$x=3$ などの，いわゆる自然数に対応するところでは，明らかにつながっていない．数が0から次第に増大す

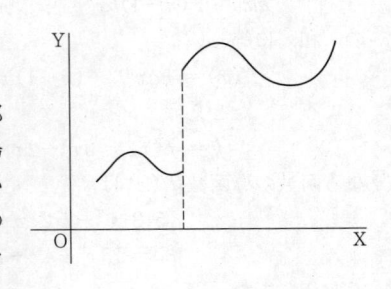

るとき，それがいまだ1の手前にある間は，それに切り捨てを施した結果は常に0であるが，1に到達した瞬間それは1に飛躍するのである．

このように，xのある値aでグラフが切れるような場合，函数はaで'**不連続**'であると称する．

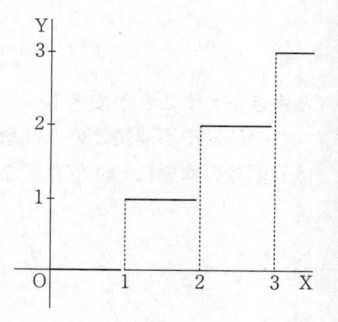

これに反し，函数がxの値aで不連続でないような場合，それはaで'**連続**'であると称えられる．これは，xがaを通過するとき$f(x)$の値に飛躍が無いということにほかならないから，さらに言い換えれば，xがaに近づくとき，$f(x)$が限りなく$f(a)$に近づくことだということになるであろう．

すなわち，$y=f(x)$が$x=a$で連続であるというのは，xがaに近づいたときの$f(x)$の'**極限**'が$f(a)$となる場合のことを指すわけである．

一般に，函数$y=f(x)$のxがaに近づいたときの極限は

$$\lim_{x \to a} f(x)$$

と記されるのが普通であるが，これに従えば，$y=f(x)$が$x=a$で連続であるということは

$$f(a) = \lim_{x \to a} f(x)$$

と書き表わすことができる.

　この連続や不連続という概念は，問題の値 a の近所における函数の状態にしか依存しないものであることに注意しよう．

5. 拡がりを測る
——面積と積分法の概念——

面積とは何か——面積についてのギリシア人の研究——
面積と '取り尽くしの方法' ——縦線図形と定積分——
微分積分学の基本定理——コーシとルベグ——微分積分
学の建設者たち

面積とは何か

1. 前章において, '**積分法**' という言葉が出てきた.
その際, それが '微分法' の逆算法を意味することを説明しておいたが, これは, 実は, '面積' の観念とごく密接に結びついたものなのである.

以下少しく話題を変え, しばらくの間, この '面積' の観念から '積分法' が生まれ出るまでの事情をかいつまんで話してみたいと思う*.

そのため, まず, '面積' という言葉を反省してみよう.

われわれは, 長方形の面積がその底辺と高さを掛けたものであり, 三角形の面積がその底辺と高さの積の半分であることを知っている. しかし, 曲線で囲まれた図形については, その面積とはいったいどういうものを意味するので

---

* 積分法については, 吉田洋一 微分積分学 (培風館), 高木貞治 解析概論 (岩波書店) を参照.

あろうか．よく考えてみれば，われわれはこれに対して，あまりはっきりした答案を用意することができないのを見出すであろう．

　元来，この'面積'という言葉は身近なありふれた概念を表わしていると思われている．曲線で囲まれた図形の面積といえども，たしかにわれわれの観念の中にあることはあるに違いない．あるいは，極端にいえば，われわれはそれをすっかりわかったつもりでいる．そのくせ，'面積とは何か'と開き直られると戸惑いせざるを得ないのである．

　ギリシア人にとっては，図形の面積というものは，その図形と同じくらい自明のものであった．彼等にとって，たとえば'円'とか'平行四辺形'などの言葉は，その図形に対する名称であると同時にその面積をも指すものであった．あるいは，それらの言葉においては，むしろ面積という観念が主で，それらはあたかも'円という形をした面積'とか'平行四辺形的広さ'といったような感じのものであった，といってもさして言いすぎではないのである．

　さりながら，いくら自明なものであるにせよ，そのような'明文化'されない観念によりかかっていては，精細にわたる論理的な話を続けてゆくことはとうていできないであろう．今日の数学においては，例の常套的な方法——'論証的方法'——によって，面積というものを'定義'する．

　ところが，幸か不幸か，その明確な定義が必要とされ，

また得られたのは、ごく最近のことである。それまでは、ずっと、面積とは自明のもの、定義する必要もないものと考えられ、しかもなんらの不都合も起らなかったのであった。

'積分法'も、まず、この'自明'な面積の観念を背景として生まれてくるのである。

面積についてのギリシア人の研究

2. '原論'においては、上にも述べたごとく、図形はすなわちそのような形をした'量'として取り扱われた。そのため、現代的な言い方をすれば、

a) 図形Aが図形Bを含めば、Aの面積はBの面積よりも大きい。
b) AとBが点や線で相接しているか、もしくは離れているとき、AとBとを合わせた図形の面積は、A、Bそれぞれの面積の和に等しい。
c) AとBとが合同ならば、その面積は相等しい。

などとでも表現されるような性質が、何という不自然さもなく承認されている。このような命題は、かの'公理'から必然的に導かれるものであったからである。たとえば

　　'公理7　全体は部分よりも大である'

なる命題は、Aという図形がBという図形を部分として含むならば、Aという量はBという量よりも大きい、ということを主張している。'図形すなわち量'という立場か

らは，これはほとんど同語反復にも近いものであって，そこには何の不明瞭も感じられない．これを現代的に言い換えれば，当然 a) のような形になるであろう．

エウクレイデスは，'比例の理論'* といわれるものを展開し，その助けをかりて，次のような種々の命題を証明している：

 i) 同じ高さを有する平行四辺形（の面積）は，その底辺（の長さ）に比例する．
 ii) 互いに相似な三角形（の面積）は対応する辺の上の正方形（の面積）に比例する．

ギリシア人にとっては，図形がすなわち '大きさそのもの' なのであるから，その当然の帰結として，面積がどのような '数値' を持つかというようなことは問題にならなかった．そして，そのようなものをお互いに比べることのみが関心事であったのも，またうなずけることであろう．それゆえ，彼等は，長方形の面積はその縦の長さと横の長さの積である，などというような言い方はしなかった．しかし，それに相当することは，上のように別の形において十分にこれを心得ていたのである．

これらの考察の結果，彼等にとって，多角形の面積は，それを三角形に分けたり，すでにその大きさの知られているものに直したりすることによって，必ず知り得る，すなわち比べ得るものとなったのであった．

---

* これはエウドクソス（Eudoxos, B.C. 370 ごろ）によるものといわれる（第八章 **10.** 参照）．

面積と '取り尽くしの方法'

3. しかしながら、曲線、たとえば円や楕円などによって囲まれた図形に対しては事情は同じではない。すなわち、このようなものは三角形に分けることができないからである。

ところが、彼等の間には '**取り尽くしの方法**' あるいは '**搾り出しの方法**' といわれる論法が行われていた。それは上のようなものに限らず、'量' 一般を取り扱うのに非常な威力を発揮する論法なのである。

この方法を完成したのは、プラトンの弟子エウドクソスであると伝えられる。もとより、それ以前から似たようなものがないではなかったのであるが、それを完全な一つの証明方法の型に練り上げたのがエウドクソスであろうというのである。

この論法は次の命題をその基礎に置いている：

(原論第十章命題1) '二つの量が与えられたとき、一つの量からその半分よりも大きな量を引き去り、その残りからさらにその半分よりも大きな量を引き去り、これを引き続けてゆけば、残りの量を一方の量よりも小さくすることができる'。

この基礎の上に '取り尽くしの方法' がいかに進行してゆくかを見るため、ここに一つの例を掲げてみよう。

(第十二章命題2) '円 (の面積) はその直径の上の正方形

（の面積）に比例する'．

証明：二円（の面積）を C, C′，その内接正方形（の面積）を Q, Q′ とせよ．

命題を証明するためには

(1) $\qquad C : C' = Q : Q'$

がいえればよい．なぜなら，直径の上の正方形 Q_1, Q_1' はそれぞれ Q, Q′ の二倍に等しいからである．もし，(1) が成り立たないとすれば，

$$Q : Q' = C : S$$

と置くとき，$S < C'$ か $S > C'$ かのいずれかが起らなくてはならない．はじめに $S < C'$ と仮定しよう．

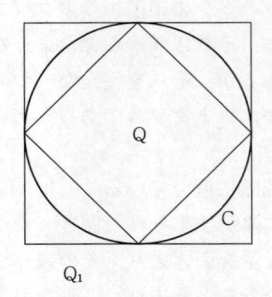

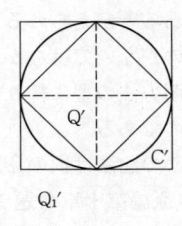

まず，Q′ は Q_1' の半分であるから，(Q_1' よりも小さい）C′ の半分よりも大きいのは当然である．この Q′ を C′ から引き去ってしまう．次に Q′ の定める円弧の中点*と Q′

---

* 二等分点と同じである．

5. 拡がりを測る——面積と積分法の概念——

の頂点とを結んでC'に内接
する正八角形を作り，それを
またC'から引き去ってしま
う．図から明らかなように，
C'から新たに引き去られる
部分は，一回目の操作で残さ
れたものの半分よりも大き
い．

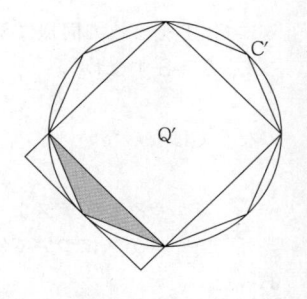

　さらに今度は，その正八角形の定める円弧の中点と正八角形の頂点とを結んで内接正十六角形を作り，それをC'から引き去る．かくのごとく以下同様に進んでゆけば，上の基礎命題の結果として，C'から何回目かの多角形P'を引き去った暁において，

$$C'-P' < C'-S$$

すなわち

(2) $$P' > S$$

ということが起るであろう．しかるに，ここにP'に対応する多角形PをCに内接せしめれば

$$P : P' = Q : Q' = C : S$$

であるが，(2)を考慮に入れれば

$$P > C$$

ということになってくる．これは矛盾である．

　一方，C'<Sのときは

$$Q : Q' = T : C' = C : S$$

と置くことによってT<Cを得るから，上のC', Sの代わ

りに C, T をとって同様に矛盾が出ることになる．したがって，C′=S すなわち

$$C : C' = Q : Q'$$

でなくてはならない．

4. エウクレイデスよりも少しく後代の人であるアルキメデスについては前にもちょっと触れる機会があった．

彼は，この'取り尽くしの方法'を非常に洗練された仕方で用いることによって，放物線の一つの弦によって切り取られた部分の面積を明らかにしている．彼の言い方によれば，その結果は次のように述べられる：

'一つの直線によって切り取られる放物線の部分（の面積）は，それと同じ底辺および同じ高さを持つ三角形（の面積）よりもその三分の一だけ大きい'．

彼はその証明において上の基礎命題は用いず，'二つの量の差を何倍かしてゆけば，ついにはそれをいかなる量よりも大きくすることができる'という命題をもってその代わりとした．これは，今日，**'アルキメデスの原則'** と呼ばれ，最も重要な命題の一つに数えられているものである．

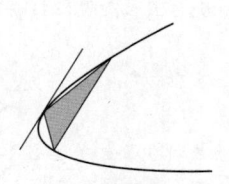

元来，前節の基礎命題は，'一つの量からその半分よりも大きな量を取り去り，その残りからさらにその半分よりも

大きな量を取り去り……' というふうな言い方をしているが, 実は, ちょうど半分ずつ取り去っていくものとしてもやはり同様に成り立つことが確かめられる. すなわち, A, B 二つの量が与えられたとき, A に, 半分ずつ取り去る操作を何回か, たとえば n 回施した残り, すなわち $\frac{1}{2^n} A$ は, B よりも小さくなるのである:

$$\frac{1}{2^n} A < B$$

ところで, これは

$$A < 2^n B$$

ということをも示している. これを言い換えれば, 任意の量 B を何倍か, たとえば 2^n 倍するとき, それが与えられた量 A よりも大きくなる, ということにほかならない. これは, アルキメデスの原則と同じことを意味する. また, 逆に, このことから基礎命題を導くことも簡単にできる. すなわち, 前節の基礎命題とアルキメデスの原則とは, 本質的には同じことを主張するものなのである.

'取り尽くしの方法'の核心は, たとえば上にあげた円の命題についていえば, 円の内側に上のような多角形を作り, それを次々と取り除いていくとき, 次第に円が'取り尽くされていく', あるいは'搾られていく'という点にある. そして, その搾られる度合を測るものが上の基礎命題であり, またアルキメデスの原則にほかならない, といえるであろう. 取り除かれていくものが, 多角形などのようなよくわかったものであり, しかも, 取り残される部分が

当面の目的に対して十分小さくなるならば，円の面積などのような扱いにくいものでも，そのほとんどの部分がわかってしまって，他のものとの比較も可能になろうというわけである．

しかし，ギリシア人は，このような仕方で円が'取り尽くされてしまう'とは考えなかった．これは忘れてはならないことである．

今日のわれわれが彼等の論法を眺めると，上のような'取り除く'操作を'無限'に繰り返してゆけば，最後には円がすっかり取り尽くされて，その面積がわかってしまうのではないかと考えるであろう．

さりながら，この'無限'という観念は，ギリシア以後に形成されたものであり，当時はいまだ見られなかったものであるといわれている．

もとより，ギリシアにおいても全然これに類するものがなかったというわけではない．しかし，それは主として'有限でない'という程度の，意味合いの消極的なものであり，それだけで完結した'積極的な無限'ではなかったのであった．

したがって，今日のわれわれがするような，'無限の繰り返しののち'これこれこのようになる，というふうな推論は，ギリシア人の能くしないところであり，むしろかえって'限定されない悪しきもの'としてこのようなものを回避しようとした形跡さえ認められるのである．

この'無限'の形成には，キリスト教が大きな役割を演

じたといわれている．そして，ギリシア人と近世の人々の考え方の相違は，ギリシアの宗教とキリスト教の相違や，ギリシア建築とゴシックの尖塔の相違などによく現われていると説く人々もないではない．

縦線図形と定積分

5. 十六世紀に現われたケプラー（Kepler, 1571-1630）は，アルキメデスの著作を綿密に研究し，その'取り尽くしの方法'を，'実際に取り尽くしてしまう方法'として把握するに至った．

これは今日的な立場からすればむしろ行きすぎでもあろうが，彼は，円を多角形で次第に取り尽くしていくことから進んで，一挙に円を'無限多角形'で取り尽くそうとしたのであった．彼によれば，円は右図のようなきわめて小さな三角形の和で取り尽くされ，

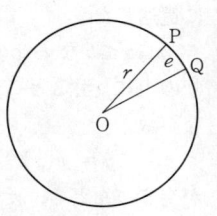

$$\triangle \mathrm{OPQ} = \frac{1}{2}re$$

を用いることによって，

$$円の面積 = \frac{1}{2}r \times (eの和)$$

$$= \frac{1}{2}r \times 円周$$

なる式が得られるはずであるという．

このような考え方はいささか極端すぎるが，ともかくも，'次第に取り尽くしていく' ことから '取り尽くしてしまう' ことへの飛躍は，近世が明けて以来，次第に人々の共通の考え方の中に浸透してきたのであった*．

それゆえ，ニュートンやライプニッツらは，図形というものは，その中に描いた多角形の辺を限りなく増してゆけば，'ついには' 取り尽くされてしまう，とごく自然に考えている．

彼等は，その研究の途次において，次のような問題に遭遇した：

'$a \leq x \leq b$ なる x の集まりの上に，至るところ連続な函数
$$y = f(x)$$
が定まったとき，そのグラフと x-軸，および直線
$$x = a, \quad x = b$$
で囲まれた図形の面積はどのようなものであるか'．

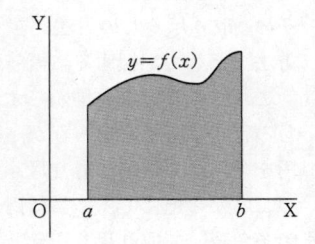

今日，われわれはこのような図形を，$y = f(x)$ の a から b までの **'縦線図形'** と呼んでいる．また，その面積を

---

* カヴァリエリ (Cavalieri, 1598-1647)，トリチェルリ (Torricelli, 1608-1647)，パスカル，フェルマらは，そのような気運を助成するのに貢献した．

$$\int_a^b f(x)dx$$

と書き，$y=f(x)$ の a から b までの '**定積分**' と称する*.

このような問題に対し，彼等は右図のような矩形を幾つか作り，その数を次第に増してゆけば，ついにはこの縦線図形は取り尽くされてしまうであろうと考えた．

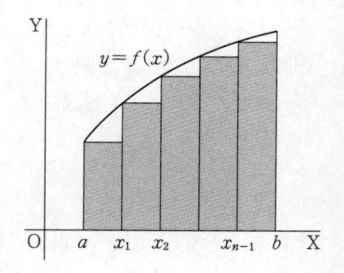

言い換えれば，a, b の間に

$$a < x_1 < x_2 < \cdots < x_{n-1} < b$$

という点を入れて，範囲：$a \leq x \leq b$ を n 等分し，和：

$$S_n = f(a)(x_1-a) + f(x_1)(x_2-x_1) \\ + \cdots + f(x_{n-1})(b-x_{n-1})$$

を作れば，n を増すに従い，これは

$$\int_a^b f(x)dx$$

に限りなく迫っていって，'究極' には一致する，としたのである．

6. それに対するニュートンの証明を，コーシ流に書き直して掲げてみよう．便宜上，次ページの図の

---

* この記号の由来については後述の **8.** を参照．

ように符号をつけておく．
証明することは，n を限りなく大きくしたときの変数 S_n の極限が

$$\int_a^b f(x)dx$$

である，ということである．

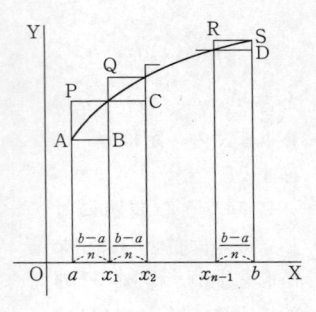

まず，図から明らかに

多角形 $a\mathrm{PQRS}b > \int_a^b f(x)dx >$ 多角形 $a\mathrm{ABCD}b$

ここに，右辺の多角形 $a\mathrm{ABCD}b$ は明らかに S_n に等しい．ところで，一方

多角形 $a\mathrm{PQRS}b - S_n$
$= f(x_1)(x_1-a)+f(x_2)(x_2-x_1)+\cdots+f(b)(b-x_{n-1})$
$-f(a)(x_1-a)-f(x_1)(x_2-x_1)$
$-\cdots-f(x_{n-1})(b-x_{n-1})$
$= (f(x_1)-f(a))(x_1-a)+(f(x_2)-f(x_1))(x_2-x_1)$
$+\cdots+(f(b)-f(x_{n-1}))(b-x_{n-1})$
$= \dfrac{b-a}{n}\{(f(x_1)-f(a))+(f(x_2)-f(x_1))+\cdots$
$+(f(b)-f(x_{n-1}))\}$
$= \dfrac{b-a}{n}(f(b)-f(a))$

よって

$$\int_a^b f(x)dx \text{ と } S_n \text{ との差} \leq \text{多角形 } a\text{PQRS}b - S_n$$
$$= \frac{b-a}{n}(f(b)-f(a))$$

しかるに,

$$\frac{b-a}{n}(f(b)-f(a))$$

は n を大きくするに従い,いかなる与えられた数よりも小さくなってゆく.

ゆえに

$$\int_a^b f(x)dx \text{ と } S_n \text{ との差}$$

も同様である.これは,極限の定義によれば,とりもなおさず

$$\lim_{n\to\infty} S_n = \int_a^b f(x)dx$$

ということにほかならない.ここに,左辺は,変数 S_n の極限を表わす記号である.

この証明は,すぐわかるように,$y=f(x)$ のグラフが常に右上りの場合:

(1)　　　$x < x'$ ならば必ず $f(x) \leq f(x')$

か,もしくは常に右下りの場合:

(2)　　　$x < x'$ ならば必ず $f(x) \geq f(x')$

でないと適用できないものである.しかし,われわれの実際に遭遇する多くの函数の場合には,次ページの図のよう

に範囲：$a \leqq x \leqq b$ を
幾つかの部分に分け
ることによって，そ
の各部分では(1)か
(2)かのいずれかが
成り立つようにする
ことができる．その
ようにすれば，その
各部分には上の証明が用いられるわけだから，その制限は
たいしてひどいものではない．しかし，あとでも述べると
おり，こういう制限のつかない，もっと一般な函数の場合
にも，その証明は，ともかく存在することはするのである．

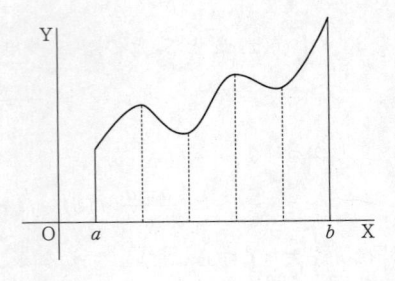

なお，(1)を満たすような函数は **'単調増加'** といわれ，
(2)を満たすような函数は **'単調減少'** という名で呼ばれて
いる．

微分積分学の基本定理

7. ニュートンとライプニッツの最大の功績は，この
'縦線図形' の面積を算定する操作と微分法との
間に介在する，いともあざやかな関係を見出したことであ
ろう[*]．

いま，$a \leqq x \leqq b$ なる範囲の任意の数 X に対して，a から

---

[*] バロウも同様の知見に到達した．しかし，それを微分積分学の
中軸としたのは上記の二人である．

X までの定積分：

$$\int_a^X f(x)dx$$

を対応させることにすれば，ここに，一つの新しい函数が定められることになる．いま，それを F と書くことにすれば，すなわち

$$F(X) = \int_a^X f(x)dx$$

となっているわけである．このような函数を f の **'不定積分'** と称する．さて，ニュートン，ライプニッツの見出したところによれば，この函数の導函数はもとの函数 f に一致する，というのである．

簡単のため，函数 $y=f(x)$ は単調増加と仮定しよう（単調減少の場合も事情はまったく同様である）．まず，任意の b をとり，$c>b$ として

$$F(c)-F(b)$$

を作ってみる．$F(c)$ は，その定義によって，図形 aRQc の面積であり（右図を参照），$F(b)$ は同じく図形 aRb の面積であるから，

　　$F(c)-F(b)$

　　= 図形 bRQc の面積

となる．

よって，図より明らかに

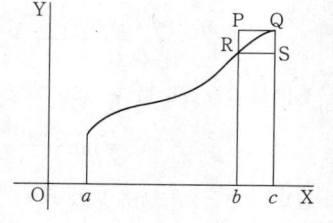

$$f(b)(c-b) \leq F(c) - F(b)$$
$$\leq f(c)(c-b)$$

これを $c-b$ で割って

$$f(b) \leq \frac{F(c)-F(b)}{c-b} \leq f(c)$$

を得る.

$c<b$ なる場合には, 同様にして

$$f(b) \geq \frac{F(c)-F(b)}{c-b} \geq f(c)$$

これより, c が b の右にあっても左にあっても

$$\left[\frac{F(c)-F(b)}{c-b} \text{ と } f(b) \text{ との差}\right] \leq \left[f(c) \text{ と } f(b) \text{ との差}\right]$$

ということが知られる.

しかるに, $y=f(x)$ は '連続' と仮定しているから, c を b に近づけるとき,

$$f(c) \text{ と } f(b) \text{ との差}$$

は, あらかじめ与えられたいかなる正の数よりも小さくなっていくはずである. したがって

$$\frac{F(c)-F(b)}{c-b} \text{ と } f(b) \text{ との差}$$

も同様の性質を持つ. これ, とりもなおさず

$$F'(b) = \lim_{c \to b} \frac{F(c)-F(b)}{c-b} = f(b)$$

ということにほかならない.

すなわち, 上に述べたとおり,

$$y = \int_a^X f(x)dx$$

なる函数の導函数はもとの $y=f(x)$ に一致する,という次第である*.

8. 前節の定理の主張するところを繰り返せば,函数:

$$y = F(X) = \int_a^X f(x)dx$$

の導函数はもとの函数 $y=f(X)$ に等しい:
(1) $$F'(X) = f(X)$$
というのであった.一般に,一つの函数 G を微分して f が得られるとき,G は f の'**原始函数**'であると称えられる.この言葉を用いれば,

$$y = F(X) = \int_a^X f(x)dx$$

はすなわち f の一つの原始函数であるわけである.

しかし,f の原始函数はこれ一つとは限らない.たとえば,任意の数 c に対して

$$y = \int_a^X f(x)dx + c$$

という函数を作れば,これはまた,f の一つの原始函数になっている.

---

* ここに掲げた証明はもちろんコーシ流に書き改められたものであることを忘れてはならない.

さりながら，ここに好都合なのは，この逆がまた成り立つということである．

われわれは，すでに，'定数 c の導函数は定数 0 に等しい'，すなわち'定数 c は定数 0 の原始函数である'という事実を知っているが，上の命題の証明には，この逆：'定数 0 の原始函数は定数 c に等しい'を引き合いに出してくる．

いま，f の一つの原始函数 G が与えられたとしよう：

(2) $$G'(X) = f(X)$$

(2)から(1)を引けば

$$G'(X) - F'(X) = 0$$

これは，F と G との差 $F-G$ の導函数が定数 0 ということにほかならない．よって，ここに，もし上に掲げた'定数 0 の原始函数はある定数 c に等しい'という命題がすでに証明されているものとすれば，

$$G(X) - F(X) = c$$

すなわち

$$G(X) = F(X) + c = \int_a^X f(x)dx + c$$

ということになってくる．

これとりもなおさず，原始函数というものと

$$y = \int_a^X f(x)dx + c$$

なる形の函数とがまったく同じものであることを示すものにほかならない．

さて，この事実を用いると，任意の原始函数 G に対して

$$G(b)-G(a) = \int_a^b f(x)dx+c-\int_a^a f(x)dx-c$$
$$= \int_a^b f(x)dx^*$$

という式の成り立つことが知られる．言い換えれば，f の定積分は

$$G(b)-G(a)$$

に等しいのである．

してみれば，f の定積分の計算は，その '一つの' 原始函数 G を捜すことに帰着するであろう．

この事実は **'微分積分学の基本定理'** と称えられている．ニュートンやライプニッツらは，彼等の見出したこの重要な事実に明確な証明を与えることは能くしなかったが，これが種々の面積の算定を非常に容易にするものであることをよく認識していたのであった．あとでその一例を掲げるつもりである．

なお，f の原始函数を求めることは **'f を積分する'** と言い表わされ，また f の原始函数は

$$\int f(x)dx^{**}$$

と記されることを言い添えておく．これはライプニッツによる記号である．これを利用して定積分を

---

* $\int_a^a f(x)dx$ は，その意味から明らかなように，0 に等しい．

** $\int$ はラテン語 'summa（和）' の頭文字の古体である．

$$\int_a^b f(x)dx$$

で示すのはフーリエ (Fourier, 1768-1830) の着想から始まる.

9. 上に仮定した '定数 0 の原始函数はある定数 c に等しい' という命題の証明であるが, それには次のいわゆる **'平均値の定理'** を引き合いに出すのを普通とする.

まず, 範囲: $a \leq x \leq b$ で微分できる函数 $y = f(x)$ のグラフを描き, その両端 $(a, f(a))$ と $(b, f(b))$ とを結んでみる. しからば, 明らかに, この二点を結ぶ直線の方向係数は

$$\frac{f(b)-f(a)}{b-a}$$

である.

ところで, 右の図をよく眺めれば, グラフのどこかで, 上の直線と平行な接線をうまくひけそうな気がするであろう. 言い換えれば, a と b との間に c をうまく選ぶことによって

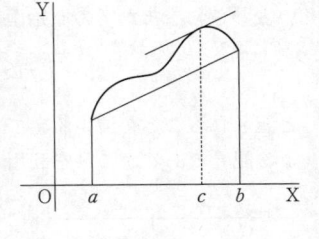

$$\frac{f(b)-f(a)}{b-a} = f'(c)$$

であるようにできることが予想されるであろう．

'平均値の定理'とは，実はこのことを主張するところのものにほかならない：

'範囲：$a \leq x \leq b$ で微分できる函数 f に対して，$a<c<b$ なる c を適当に選べば
$$\frac{f(b)-f(a)}{b-a} = f'(c),$$
あるいは同じことであるが
$$f(b) = f(a)+f'(c)(b-a)$$
となる'[*]．

この定理が証明できれば，最初に掲げた命題の証明は簡単に片づくのである．

すなわち，いま，$a \leq x \leq b$ の上で定まった函数が定数 0 の原始函数であるとする：
$$f'(x) = 0$$
$a<b' \leq b$ なる任意の b' をとり，f をば $a \leq x \leq b'$ という範囲の上で定まったものと考え，それに平均値の定理をあてはめる：
$$f(b') = f(a)+f'(c)(b'-a)$$
しかるに，$f'(c)$ は 0 であるから
$$f(b') = f(a)$$
b' は，a と b との間にありさえすれば何でもよかったのであるから，このことは，$f(x)$ が常に一定であることを示

---

[*] これはラグランジュによる．

している。すなわち，f はある定数 c に等しい．

10.

しかし，平均値の定理の証明は，一見して思うほど簡単ではない．

まず，容易に推察されるように，それを証明するには，グラフを少しく回転させた場合に相当する次の命題を証明すればよい：

'g が微分できる函数で，かつ $g(a)=g(b)$ であるときは，そのグラフに対し，ある点で水平な接線をひくことができる．言い換えれば，
$$g'(c) = 0$$
であるような c が，a と b との間に存在する'*．

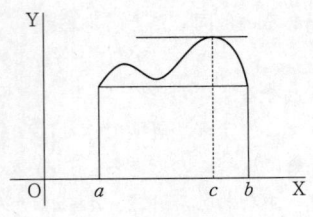

これにもとづいて平均値の定理を証明するには次のようにすればよい．いま
$$g(x) = f(x) - \frac{f(b)-f(a)}{b-a}(x-a)$$
とおけば，$g(a)=g(b)=f(a)$．また，g が微分できる函数であることはあきらかであるから，上の命題により
$$g'(c) = 0, \quad a<c<b$$
なる c がある．しかるに

---

* これはロル（Rolle, 1652-1719）の定理と呼ばれている．

$$g'(c) = f'(c) - \frac{f(b)-f(a)}{b-a}$$

であるから

$$f'(c) = \frac{f(b)-f(a)}{b-a}, \quad a<c<b$$

これ, c が求める数であることを示す.

前にも述べたように, 函数の極大や極小の点 c では, 必ず

$$g'(c) = 0$$

となっている. したがって, 上の命題を証明するには '上のような連続函数は少なくとも一回はどこかで極大か極小になる' ということが立証できればそれでよいわけである.

これは, 平均値の定理より, 見掛けはさらに一段と明瞭なものに思われるかもしれない. しかしながら, それにもかかわらず, その本質的な部分はいささかも簡単になっていないといえるのである.

実をいうと, これが確実に証明されたのは, ようやく 1872 年に至ってからであった.

あとで詳しく述べることであるが, それは '極限' の概念よりもさらに奥深い所にある '数' というものの深刻な反省をまってはじめてなし遂げられたものである. ニュートン, ライプニッツはもとより, コーシですらも, そのような認識からははるかに遠い所にとどまっていたのであった.

11. '微分積分学の基本定理' が, 図形の面積の計算にいかに用いられるか, を一例によって示しておく.

放物線の方程式は
$$y^2 = \alpha x \quad (\alpha > 0)$$
であったが, x-軸と y-軸を取り換えれば
$$x^2 = \alpha y$$
すなわち
$$y = \frac{x^2}{\alpha}$$
となる. この函数を f と置く.

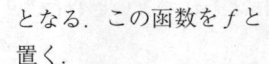

いま, この放物線と x-軸に平行な直線:
$$y = a$$
とによって囲まれる部分の面積を計算してみよう.

上の図における網の部分のうち, その右半分の面積は
$$\int_0^{\sqrt{\alpha a}} f(x) dx = \int_0^{\sqrt{\alpha a}} \frac{x^2}{\alpha} dx$$
である. しかるに
$$y = \frac{x^2}{\alpha}$$
の原始函数の一つは
$$y = G(x) = \frac{x^3}{3\alpha}$$

であるから、微分積分学の基本定理によって

$$\int_0^{\sqrt{\alpha a}} \frac{x^2}{\alpha} dx = G(\sqrt{\alpha a}) - G(0)$$
$$= \frac{(\sqrt{\alpha a})^3}{3\alpha}$$

これより、網の部分全体の面積は、その二倍として

$$\frac{2}{3} \frac{(\sqrt{\alpha a})^3}{\alpha}$$

に等しいことがわかる.

一方、矩形 ABCD の面積は

$$2\sqrt{\alpha a} \times a = 2\frac{(\sqrt{\alpha a})^3}{\alpha} \text{*}$$

である. よって、求める面積は、それと網の部分の面積の差として

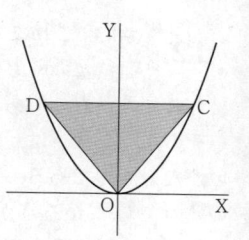

$$2\frac{(\sqrt{\alpha a})^3}{\alpha} - \frac{2}{3} \frac{(\sqrt{\alpha a})^3}{\alpha} = \frac{4}{3} \frac{(\sqrt{\alpha a})^3}{\alpha}$$

のように計算されることになる.

ところで、△OCD の面積は

$$\sqrt{\alpha a} \times a = \frac{(\sqrt{\alpha a})^3}{\alpha}$$

に等しい.

前に、アルキメデスによる

---
* $b = (\sqrt{b})^2$ $(b>0)$ を用いる.

> '放物線の一つの直線によって切り取られた部分の面積は，これと同じ底辺および同じ高さを持つ三角形の面積より，その三分の一だけ大きい'

という命題を掲げておいた．上の計算によれば，ここに，その特別な場合が確かめられたわけである．

コーシとルベグ

12. さて，これまでの議論は，すべて，ギリシア的に，面積というものが十分わかっているものとして進められてきたものである．

そのような仕方は，最初にも述べたとおり，万全とは言いがたいものである．万人の面積に対する観念が一致しているうちはよかろうが，考察の対象が次第に多岐にわたり，その結果，そのようなものの面積に対する意見が種々に分かれるようなことがもし起るとすれば，まったく窮せざるを得なくなるであろう．

'微分法の逆算法'としての'積分法'は，面積と切り離しても，それ自身として重要な意味を持っている．それゆえ，それがかように不確実な面積の観念の上に打ち建てられているということは，あまり好ましいことではないと思われる．

コーシは，面積というものにとりわけ深い考察をめぐらしたというわけではないが，'定積分'というものをば，面積の観念とはまったく独立に定義することを試みている．

まず、彼は、範囲：$a \leq x \leq b$ で定まった任意の連続函数、すなわち、単調増加とか単調減少とかいうことは抜きにした、まったく一般の連続函数：
$$y = f(x)$$
を取り上げる．それに対し、範囲：$a \leq x \leq b$ を n 等分し：
$$a = x_0 < x_1 < \cdots < x_{n-1} < x_n = b$$
これを用いて作られる
$$S_n = f(x_0)(x_1 - x_0) + f(x_1)(x_2 - x_1) + \cdots$$
$$+ f(x_{n-1})(x_n - x_{n-1})$$
なる和を考えれば、変数 S_n が n を大きくするとき極限を持つことを証明し、その極限をもって
$$\int_a^b f(x)dx$$
と定義した[*]．そしてさらに、この定義に基づいて'微積分学の基本定理'をも証明したのであった．

前節までに述べたもろもろの考察では、$f(x)$ の値が'正'でないと少しく具合が悪いのに反し[**]、この立場では、そのような制限がいっさいらないということも特筆すべきことである．

これによって、積分法自身はいちおう満足すべき基礎を

---

[*] しかし、厳密な見地からは、その論法には'平均値の定理'の証明におけると同様の難点が含まれていた．

[**] ニュートン、ライプニッツ流の積分法を押し進めると、x-軸より下にある縦線図形は'負'の面積を持つ、とでもしなければ打開できない問題が現われてくる．

獲得したといえるであろう.

十九世紀末,ジョルダン (Jordan, 1838-1922) は,はじめて'面積'をば不確実な観念から解放し,それに厳密な'定義'を与えた.さらに面積の理論はまた,二十世紀初頭,ルベグ (Lebesgue, 1875-1941) によって,まったく画期的な数学の一分野にまで押し拡げられることになった.それは,一言にしていえば,'長さ','面積','体積'などの'量'の概念を抽象化して得られる'測度'の理論である.

ルベグの測度論を説明することは差し控えておくが,この新しい理論によっても,'縦線図形'に関する限り,コーシの定積分をもってその面積とすることは,とりもなおさず,ルベグのいう測度——面積を考えることと同じことになってくるのである.

微分積分学の建設者たち

13. 微分積分学がライプニッツ,ニュートンの手を離れた当時,その基礎は,前にも述べたごとく,いまだ確立されてはいなかった.

しかし,その有用性については,その出現当初から隠れもないものがあった.数学上の単独の発明のうち,これほど大きな収穫をもたらしたものはちょっと類がないと思われる.

まず,ニュートンは,それを用いて'宇宙の記述'に成

功している.また,その直後,ベルヌイ (Bernoulli) 一族の人たちは,それを用いて物体の運動に関することがらやその他種々の問題を解決し,この方法の有用なことをよく実証した.彼等はまた,微分積分学そのものを発展させた功績をもになっている.

十八世紀は,微分積分学が,その基礎について反省されるいとまがないくらい,縦横に用いられ,かつ発展を遂げた時代であった.オイラー (Euler, 1707-1783),ラグランジュ (Lagrange),ラプラス (Laplace) らの尨大な労作を見れば,気の弱い人は目まいを感じるくらいである.たとえば,オイラーの巨大な全集四十五巻は 1911 年以来刊行されているが,いまだに完結してはいない.これが完成の暁には,四折判で優に 16,000 頁に達するであろう,といわれるのである.

ラグランジュは 1736 年トリノに生まれ,1813 年パリで死んだ.その得がたい天禀と静かな性格とは,彼をして'欧州最大の数学者'たらしめたのであった*.彼はペンを紙に触れることなく全体を見通し,いったん思い至るや一気に書き下し,ただの一箇所も訂正抹殺することが無かったと伝えられている.ほぼ一月に一編の割合で論文を書き,その中には,かの壮大な'解析力学'も含まれている.これは,その卓越した華麗さのゆえに,'科学の詩'とまで

---

* 1776年,フリードリヒ大王は彼に'欧州最大の王は欧州最大の数学者が我が宮廷に来り住まんことを要望す'と書き送っている.

嘆賞されたものである.

　ラグランジュの偉大な同時代人ラプラスは1749年フランスのノルマンディー地方に生まれ，1827年パリで死んだ．彼の'天体力学'五巻は，ニュートンの'プリンキピア'のすぐれた拡張であり，またその解釈書とも見なされるものである．ここには，珠玉のような数多くの定理が満ちあふれ，相対性理論などが現われるまでの天体力学の研究は，ほとんどここから派生したといっても決して言いすぎではない．

　彼は自分の興味を引かれる一定の問題に徹底的に没入し，解決さえつけば，方法などはあえて問題とはしなかったように見受けられる．したがって，ラグランジュにおける壮麗にして優雅な洗練された味は，彼の書物にはあまり見当たらない．計算を実際行うことにたいして興味を持たなかった彼は，それを書き下す労を避け，多くの場合'……なることは明白である'という一語をもってその代わりとしている．

　この厖大な'天体力学'のほか，数学の他の幾多の部門にも足跡を残し，なかでも'確率論'においては，他の単独のいかなる学者よりも多くの功績を残したと讃える人もあるくらいである．その'確率の解析的理論'は難解な大著としてその名を知られている．

　しかし，彼は，そのたどる道筋はさておき，真理をねらってほとんどその的をはずすことのない天賦の力を持っていたのであった．

14. この時代においては、原理的な面でいろいろわからないことがあっても、'やっているうちに何とかわかってくるだろう'というふうな考え方が支配的であった。その幾多の輝かしい成功が彼等のこのような自信を最高度に強めたであろうことは、疑いを入れないところである。

しかし、根強い不安の底流があったことも、また、争えない事実である。

コーシがパリ学士院で彼の'級数論'を発表し、'極限'について論じたとき、それを聞いた老ラプラスは大急ぎで帰宅し、'天体力学'中のすべての級数*についてそれが極限を持つかどうかを調べてみた、という挿話が伝えられている。

コーシは、フランスのかのあわただしい政変の時期に身を置いた人である。大革命勃発の年（1789）に生まれ、長じて工芸学校にはいったのはナポレオン極盛のころであった。それから、七月革命（1830）、二月革命（1848）、次いで第二帝政（1852）と、これらをすべて彼は身をもって体験した。とくに、七月革命に際しては、彼は旧王朝の熱心な支持者として国にとどまることができず、八年間亡命の歳月を送っている。そのような困難にもかかわらず、七百編に上る論文を残し、後代の数学に大きな影響を与えたの

---

* $a+b+c+\cdots+d+\cdots$ という形のもの。コーシは、これらの数を次々と加えていくとき、'極限'がなければ意味がないと主張する。

であった.

　しかし，コーシの業績はしかく偉大ではあるけれども，微分積分学を実質的に内から支えるものについての反省は，いまだ十分徹底してはいなかった.

　それはもっぱら，前にもちょっと触れた，'数'の概念をめぐることがらに関している．これについてはのちに詳しく述べるであろう．

6. 数学とは何か
——ヒルベルトの公理主義——

再び'説得術について'——平行線の問題——ロバチェフスキの幾何学とリーマンの幾何学——ヒルベルトの数学に対する考え方——公理主義数学の使命——エウクレイデスの幾何学の再編成——推論の形式と数学

再び'説得術について'

1. 世に数学は厳密な学問であるといわれている．昔の人たちも，'いかなる学問がこわれたとしても，数学の真理性のみは破ることができない'，と信じていた．

事実，数学はかのパスカルのいう'論証的方法'に厳密に従っており，それがまた，上のような感想の根拠であることも疑いを入れないところである．

'論証的方法'とは，自明のものを除くすべての'言葉'を'定義'し，また自明でないすべての'命題'を'証明'し尽くすという立場にほかならなかった．

実際，この方法が理想的に行われた暁には，誰一人これを指弾することのできない厳密な学問ができあがるであろうことは明らかなことである．

しかしながら，その実行に際して，少しく考えてみなければならないことがある．それは，この'自明'とはいか

なることを指すか，という問題である．

　パスカルは‘説得術’を説明しているわけであるから，その目的のためには，‘周囲の人が黙って納得してくれる’ものでありさえすれば，それがすなわち‘自明の理’であるといってもよいのかもしれない．

　その意味では，それで十分なのであるが，場所と時代とを超越しなくてはならない‘学問’の方法としては，それでは少々困るのである．たとえば，ギリシアの人たちがこぞって納得したことを，後代の人たちが‘認めない’といったとしたら，それは‘自明’なのであろうか，それとも自明ではないのであろうか．

　自然科学の歴史は，この‘自明の理’というものがいかに数多く破壊されてきたか，ということをよく物語っている．昔の人たちは，地球は平らなものであると信じ，それは自明の理であった．しかし，今の世の中に，そのようなことを信じている人が幾人あるであろうか．

　したがって，このような‘自明’というものによりかかっている間は，数学は，それがいかに厳密に見えるにせよ，きわめて危険なものであるといわなければならないであろう．いつ，革命がやってくるか，わかったものではないからである．

　数学の根本に横たわるこの難点を，何とか処理しておく必要があるであろう．

平行線の問題

2. たまたま,歴史的にも数学は大きな革命を経験した.それは,まず,十九世紀の初め,かつては'真理の典型'とまで讃えられた,かの'幾何学'に起ったのである.そして,この事件は,のちに数学を一変させる原動力となった,といってもよいくらいの影響を及ぼしたのであった.

一言にしていえば,エウクレイデスの掲げた'公準'を否定する人が現われたのである.

そのいきさつを,以下に,かいつまんで語ることにしよう.

まず,'原論'にあげられている五個の公準をここに再録すれば次のとおりである:

1. 任意の点より任意の点まで直線をひき得る.
2. 直線は延長できる.
3. 任意の中心,任意の半径にて円を描き得る.
4. 直角は相等しい.
5. 一つの直線が二つの直線と交わって,同じ側に合わせて二直角よりも小なる内角を作るとき,その二直線

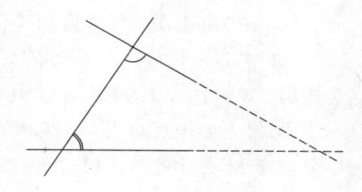

は，それを限りなく延長すれば，その内角のある側に
おいて相交わる．

　問題はこの第五の公準から起った．そもそも，この命題を見て誰しも感じるのは，それがいかにも長々しく，いかにも複雑な外観を持つということであろう．いってみれば，当然のことを主張しているようにも見えるけれども，これを他の'公理''公準'に比べるときは，いささか'自明'の度合が稀薄であり，あたかも'定理'といったほうがふさわしいくらい，堂々とした命題である．

　そのため，古くから，人はこれを他の公理，公準から'定理'として証明しようと一方ならぬ苦労を始めていたのであった．

3. 　この公準を少し分析しておく．

　公理，公準の中で'平行線'に関するものはこれだけであるが，平行線についての命題の中には，これを用いなくても証明できるものがある．'与えられた一直線 l 外の一点 P を通って，l に平行な直線を少なくとも一つひくことができる'という命題はその一例である．

　それには，原論第一章の命題27：
　　'一つの直線が二つの直線に交わってなす錯角が相等
　　しければ，この二つの直線は平行である'
を援用して，次のように推論すればよい．

　まず，l 上の一点 Q と与えられた点 P とを結び，その二等分点を M とする．次に，l 上に Q 以外の点 R をとり，

RM を結び、さらにそれを
S まで延長して
    RM = MS
ならしめる。しからば
    PM = MQ
    ∠PMS = ∠QMR
であるから、△PMS と
△QMR とは合同である。
よって、

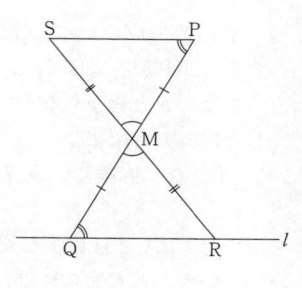

$$\angle SPM = \angle RQM$$

これは、命題 27 に従えば、l と SP とが平行であること
を示すにほかならない。

原論第一章において、はじめて第五公準が用いられるの
は命題 29 に至ってからであって、上の証明に用いた命題
27 や合同定理などは、それとは全然無関係なのである。

ところで、今度は

　'l 外の一点 P を通って l に平行な直線はただ一本し
　かひけない'

ということを証明する段に
なると、前とは事情が違っ
て第五公準が姿を現わして
くる。

この証明は次のようにす
る。

図におけるように、P を

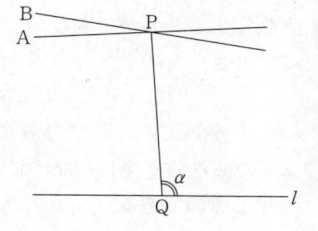

通って l に平行な二つの直線 PA, PB があったとせよ. そのとき ∠APQ と ∠BPQ とは異なるから, その少なくとも一方は ∠α と異ならなくてはならない.

したがって命題 29:

'平行な二直線に一直線が交わってなす錯角は相等しい'

を用いて, PA, PB の少なくとも一方は平行線ではあり得ないということが知られる. これ, とりもなおさず, P を通って l に平行な直線がただ一本しかひけないということにほかならない.

上にも述べたように, 命題 29 の証明は第五公準が引き合いに出される: すなわち, いま, l, l' が平行であるにもかかわらず ∠α と ∠β とが相異なるものとする.

しからば

$$\angle \alpha < \angle \beta$$

または

$$\angle \alpha > \angle \beta$$

であるから, たとえば

$$\angle \alpha < \angle \beta$$

と仮定することができる.
このとき

$$\angle \alpha + \angle \gamma < \angle \beta + \angle \gamma = 2 \text{直角}$$

したがって, ここで第五公準を用いれば, l, l' は ∠α, ∠γ のある側で交わらなければならないこととなり, 矛盾を生じるのである.

してみれば，この命題29を用いる以上，上の命題の証明にも，やはり第五公準が用いられている，といわなければならない．

さて，いまかりに，ここにもう一つの'原論'があったと想像し，そこにおいては，もと第五公準のあった場所に，上の

　　'l 外の一点 P を通って l に平行な直線はただ一本しかひけない'

という命題が書かれてあったものとしよう．しからば，古い原論における定理のうちで，第五公準を用いないで証明できるものは，すべて，また，新しい原論にも定理として現われてくる．しかも，ここで，古い第五公準さえもが'定理'として証明されることが知られるのである．

こうなってくれば，新旧二つの原論に現われる命題は，まったく重複してしまうことになるであろう．すなわち，第五公準を基礎に仮定することと，'平行線はただ一本しかない'という命題を仮定することとは全然同じ効果を持っており，一方を他方で置き換えてもいっこうさしつかえないことになる．いわば，これら二つの命題は'同等'といえるのである．

また，同様の意味合いにおいて，第五公準は
　　　　'三角形の内角の和は二直角に等しい'
という命題とも同等であることが容易に示される．

'平行線はただ一本しかない'という命題はさほどでもないが，この命題はなかなか立派なものである．原論にお

いては，これよりももっと明晰と思われる命題が，幾つも'定理'として証明されているのであるから，このようなものを'公準'に取るのをいさぎよしとしないのは，当然の感情ともいえるであろう．

4. 前に，プロクロスという人が五世紀ごろに現われ，原論第一章の註釈書を書いた，ということを述べておいた．その中に，すでに，第五公準の証明に対する多くの試みが記録されている．同じことは，またアラビアや中世ヨーロッパの数学者たちによっても意図され，以後，ついに延々と十九世紀に至るまで，歴代の数学者たちはこの試みに悩みあぐんだのであった．

これは'平行線問題'といわれるが，その歴史はかくも古いのである．その第五公準が，いかにも処理に窮したかのごとく最後に置かれてある点や，その他二，三を根拠とすれば，エウクレイデス自身も実はこれを証明しようとして果たさなかったのではあるまいか，とさえ想像されなくはない．

しかしながら，かような歴代の努力にもかかわらず，ついに最後まで証明は得られなかった．なかには，できたという人もかなりあったにはあったが，そろいもそろって，皆どこかで考え違いをしていたのであった．

それらのうちとくに有名なのは，サッケリ（Saccheri, 1667-1733）およびルジャンドル（Legendre, 1752-1833）の研究であろう．

サッケリの考え方は次のようなものであった．まず，直線 AB の両端において AB に垂線 AC, BD を立てて
$$AC = BD$$
ならしめ，CD を結んでおく．このとき，∠C＝∠D ということは，別に第五公準を用いなくともたやすく証明できるのであるが，これが直角に等しいということを示す段になると，第五公準が必要となってくるのである．

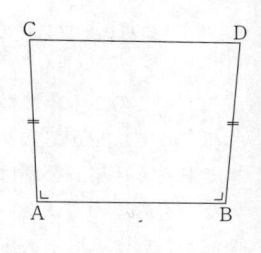

そのことから彼は次の三つの仮説を立ててみた：
(1) 一般に，∠C＝∠D は直角であろう．
(2) 一般に，∠C＝∠D は鈍角であろう．
(3) 一般に，∠C＝∠D は鋭角であろう．

そして彼は，もし(1)が真であると仮定すれば，一般に三角形の内角の和は二直角となり，(2)が真であればそれは二直角より大となり，さらに(3)の場合には二直角より小となることを証明したのであった．

そこで，彼は，'三角形の内角の和は二直角に等しい' という命題が第五公準と同等である以上，後者を証明するためには仮説(2)および(3)が真でないことを立証すればよいとし，それに懸命の努力を加えたのであったが，できたと信じた証明は誤っていた．

ルジャンドルもまた，第五公準を証明するためには，'三

角形の内角の和が二直角に等しい' ことをいえばよいとする同じ立場に立ち，精細巧妙な論陣を張ったのであったが，その証明も同じく誤っていた．

ロバチェフスキの幾何学とリーマンの幾何学

5. この二千年にわたる努力のむなしかった事実を見て，やがて人々が怪しみ始めたのは当然の成り行きであろう．第五公準は結局 '公準' としておくしか仕方のないものなのではないか，すなわち，それは他の公理，公準からは決してその証明を引き出すことのできない，独立な命題なのではないか，という考えが広まるようになった．

その懐疑は，しかし，単にそのことのみにとどまる筋合いのものではない．なぜならば，そもそも人がこの第五公準を '証明' しようと志したとたん，それは公準として具有すべき '自明性' に対していくばくかの不信が表明され，半ばそれを失ったものというべきである．それゆえ，もしそれを証明することができないということが確実だとするならば，それを基礎に仮定する '幾何学' が '虚偽' である可能性もないではないということになるであろう．

ところで，ここに，破天荒の革命児が現われたのである．すなわち，ロバチェフスキ（Lobachevski, 1793-1856）およびボヤイ（Bolyai, 1802-1860）という二人の数学者は，上のような疑惑を強引に突き抜け，第五公準が 'ほんとう'

かどうかわからないものであるならば、その代わりにそれと反対の命題を置き換えても、同じく正当らしい幾何学ができるであろう、との見解に達した。そして彼等は、大胆にも、第五公準の否定命題：

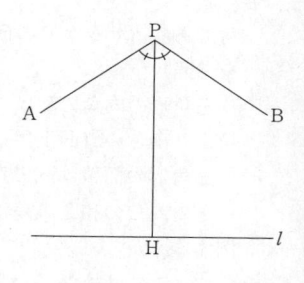

　　'一直線 *l* 外の一点 P より *l* に垂線 PH を下すとき、PH と等しい鋭角をなす二直線 PA, PB を適当にひけば、∠APB の間を走る直線は *l* と交わり、しからざるものはそれと交わらない'（上の図を参照）

を第五公準の代わりに取り、他の公理、公準はそのままとして、一つの新しい幾何学を作り上げてしまったのであった．

6. この幾何学は、エウクレイデスの幾何学において、第五公準を用いないで証明できるすべての命題、たとえば三角形の合同定理などをそっくりそのままその中に含み、さらに、第五公準を用いる部分を上の否定命題で置き換えることによって導くことのできる、いささか風変わりな幾つかの命題をも含んでいる。

次に掲げるのは、そのうちの二、三の例である：

a) 線分 AB の両端において、これに等しい垂線 AC, BD を立てるとき、∠C は ∠D に等しく、それらは鋭

角である（サッケリの研究
を参照）．
b) 三角形の内角の和は二直
角より小さい（同上）．
c) 三角形の面積は，二直角
とその内角の和との差に比
例する．

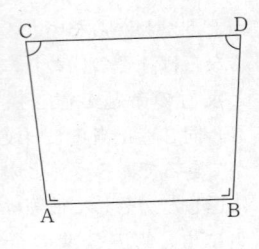

とくに，この最後のc)は著しい．これによれば，すべて
の三角形ABCの面積は

(1) 　　　　二直角$-(\angle A+\angle B+\angle C)$

に比例するはずであるから，適当な数kをとることによって

$$\{二直角-(\angle A+\angle B+\angle C)\}k$$

と書き表わされる．しかるに，(1)という値は二直角より
は大きくなり得ないから，すべての三角形の面積は

$$二直角\times k$$

より常に小さいということになってくる．これは，'平面'
がわれわれの考えるものとはよほど違ったものであること
を主張するものにほかならないであろう．

この幾何学をば，われわれは，**ロバチェフスキの幾何
学**と呼ぶことにする*．

ところで，このように二つも幾何学ができるということ
はいったいどうしたことなのであろうか．どちらが'ほん

＊ ポアンカレ著，河野伊三郎訳　科学と仮説（岩波文庫）を参照．

とうの'幾何学なのであろうか.

第五公準の方がロバチェフスキたちの採用した命題よりもいくらか確からしくも見えるから，エウクレイデスの幾何学のほうがやはり本物なのであろうか.

しかし，第五公準とロバチェフスキたちの命題とを比べてよく考えてみるとき，第五公準のほうがよりほんとうらしいということも少々怪しくなってくるのである.

7. たとえば，われわれは，平行線はたしかに一本しか無いと信じたいし，また実際そのような気はするけれども，われわれの目の不確かさから，その違いがほんのわずかであるために，実は何本もあるはずの平行線をひょっとしたら見落しているかもしれぬという不安がないではない. そして，そのように見落しているということがほんとうであるならば，ロバチェフスキたちの命題のほうが'確か'なのである.

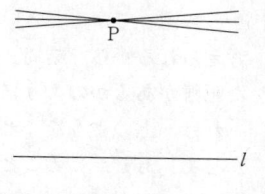

また，次のようなことも考えられる. われわれの考える平面というものは，われわれ自身は無限に広いと考えてはいるけれども，あるいはひょっとすると，右図のような円の内部に収まっているものなのかもしれ

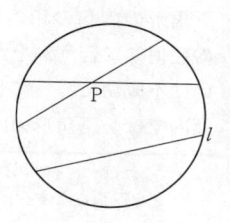

ない．われわれが，その中のほうから円周のほうへ一定の歩幅で歩いて行くに従い，必然的にその進み方がのろくなり，ついには円周上へ，したがってまた，当然円の外側へは到達できないように作られているために，'無限に広い'と感じているだけのことなのかもしれないのである．たとえば，この円の中心の近くは灼熱しており，円周に近づくに従い限りなく冷えているものと想像してみる．しからば，この円の中心から同一の物指しで半径に沿い周辺に向かって測ってゆくとき，その物指しは限りなく収縮すると考えられるから，結局，われわれには，そこに無限に大きな距離があるかのように見えることになるであろう．してみれば，上のようなことも十分にあり得るわけである．しかして，もし，このことがほんとうだとすれば，この'平面'上では他のすべての公準は満たされるにもかかわらず，一直線 l 外の一点Pを通って l に平行な直線は無数に存在する．たとえば，l と円の外で交わるような直線は，'この世界'では交わらないからである．

　ガウス（Gauss, 1777-1855）は，つとにエウクレイデスの幾何学に疑惑を持っていた人の一人であるが，大がかりな三角形の内角の和の実測を行い*，この現象世界がどちらの幾何学に合うかをためそうと試みた．しかし，それはついに不成功に終ってしまった．すなわち，測定の誤差の範囲内では，三角形の内角の和が二直角に等しいか否かにつ

---

* それは，ドイツのホーエルハーゲン，ブロッケン，インゼルベルクを三頂点とする三角形であった．

いて決定的な結論を下すことができなかったのである.

また, ケーレー (Cayley, 1854-1914), クライン (Klein, 1849-1925), ポアンカレ (Poincaré, 1854-1912) らは, もしエウクレイデスの幾何学の中から矛盾が起らないならば, ロバチェフスキの幾何学にも矛盾は起らない, ということを証明した. すなわち, エウクレイデスの幾何学が全体としてつじつまの合う体系であるならば, 後者も同様につじつまの合うもっともらしい体系を作るというのである. これは, 論理的に両者を成敗することの不可能を示すものにほかならないのである.

ポアンカレ

8. 事態は停滞せず, やがて, もう一つの新しい幾何学が生まれてきた. すなわち '球面' 上の幾何学である.

一般に, 球の中心を通る平面と球面との交わりは '大円' と称えられる (図参照). 地球の表面は一つの球面と考えられるが, われわれがその上で '直線' と呼んでいるもの, すなわち, われわれがその上を, 'まっすぐ' 進むときに必

然的にたどるところの
道筋は，実は地球上の
'大円' にほかならな
いことが知られてい
る．してみれば，'大
円' とは，つまり，球
面上における '直線'
に相当するものなのである．

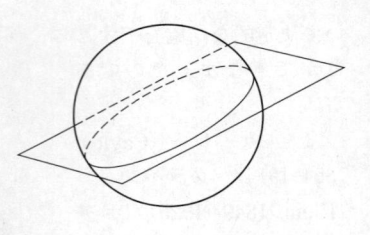

　球面上の幾何学は，エウクレイデ
スの公理公準において，直線という
言葉をこの '大円' の意味にとって
命題を解釈し，批判することから生
まれてくる．

　そのようにするとき，われわれ
は，二点を結ぶ '直線' が一本より多くあり得ること，お
よび，'平行線' なるものが存在せず，すべての '直線' が
交わることを除けば，エウクレイデスのすべての公理，公
準が満たされることをたやすく見て取ることができるであ
ろう（上の図参照）．

　すなわち，ここに
(1) 二点を結ぶ直線は一本とは限らない
(2) 平行線は存在しない
という，二つの新しい公準に基づく一つの幾何学が作り上
げられることになるわけである．

　この新しい幾何学においては，これまでの二つの幾何学

と異なり,

　　　'三角形の内角の和は二直角より大きい'
という命題が証明される（223ページ,サッケリの研究を参照）.

ところで,この幾何学についても,ロバチェフスキの幾何学と同様の問題がからまっていることに注意しよう.すなわち,この新しい幾何学も,ひょっとしたら'本物'かもしれないという可能性を持っているのである.われわれの直観は不明確なもので,われわれが平面と考えていささかも疑わないものも,あたかも平らだと思った地球が丸かったように,巨大な球面になっているのかもしれないという不安がある.

この幾何学を作ったのはリーマン（Riemann, 1826-1866）であった.

リーマン

ヒルベルトの数学に対する考え方

9. かような状勢を見るとき,真理の典型とも見なされたかのギリシアの幾何学も,その基礎に十分疑

えるものを含んでいるということが明らかとなってくる．それに，そもそも何が'自明'であるか，という問題も，どうやら底知れぬ困難さをあらわにし始めたかのようである．一見，いかにも明晰のように見える公理や公準も，よく分析すればなにがしかの不明確さを現わしてくる．

しからば，エウクレイデスの幾何学やその他の幾何学は，いったい，どういう価値のあるものなのであろうか．

将来，測量術が発達して，どの幾何学がこの現象世界にあてはまるかがわかったときはじめて勝敗が決まるのであって，それまでは，すべてが仮説——砂上の楼閣であるとでもいうのであろうか．

これは，真に数学の基礎を揺るがすところの疑問である．数学が一つの自然科学として，われわれの住むこの空間についての真理を探究するものという立場に立つ限り，数学は測量術に隷属し，その進歩を渇望しなくてはならないことになるであろう．

'自明の理'というものに極端に臆病になるのも一法ではある．しかし，そのときは，数学はそのほとんど大部分の成果を失わなくてはならなくなってくる．東西古今に通用する'自明の理'というものはほとんどないともいえるからである．

ところで，このことに関してはじめて決然たる態度をとり，数学をあらゆる自然科学から解放して，それに運命的な転換をなさしめたのがヒルベルト（Hilbert, 1862-1943）であった．

彼によれば,数学は,現象世界との対応におけるその真理性を追求するものではない.それはただ,単に'矛盾を生じない'という条件のみを要求された'仮定'から形式的に結論を導いてゆく'抽象理論'の建設をもってその責務とし,それ以外にはなんらの目的をも持たないものであるという.

ヒルベルト

一言にしていえば,'公理''公準'はなんら'真理'である必要はなく,単なる'仮定'で十分だというのである.

10. この思想は,決して単なる思いつきや便法などではなかった.それは,旧来の数学発展の歴史の深い洞察に基づくきわめて適切な思想であって,間もなく全数学界はそれによって色どられることとなったのである.ヒルベルトによって数学は自己を認識した,ということもできるであろう.

彼の内にその思想が形成される直接の契機ともなり，またその思想を最もよく表現しているのはその著書 '幾何学基礎論'* である．ここでは，その成立に至るまでのいきさつを手短かに話してみたいと思う．

1891年ハルレで催された自然科学者大会の席上，ヴィーナー（Wiener）の行った講演が，この著書の成立に対して決定的な影響を与えたというのは，どうやら疑えないことのようである．

その講演は，大要次のようなものであった．

まず，平面上の '点' と '直線' とを '与えられた対象' とし，'二点を結んでただ一本の直線がひけること' と '二つの直線の交わりの点がただ一つ決まること'——平行線はないものとする——とを '許された操作' と定めておく．

平面上に成り立つ定理の中には，これらの '許された操作' と '与えられた対象' のみしか用いず，しかもその結論が，'これこれの点が一直線上にある' とか 'これこれの直線は一点において交わる' とかいうふうな形になっているものが数多く見出される．それらは，一般に**交点定理**の名の下に総称されているところのものにほかならない．

ところで，ヴィーナーの所論によれば，これらのすべての交点定理は，次の二つの特別な交点定理を '真なるものと仮定' するだけで必然的に証明されてしまう，というのである：

---

* 中村幸四郎訳　幾何学基礎論（ちくま学芸文庫）参照．

a) **パスカルの定理**　二直線の上にその交点と一致しない三つの点をそれぞれ選び，A, B, C；A′, B′, C′とすれば，BC′とB′C，AB′とA′B，CA′とC′Aの交点 X, Y, Z は一直線上にある．

b) **デザルグの定理**　△ABC，△A′B′C′において，三直線 AA′, BB′, CC′ が一点において交わるならば，ABとA′B′，BCとB′C′，CAとC′A′の交点は一直線上にある．

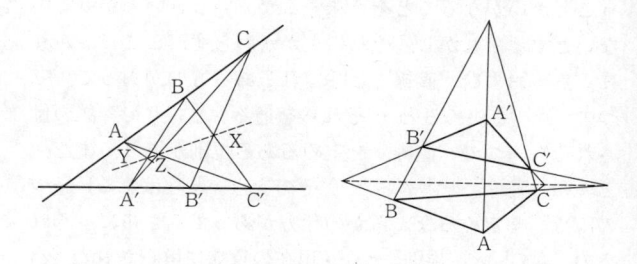

この際，他になんらかの公理や公準を用いることは許されないのであって，ただ'対象'とそれに対する'操作'とを約束し，それらに関して上の二つの交点定理のみを仮定すれば，それだけで他のあらゆる交点定理が証明できるというわけである．

このヴィーナーの講演の趣旨は，かようにして'幾何学'とは独立に，しかもそれと平行に，一つの'抽象的な理論'を作ることができる，という点にあった．

11. 　当時幾何学を講義していたヒルベルトにとって*，この講演は，おそらく注目に値するものであったに相違ない．

　ヴィーナーの論法をよく見れば，次のようなことがわかってくる．すなわち，いまここに，'点'というものが何であるか，'直線'というものが何であるか，さらにまた，'点を結ぶ'ということや'直線の交わりを求める'などということがいかなることを意味するか，いっさいわかっていないとする．しかし，それにもかかわらず，ここに，かりに'点'および'直線'と呼ばれるあるものがあって，二つの'点'を決めると（'それらを通る'という形容辞の付される）一つの'直線'を定めるある規則があり，また，二つの'直線'を決めると（'その交点'と呼ばれる）一つの'点'を定めるなんらかの仕方があって，さらに，それらの'もの'と'規則'とが，現在の意味に解釈された'パスカルの定理'と'デザルグの定理'とを満たすようなものであったと仮定してみる．しからば，このとき，ヴィーナーの証明をそのままにたどることによって，やはり同じ意味に解釈されたすべての'交点定理'が真であることを認め得るであろう．

　すなわち，'点'というものがわれわれの直観する'位置あって部分のないもの'ではなく，'直線'というものが'幅なくどこまでもまっすぐなもの'でなくとも，ともかく

---

　* 　そのころ，彼はケーニヒスベルクの大学に奉職していた．

も上のような‘操作’を許し，しかも二つの命題を満たすようなものであるならば，その操作の意味における交点定理がすべて成り立つはずなのである．

ヒルベルトは，この点をきわめて重視した．‘点’や‘直線’がいかなるものであるか，ということはたいした問題ではないのではあるまいか．ただ，それらに関し，‘結べる’とか‘交わりがある’とかいうある操作が考えられるとき，その操作に関して‘これこれのことを仮定すれば，これだけのことが出てくる’という，命題の‘形式的な依存関係’を追求するのが，とりもなおさず数学ではないか，というのである．

12. このような見地からエウクレイデスの‘原論’を見直すとき，いろいろと思い当たることが現われてくる．

この‘原論’には多くの‘定義’が出てくるが，それらは二通りにはっきりと分類することができる．そもそも，‘定義’とは，議論の中に出てくる用語について，その‘意味を限定’する作用を営むところのものであったが，よく眺めてみれば，その定義の効果がよく現われているものと，せっかく掲げられていながら全然もちいられていないものと，二種類あることを見出すのである．

よく効いている例は

定義10 一つの直線に対し他の直線が互いに相等しい接角を作るとき，この等しい角を直角という．

定義 15　円とは，その内部にある一定点からそこへ至る
　　距離がすべて等しいような曲線によって囲まれた図形
　　である．

などであり，これらは推論の中に本質的に用いられていて，それを逸することはほとんど不可能である．それに反し

  定義 1　点とは部分なきものである，
  定義 2　線とは幅なき長さである，
  定義 4　直線とはその上の点に対して一様に横たわるが
　　ごとき線である．

などは，推論中にいささかも用いられていない．

　もっとも，'点' や '直線' という言葉はきわめて頻繁に現われ，これ無くしては他のすべての図形が考えられなくなるほどではあるが，点や直線がどういうものであるか，というその内容はまったく用いられることがなく，ことによると，点とは '人間' のことであり，直線とは '仲間' のことである，といってもつじつまが合うかもしれないくらいのものである．

　たとえば，ここに一人の人があって，点とはこういうもの，直線とはこういうもの，ということを全然聞かされていなかったとする．しかし，そのような人も，二つの '点' というものに対してそれらを結ぶ一つの '直線' というものが定まることとか，その他幾つかの関係——公理，公準——さえ知っていれば，原論を読むのにさして不自由は感じない，といっていえないこともないのである．

13. そこで、ヒルベルトは、点や直線を'定義'する必要がなぜあるであろうか、と反問する．点や直線を定義しないで、単に'あるもの'としておいても原論の議論がそのまま成り立つのであるならば、それはかえって良いことではあるまいか．そのように、定義されてはいないが、しかし幾つかの命題——公理、公準——を満足する'あるもの'についての形式的な議論ができているならば、もしここにそれらの命題を'実際に'満足する具体的なものがあらわれた場合、そっくりそのままその議論がそれに対してあてはまるはずであるから、かえってそのほうが議論が一般的になるのではないか、というのである．

われわれは、

　　　　人間は死ぬものである．

　　　　ソクラテスは人間である．

という二つの命題が与えられた場合、'人間'とはいかなるものか、'死'とは何か、また、'ソクラテス'とはどういう人物か、ということを全然知らなくても、ただ、それらのものが上の二つの命題を満たすことを認めさえすれば、必然的に

　　　　ソクラテスは死ぬものである．

という結論が導かれることを知っている．これとまったく同様に、定義を与えない対象に関する幾つかの命題を真なるものと見なして出発するとき、いったいどれくらいのことが必然的に出てくるか、ということを追求するのが数学の本領ではないか、とヒルベルトはいうのである．

もっとも，時に応じ，'定義されない対象'以外にも新しい用語，たとえば，'円'や'直角'などを用いる必要があるかもしれないが，そのときはこれを'定義されない対象'，仮定された命題，およびそれから導かれた'定理'を用いて'定義'することにすればよい．

　ヒルベルトは，ヴィーナーのかの講演を聴き終っての帰途，すでにこのようなことを考えていたようである．停車場で，同行の数学者たちに対し，'テーブルと椅子とコップを点と直線と平面の代わりに取っても，やはり幾何学ができるはずだ'という警句を吐いたことが伝えられているのである．

14.　以上で，ヒルベルトの考え方がだいたい明らかとなった．すなわち，数学は，定義を与えない幾つかの用語についての若干の命題を'真なるもの'と'仮定'し，それに基づいて形式的に推論を進めるものだ，というわけである．

　この'仮定された命題'は，もとより，エウクレイデスにおける'公理'，'公準'に相当するものであるが，ヒルベルトはこれをすべて**'公理'**と称した．

　しかし，同じく'公理'とはいっても，これがエウクレイデスやパスカルのそれと本質的に異なった意味を持つことは明らかであろう．

　エウクレイデスやパスカルにあっては，それはあくまで'自明の真理'，'万人に承認される明晰なことがら'でなく

てはならなかった．しかるに，一方ヒルベルトにおいては，そもそも，それが'無内容'の'あるもの'についての条件を示す命題であるがゆえに，'明晰'とか'万人に承認される'とかいうことが，初めから全然問題となってこない．それは，純粋に'仮定'なのであり，理論を展開するために必要な'規約'にすぎないのである．

その当然の帰結として，彼にとっては，数学は'科学的真理'を探究するものではなく，無内容な対象についての，'形式的''抽象的'な理論であるということになってくる．

たとえば，エウクレイデスの幾何学も，ロバチェフスキの幾何学も，はたまたリーマンの幾何学も，すべて，単なる'仮定'から導かれた形式的な理論であるにすぎず，数学的にはまったく平等なものということになるわけである．

彼のこの立場は，'**公理主義**'と称えられる．そしてこれは，現代の数学を圧倒的に支配する思想にほかならない．現今の数学では，この見地に立ち，いろいろの公理をいろいろに取捨選択し，それをさまざまに組み合わせることによって，数多くの理論を形式的に導いている．

それは，いかなる'公理'に基づこうとも，'無内容'であるために，'事実と合っているかどうか'という問題からはまったく自由なのである＊．

＊ しかし，現代の数学は，この思想の許容する限り，まったく恣意に推し進められているというわけではない．それについてはあとの第十章を参照．

15. そのように変貌した数学の理論はきわめて一般的，抽象的なものであるが，一方その当然の帰結として，非常に広汎な応用分野が開けてくることになる．

たとえば，物理学において，

'速度の導函数は力に比例する'

ということが，研究の結果確かめられたとする．しからば，数学では，'力' とは何ぞや，'速度' とは何ぞや，というようなことが全然わかっていなくても，'速度' といわれるある函数を微分すると '力' というある函数に比例するのだ，という上の '公理' から形式的な理論を展開することによって，物理学を援助することができる．

また，変貌したエウクレイデスの幾何学における '点' や '直線' というものは，この現象世界の '点' や '直線' とはまったく区別された，無内容の言葉であった．しかし，それにもかかわらず，それらとある程度の対応のあることは否定できない．ガウスの測定の結果からも知られるように，われわれは，エウクレイデスの公理，公準をば'そうとう精密な空間的知見' として，これを実際に見て取ることができる．してみれば，その公理，公準をヒルベルトの意味の '公理' にとって展開された無内容のエウクレイデス幾何学全体が，'そうとう精密な空間の知識' として利用できることになるであろう．

一般に，あらゆる科学において，そこに幾つかの知見が得られたとき，その命題の中に出てくるいろいろの術語の，その科学におけるもろもろの内容を伏せてしまって，

それをただ単にそのような命題を満たす'あるもの'と見なした場合,それらの命題はすでに数学の'公理'となっているのである.そして,それらからどのような結論が'論理的'に出てくるか,ということを議論するのは数学の領域に属する問題である,ということができる.

　すなわち,一つの科学において,これこれの知見から推論によってどのような結果が出るかを知りたいという要求が起ったならば,それらの知見を分析し,上のような操作によって数学の公理になおしてみて,そのような公理の下に展開されている数学理論を捜せばよいということになる.——もっとも,数学で,そのようなものがすでに用意されているかどうかはまた別の問題である.

公理主義数学の使命

16. さて,このようになった数学の理論は,何度も述べたとおり,現実に対象を持つことがない.極端にいえば,'机上の空論'となってくるわけである.

　しからば,そのようなものの'真理性'は,いったいこれをどうやってためしたらよいのであろうか.ただもう,勝手な公理から勝手に推論してゆけばそれでよい,というのであろうか.

　物理学などの理論が正しいか正しくないかは,実験をやってみて,実際と合うかどうかを調べることにより,これを確かめることができる.他の自然科学でも事情は同様で

ある．元来，自然科学は，それが現象と合うことをもってその理想としているものであるからである．しかし，数学においては，そもそもその対象が'あるもの'なのであるから，実地にこれをためしてみるというわけにはいかない．

ヒルベルトは，この点に関して考察を進め，数学の理論の真理性は，その公理の集まり，すなわち'**公理系**'の'**無矛盾性**'にある，との見解に達した．

これは，その公理系から理論をどれほど広く，またどれほど深く展開していったとしても，決して矛盾が起らないこと，言い換えれば，一つの命題およびそれと反対の命題をば同時に導き出すことができないということ，を指している．

矛盾の起るような理論が'理論'たるに値しないのはまったく当然のことである．それよりすれば，かようなところに真理性の標準を置くということは，理論が理論として満たすべき最小限度のものを要求する立場である，ということができよう．

17. 数学理論の拠るのは，こうなってくると，もっぱらその'公理系'である．そして，それがどのような性格を持ち，また，それからいったいどのようなことが出てくるか，ということのみが関心事となる．

ところで'無矛盾性'のほかに，公理系の性格について調べられなければならないのは'**独立性**'である．それを

説明するため，次のような簡単な公理系を取り上げてみよう．'定義されない'用語は'点'と'等しい'の二つである．また，'等しい'ということは，これを'≅'でもって表わすことにする：

(1) 点Aはそれ自身に等しい：A≅A．
(2) 点Aが点Bに等しければ，点Bは点Aに等しい．すなわち，A≅BならばB≅Aである．
(3) 点Aが点Bに等しく，点Bが点Cに等しければ，点Aは点Cに等しい．すなわち，A≅B, B≅CならばA≅Cである．

まず，(2)という公理に注目しよう．詳しい説明は省略することにするが，これは他の二つの公理からは証明することのできない命題であることが知られている．このような場合，(2)は，(1), (3)からは'**独立**'であると称する．

これに反し，上の三つの命題のほかに

(4) A≅B, B≅C, C≅DならばA≅Dである．

という命題をもつけ加えた公理系を考えると，(4)は(1), (2), (3)からは独立ではない．なぜなら，それは次のように証明されてしまうからである：

A≅B, B≅Cより(3)を用いてA≅C．しかるにC≅Dであるから，再び(3)を用いてA≅D．

一般に，このように他の公理から独立でないような公理は，それが証明されてしまうものである以上，あってもなくても同じことである．したがって，そのような無駄を避けるためには，上のように，公理が互いに独立であるかど

うか，ということを調べてみなければならない．このような問題を '**独立性の問題**' と称えるのである．

あってもなくてもよいものであれば，あってもよい道理であって，そのような見地からは，このような問題は余計なものとも考えられる．しかし，それにもかかわらずこれが強調されるのは，審美的な理由もあるが，そのほかに，各公理の役割をできるだけ明瞭にしておいたほうが何かにつけて便利だということがあるからである．

さて，このほか，公理系について調べなければならない問題には，'**範疇性の問題**' '**分類の問題**' '**特徴づけの問題**' などがある．これらについては，次章において触れる機会があるであろう．

以上前節および本節において述べたところが '公理主義的数学' の使命の概略である．ヒルベルトは，エウクレイデスの幾何学を，この公理主義的立場から再建しようとし，それにみごとな成功を収めた．それが，実は，前に述べた '幾何学基礎論' の主題にほかならない．

以下に，彼の理論の最初の部分をかいつまんで語ることにしよう．

エウクレイデスの幾何学の再編成

18. 元来，エウクレイデスの '原論' が完全に論理的にできているというわけにはいかないことは，すでに第一章で述べておいた．

まず、その'定義'の中に、述べ方の不十分なものがないではない．'点は部分なきもの'というが、'部分'という言葉ははたして明晰であるといえるかどうか．また、点というものは、あちらこちらと動きまわってもよいものであるのかどうか．'直線はその上の点に対し、一様に横たわるがごときもの'というが、いったい、その'一様'とはどういうことを指すのであろうか．さらに、'境界とはあるものの終る所'とあるが、ものが終る、とは何であるか、等々．いずれにしても、これらは'良い'定義とは言いがたいであろう．これらの注意のうちのあるものは、古く、ライプニッツらによって、すでに指摘されていたものである．

また、'公理'、'公準'の中にも、その述べ方の不十分なものが見受けられる．たとえば、第七公理は'互いに他をおおうものは相等し'といっている．ここにおいて、いったい、一つのものが他のものを'おおう'とはどういうことを指すのであろうか．動かしてくらべてみたとき他を含んでしまうことを指しているのだとすれば、いったい動かせるかどうか、動かせるとしても、動かす前と後とでその大きさが変わらないかどうか、ということが問題となってくる．大きさが変わるか変わらないかを調べるには、どうしても'大きさを比べる'ということが必要なわけで、そうなると、この命題は'比べてみて大きさの同じものは等しい'という同語反復に堕してしまう．このような点を問題にしたのはヘルムホルツ（Helmholtz, 1821-1894）であ

った．

さらに，公理や公準に仮定していないことを用いている部分のあることも，古くから注意されている．前にも述べたことであるが，次のようなものもその一例であろう．すなわち，原論第一章命題 1
(第一章 5.) では，線分 AB をとり，A, B を中心として，AB を半径とする円を描くとき，その二つが相交わることを用いている．しかし，この二円が交わることははたしてたしかであろうか．これは，どの公理，どの公準によっても保証されてはいないのである．また，方々において，'直線が平面を二つの部分に分ける' というようなことを暗黙のうちに用いているが，これもなんら保証されていない．

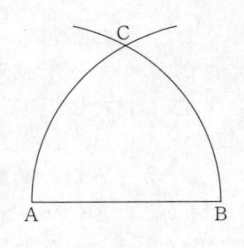

　ヒルベルトは，エウクレイデスの幾何学を '公理主義的' に再構成するには，まず，このような点を整頓しなければならないと考えた．

　エウクレイデスにおいて，これらのことが，かように不備であったのには，論証的であらねばならないとするかの厳格な戒律にもかかわらず，その対象がわれわれの図形的直観に依存する '具体的' なものであったがために，その素朴な直観が論理をある程度輔佐することができたところに，その大きな原因があったと思われる．

　これに反し，ヒルベルトは，最も基本的な対象をば，単に '公理' を満足する 'あるもの' として出発しようとす

るのであるから，たとえ頼ろうと思っても，そのような素朴な直観の中に，頼るべきものを求めることは不可能なわけである．

19. 以上のような所から出発して，ヒルベルトが，エウクレイデスの幾何学を'公理主義的'に建設するのに必要にして十分な'公理系'として取り上げたのは，次のようなものであった．彼は'空間'の幾何学の公理系をも掲げているのであるが，ここでは簡単のため，'平面'の幾何学の公理系のみを掲げることにする．

この公理系における，'定義されない基本的な用語'は'点'，'直線'，'上にある'，'間にある'，'合同'の五つである．

いま，ここに，'**点**'と呼ばれるものの集まりと，'**直線**'と呼ばれるものの集まりとがあって，それらの間に'**上にある**'，'**間にある**'，'**合同**'という関係が定められ，かつこれらの関係が次に述べる命題（公理）を満足しているとき，上の二つの集まりは，この三つの関係に関して'**(エウクレイデスの) 平面**'を構成すると称える：

Ⅰ．結合の公理：
(1) 二点があれば，それらがその'上にある'ような直線が存在する．
(2) 相異なる二点がその'上にある'ような直線はただ一つしかない．
(3) 一つの直線に対して，少なくとも二つの点がその

'上にある'.
(4) 一直線の'上にない'[*]ような少なくとも三つの点がある.

Ⅱ. 順序の公理:
(1) 点Bが点A, Cの'間にあれば', A, B, Cはある一直線の'上にある'ような三点であって, さらにまた, BはC, Aの'間にある'.

定義1 A, Cの'間にある'ような点の全体を'線分'ACという.

(2) A, Bが一直線の'上にある'相異なる二点ならば, その直線の'上にある'第三の点Cを求めて, BがA, Cの'間にある'ようにできる.

定義2 (2)におけるごときCは'線分ABの延長上'にあるといわれる.

定義3 線分ABおよびその延長上の点およびBは, Aの一つの'側'を作るといわれる.

定義4 Bを含むAの'側'をAからBに向かう'半直線'という.

定義5 一点Aから出る二つの半直線は, それらを'辺'とする'角'を作るといわれる(混同のおそれのない限り, その角を∠Aと記す).

(3) 一直線の'上に'三つの点があれば, そのうちの一つ, しかもただ一つだけが他の二つの'間にある'.

---

[*] '上にある'ということの否定.

(4) A, B, C がいかなる一直線の '上にも (同時には) ない' 三つの点で, A, B, C のいずれもが直線 a の '上にない' とき, a が線分 AB と一点を '共有すれ'* ばそれはまた, AC または BC とも一点を '共有する'**.

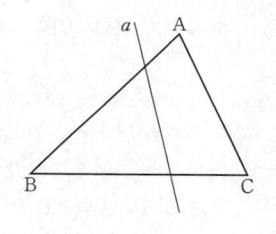

定義6 一直線 l に対し, A, B がその '上になく', l と線分 AB とが点を '共有しない' ときは, A, B は l の同じ '側' にあるという. 半直線の '側' とは, その半直線上の点がすべてその '上にある' ような直線の '側' を指すものとする.

Ⅲ. 合同の公理:

(1) 線分 AB があり, また直線 l の上に一点 A′ があって, A′ の一つの側が定められているとき, その側に B′ をとって, AB, A′B′ を '合同' ならしめることができる. これを AB≡A′B′ で表わす.

(2) 同じ線分に '合同' な二つの線分はまた '合同' である.

(3) A, C の '間に' B が, また, A′, C′ の '間に' B′ が

---

* 両方の '上にある' ような点がある, の意.

** これは, 図のように, 三角形の一辺と交わる直線は, また他の辺とも交わらなければならない, ということを主張する命題である.

あって，AB≡A′B′，BC≡B′C′ ならば AC≡A′C′ である．

(4) 一つの角と，一つの半直線，およびその一つの側が与えられたとき，その半直線を一辺とし，与えられた側の中へ，与えられた角に'合同'な角を作ることができる（∠A≡∠B などのような記法を採用する）．

(5) A, B, C；A′, B′, C′ がいずれも同一直線上にない三点であるとき，もし AB≡A′B′, AC≡A′C′, ∠A≡∠A′ ならば ∠B≡∠B′ である．

IV. 平行の公理：

(1) 直線 l とその'上にない'点 P が与えられたとき，P がその'上にある'ような直線で，l と点を'共有しない'ようなものは一つしかない．

V. 連続の公理：

(1) AB, CD を二つの線分とするとき，AB がその'上にある'ような直線の'上に'点 $A_1, A_2, \cdots, A_n$ をとって，線分 $AA_1, A_1A_2, \cdots, A_{n-1}A_n$ がみな CD に'合同'であり，かつ A, A_n の'間に'B があるようにできる*．

(2) 線分 AB の中に二点 A_1, B_1，線分 A_1B_1 の中に二点 $A_2, B_2, \cdots$ があるときは，すべての線分 AB, A_1B_1, $A_2B_2, \cdots$ に共通な点がある．

---

* これは，'アルキメデスの公理'といわれる．アルキメデスの項を想起せよ．

6. 数学とは何か——ヒルベルトの公理主義——

20. ヒルベルトは，これらの公理相互間の'独立性'に関する精細な議論を展開し，またこの公理系が無矛盾であるかどうかについても論じた．

ここでは，その無矛盾の論議について触れておこう．その基本的な考え方を説明するため，上に一度あげたことのある簡単な公理系：

(1) すべての点 A に対して A≅A．
(2) A≅B ならば B≅A．
(3) A≅B，B≅C ならば A≅C．

を再び引き合いに出してくる．これに対して，われわれは，各自然数を'点'と呼ぶことにし，さらに，二つの自然数が普通の意味で等しいときに'等しい'ということにすれば，(1)，(2)，(3)がまさしく'正しい'命題になることを確かめることができる．ところで，このように公理系を満足する'具体的'なものがあるということは，実は，公理系の無矛盾性の問題に対して重要な知見を与えるものなのである．その理由を説明しよう．

いま，上の公理系から矛盾，すなわち，一つの命題およびそれと反対の命題が同時に導かれたものとする．しかるとき，われわれは，その矛盾に至る推論をば，すべて，この具体的な自然数についての推論と見なして読み進めてゆくことができるであろう．さすれば，もともと，その推論の基礎になる(1)，(2)，(3)が'正しい'ものとして読まれているのであるから，その推論において導かれるすべての命題も'正しい'ものとなっていなくてはならないはずで

ある．これすなわち，自然数についての正しい命題から矛盾が出るということを意味するものにほかならない．よって，もしそのようなことがあるとすれば，当然，'自然数'の概念そのものに矛盾が含まれている，ということになってくる．すなわち，ここに公理系の無矛盾性の論議は，より具体的な，'自然数'という概念の吟味へと帰着されるのである．

さて，それでは，ヒルベルトの公理系に対して，それを実際に満足する具体的なもの，すなわち具体的な'平面'は，はたして作れるのであろうか．上のような簡単な公理系では'自然数'というような手軽なもので間に合ったのであるが，今はそのようなわけにはいかない．そうかといって，現象世界のもので間に合わせる，ということも困難である．そのようにするときは，公理系が'正しい'ものになってくれるかどうかを調べるのに手間どるからである．

ヒルベルトは，この目的のためにデカルトの解析幾何学の思想が利用できるのではないか，と思い当たった．解析幾何学では，点は座標：(x, y) で表現され，直線は一次方程式：$ux+vy+w=0$ で表現される．ただし，一次方程式は係数の比 $(u:v:w)$ によって決まるものであるから，直線は比：$(u:v:w)$ で表現されるといっても同じことである．しかして，デカルトの根本思想は，このようなものを媒介として，幾何学におけるすべてのものを'数の世界'に翻訳してしまう，という点にある．ヒルベルトは，この

数の世界に移されたところの幾何学が，公理系を実際に満たすもの，すなわち具体的な平面になり得るのではないか，と考えたのであった．より詳しくいえば，(x, y)というようなものを'点'と呼ぶことにし，$(u:v:w)$というようなものを'直線'と呼ぶことにし，以下同様に解析幾何学を模倣しながら具体的なものを作ってゆけば，その目的が達せられるのではないか，というわけである．

このもくろみは実際成功する．以下にその大要を述べよう．

21. まず，上に述べたように，実数の組 (x, y) をすべて考え，そのおのおのを'点'と呼ぶことにする．また，u, v, w という三つの実数をとったとき，u, v のうち少なくとも一方が 0 でないならば，その比 $(u:v:w)$ を'直線'と呼ぶ．しかして，'点' (x, y) が直線 $(u:v:w)$ の'上にある'とは

$$ux+vy+w = 0$$

なる一次方程式が満たされることを指すものとする．

また，'点' (a_1, b_1), (a_2, b_2), (a_3, b_3) が'直線' $(u:v:w)$ の'上にある'とき，たとえば，(a_1, b_1) が (a_2, b_2), (a_3, b_3) の'間にある'ということは，数 b_1 が b_2 と b_3 との間にあるか*，あるいは a_1 が a_2 と a_3 との間にあるということによって定義する．

---

* すなわち $b_2<b_1<b_3$ か $b_2>b_1>b_3$ であること．

以上によって，われわれは，現在の意味における '線分'，'半直線'，'側'，'角' などを定義することができるわけであるが*，さらに，'線分' や '角' の '合同' を次のように規約しておく：すなわち，まず '線分' $(a_1, b_1)(a_2, b_2)$ および線分 $(a_1', b_1')(a_2', b_2')$ が '合同' であるとは

$$\sqrt{(a_1-a_2)^2+(b_1-b_2)^2} = \sqrt{(a_1'-a_2')^2+(b_1'-b_2')^2}$$

となることを指すものとする．また，(a, b) から出て (a_1, b_1) に向かう '半直線' と，(a, b) から出て (a_2, b_2) に向かう '半直線' とを '辺' とする '角' が (a', b') から出て (a_1', b_1') に向かう '半直線' と，(a', b') から出て (a_2', b_2') に向かう '半直線' とを '辺' とする '角' に '合同' であるとは

$$\frac{(a_1-a)(a_2-a)+(b_1-b)(b_2-b)}{\sqrt{(a_1-a)^2+(b_1-b)^2}\sqrt{(a_2-a)^2+(b_2-b)^2}}$$
$$= \frac{(a_1'-a')(a_2'-a')+(b_1'-b')(b_2'-b')}{\sqrt{(a_1'-a')^2+(b_1'-b')^2}\sqrt{(a_2'-a')^2+(b_2'-b')^2}}$$

なる式が成り立つことを意味するものとする．

さて，このようにすれば，上に述べたヒルベルトの公理系において，そこに現われる '点' '直線' '上にある' '間にある' '合同' 等々の術語をすべて現在のような意味に解釈するとき，その結果読み取られる命題は常に '正しい' ものとなっているのである．

それは，いちいち当たってみればさして困難なく確かめ

---

* すなわち，ヒルベルトの公理系にはさまれている '定義' を現在の意味に解釈すればよい．

られることなのであるが，ここで詳しく述べることは省略する．容易に知られるように，それをためすことは，ちょうど‘解析幾何学’の推論をまねること，あるいはそれを利用することに相当するのである．たとえば，結合の公理(1)：

‘二点があれば，それらがその上にあるような直線がある’
は，次のようにしてその正しいことが確かめられる．すなわち，いま，二‘点’をそれぞれ (x_1, y_1)，(x_2, y_2) とすれば，これらの数 x_1, y_1, x_2, y_2 はまさしく一次方程式：

$(y_2-y_1)x+(x_1-x_2)y+x_1(y_1-y_2)+y_1(x_2-x_1) = 0$

を満足する．よって，上の二‘点’は‘直線’$((y_2-y_1):(x_1-x_2):\{x_1(y_1-y_2)+y_1(x_2-x_1)\})$ の‘上にある’ということになってくる．この‘直線’を見出すのに，‘座標 (x_1, y_1)，(x_2, y_2) を持つ二点を通る直線の方程式は

$$y-y_1 = \frac{y_2-y_1}{x_2-x_1}(x-x_1)$$

である’という解析幾何学の知識が用いられたことは明らかであろう．

つまり，これで，一つの具体的な‘エウクレイデスの平面’ができあがったわけである．

さて，以上によれば，ヒルベルトの公理系の無矛盾性の論議は，‘実数’の概念に矛盾が含まれているかどうか，という，より具体的な問題に帰着されることになる．すなわち，かりにヒルベルトの公理系から矛盾が導かれたものと考えてみる．言い換えれば，ある一つの命題とその否定の

命題とが同時に導かれたものと想定してみる．さすれば，その矛盾に至る推論を，そのまま，上に作った具体的な平面に関する議論として読み進めることによって，結局，'実数'に関する正しい推論からある一つの矛盾が導かれなくてはいけない，ということになってくるわけである．

'実数'の概念には，その'大小'の関係，'四則'，あるいはさらに'極限'の概念を下から支えているものなどが含まれている．もし，この概念に矛盾が含まれていなければ，すなわち，どのように実数についての論議を進めていっても矛盾が出てこないならば，ヒルベルトの公理系は'無矛盾'なのである．

それでは，この実数の概念に矛盾は含まれていないかどうか．それについては，のちに詳しく述べるつもりである．

推論の形式と数学

22. いささか余談にわたることではあるが，以上のような議論を見て，読者は，第一章で述べた'推論の形式'を想起するかもしれない．

推論の形式というのは，たとえば

　　　　AはBである
　　　　BはCである
　　それゆえ
　　　　AはCである

のように，A, B, C にどういう概念を代入しても，すなわち，それらにどういう'意味'をつけても，上の二つの前提が正しくありさえすれば，必然的に結論も正しくなる，というようなものであった．

公理主義的数学は，まさに，これと同一の思想圏内にあるものである．

'点'とか'直線'とか'上にある'などという用語は，上の推論の形式における A, B, C のようなものであり，あらかじめはなんらの意味をも持ってはいない．また，'公理'は

　　　　A は B である
　　　　B は C である

というような，推論の形式の'前提'に相当するものである．そして，'点'や'直線'に対して，公理を実際に成り立たしめるような具体的なものを代入すれば，それから導かれている全理論，すなわち結論が正しいものとなるのである．

この見地からすれば，公理主義的数学は，尨大な推論の形式そのものを開陳するものとも称することができよう．

さて，本章初めからのわれわれの主題は，パスカルの'論証的方法'を数学において採用する際，かの'自明'ということをばいかに処理するか，ということであった．それに対して，われわれが以上に得た答は，自明ということの本質に徹することをあきらめ，端的にそれを捨て去ってしまう，ということである．しかして，真なるものと'仮

定'された'公理'から形式的に推論を進めるのが数学の本領である，ということになった．

　パスカルの見識はたしかに立派であって，それがおよそ真理を納得する方法として最上のものの一つを呈示している，という点については今も変わりはない．

　数学は，決して彼の方法を'否定'するものではなく，ただ'自明'ということは保留しておいて，論証的方法のそれ以外の部分を活用し，もって'仮定の上に立つ理論'を追究するものにほかならないのである．

　したがって，たまたま，その仮定が'自明'のものと解釈されることがあれば，たちまちその全理論が'真理'となる，という性格を持っているのである．

7. 脱皮した代数学
——群, 環, 体——

二次方程式の解法と虚数——虚数の構成——'体'の概念——代数学の基本定理——'代数的解法'について——二つの体の間の次数——作図問題——公理主義による代数学の再編成——'群'とエルランゲンのプログラム

二次方程式の解法と虚数

1. 前章では, 十九世紀から二十世紀初頭へかけて幾何学がいかに変貌してきたか, ということについて述べたのであった. 今度は, 同じ時代に進行しつつあった'代数学'の進展について説明したいと思う*.

二次方程式の解法が古くから知られていたことはすでに述べたが, ここでは, それの復習から話を始めよう.
$$x^2-6x+8 = 0$$
という方程式をまず取り上げる. インド, アラビア流の解法は次のようなものであった:
$$x^2-6x = -8$$
$$x^2-6x+9 = -8+9$$
$$(x-3)^2 = 1$$

---
* 本章の所論については, 永田雅宜 抽象代数への入門 (朝倉書店) を参照.

$$x-3 = \pm 1$$
$$x = 2 \text{ または } 4$$

しかし,前に強調しておいたことではあるが,次のようにするとさらに簡単である.すなわち,まず,ウィエタによって導入された '一般方程式':
$$x^2 + ax + b = 0$$
をば,上とまったく同様の仕方で,あらかじめ次のように解いておく.

$$x^2 + ax = -b$$
$$x^2 + ax + \left(\frac{a}{2}\right)^2 = -b + \left(\frac{a}{2}\right)^2$$
$$\left(x + \frac{a}{2}\right)^2 = \frac{a^2 - 4b}{4}$$
$$x + \frac{a}{2} = \pm \frac{\sqrt{a^2 - 4b}}{2}$$

(1) $$x = \frac{-a \pm \sqrt{a^2 - 4b}}{2}$$

しかるときは,いちいち上の例のように計算しなくとも,**根の公式** (1)に $a = -6$, $b = 8$ と置くことによって
$$x = \frac{6 \pm \sqrt{36 - 32}}{2} = 2 \text{ または } 4$$
と簡単にその根が求められる.

2. さて,われわれの話の発端となるのは,上の '根の公式' が,いつでも,このように,気持よく根を捻出してくれるとは限らない,という注意である.

$$x^2+x+1 = 0$$

という方程式はその一例である．なぜなら，これに上の公式を適用すれば

$$x = \frac{-1\pm\sqrt{1-4}}{2} = \frac{-1\pm\sqrt{-3}}{2}$$

となって，ここに $\sqrt{-3}$ という奇妙なものが出てくるからである．

元来，普通の実数 x は，0でない限り，二乗すると必ず正になる：

$$x^2 > 0$$

よって，二乗して -3 になるというような実数 $\sqrt{-3}$ はあり得ないわけである．してみれば，この場合，根の公式は役に立たない，というほかないであろう．

しかし，実をいうと，これは根の公式にその責任があるのではなく，そもそも

$$x^2+x+1 = 0$$

という方程式には'根がない'のである．何となれば，もし，この方程式に根 θ があるとすれば，

$$\theta^2+\theta+1 = 0$$

であるから，'根の公式'を出すときの計算とまったく同じようにして

$$\theta^2+\theta = -1$$

$$\theta^2+\theta+\left(\frac{1}{2}\right)^2 = \left(\frac{1}{2}\right)^2-1$$

$$\left(\theta+\frac{1}{2}\right)^2 = -\frac{3}{4}$$

となる．しかるに右辺は負であるから，上に述べたことによって

$$\theta+\frac{1}{2}$$

が，したがってまた θ が '数' とはいわれないことになってしまう．すなわち

$$x^2+x+1 = 0$$

という方程式は '根を持たない' というわけである．

3. しかし，ここでちょっとした誘惑を感じさせるのは，かりに $\sqrt{-3}$ を '数' だとむりやりに見なしたとすると，

$$\frac{-1+\sqrt{-3}}{2} \quad や \quad \frac{-1-\sqrt{-3}}{2}$$

というものが，たしかに，

$$x^2+x+1 = 0$$

の '根' となる，という事実であろう：

$$\left(\frac{-1+\sqrt{-3}}{2}\right)^2+\left(\frac{-1+\sqrt{-3}}{2}\right)+1$$

$$= \frac{1-2\sqrt{-3}+(-3)}{4}+\frac{-1+\sqrt{-3}}{2}+1$$

$$= \frac{-1-\sqrt{-3}}{2}+\frac{-1+\sqrt{-3}}{2}+1 = 0$$

細かに考えれば、このような場合、何も $\sqrt{-3}$ とか $\sqrt{-5}$ とか数多くのものを想像する必要はないのであって、実は
$$\sqrt{-1}$$
という一つのものさえ '数' と考えることが許されたならば、それで万事解決することが知られるのである．なぜなら、そのとき、
$$(\sqrt{5}\sqrt{-1})^2 = -5$$
$$(\sqrt{3}\sqrt{-1})^2 = -3$$
より
$$\sqrt{5}\sqrt{-1} = \sqrt{-5}$$
$$\sqrt{3}\sqrt{-1} = \sqrt{-3}$$
となるから、これを利用して、必然的に $\sqrt{-5}$ や $\sqrt{-3}$ をも '数' と見なせることになるからである．

したがってまた、このように想像した場合、いかなる二次方程式も必ず二つの根を持ち、それが '根の公式' で与えられることは、たやすく見て取られるであろう．

かくして、ここに一つの 'ディレンマ' が生まれてくる：'数ではない．しかし、それを数だと思えば便利この上もない $\sqrt{-1}$ というものがある'．

この $\sqrt{-1}$ を '数' だと考えた場合、上の $\sqrt{-5}$ や $\sqrt{-3}$ の例からも知られるように、その結果広範囲の数ができてくるが、それらはすべて
$$a + b\sqrt{-1} \quad (a,\ b\ は実数)$$
という形に書き表わされることが知られる．一般に、そのような数は、実数と $\sqrt{-1}$ との間に四則算法を施すことに

よって得られるから，たとえば
$$-\frac{8}{\sqrt{-1}}+\frac{6+\sqrt{-1}}{2+\sqrt{-1}+5(\sqrt{-1})^2}$$
というような形をしていなければならない．いま，これについて上の事実をためしてみよう．まずこれを通分し，分母分子を整頓すれば

(*) $\quad\dfrac{-16-2\sqrt{-1}-39(\sqrt{-1})^2}{2\sqrt{-1}+(\sqrt{-1})^2+5(\sqrt{-1})^3}$

ここで，$(\sqrt{-1})^2=-1$ を用いれば
$$(\sqrt{-1})^3=(\sqrt{-1})^2\sqrt{-1}=-\sqrt{-1},$$
$$(\sqrt{-1})^4=(\sqrt{-1})^2(\sqrt{-1})^2=1,$$
$$\cdots\cdots$$

であるから
$$(*)=\frac{23-2\sqrt{-1}}{-1-3\sqrt{-1}}$$

分母分子に $-1+3\sqrt{-1}$ を掛けて
$$\frac{(23-2\sqrt{-1})(-1+3\sqrt{-1})}{(-1-3\sqrt{-1})(-1+3\sqrt{-1})}$$
$$=\frac{-17+71\sqrt{-1}}{10}=-\frac{17}{10}+\frac{71}{10}\sqrt{-1}$$

これはまさしく上にあげた $a+b\sqrt{-1}$ という形である．

さて，このような数に四則を施した結果は次のようになる：

(1) $(a+b\sqrt{-1})\pm(a'+b'\sqrt{-1})$
$\quad=(a\pm a')+(b\pm b')\sqrt{-1}$

(2) $\quad (a+b\sqrt{-1})(a'+b'\sqrt{-1})$
$\quad\quad = aa'+(a'b+ab')\sqrt{-1}+bb'(\sqrt{-1})^2$
$\quad\quad = (aa'-bb')+(a'b+ab')\sqrt{-1}$

(3) $\quad \dfrac{a+b\sqrt{-1}}{a'+b'\sqrt{-1}} = \dfrac{(a+b\sqrt{-1})(a'-b'\sqrt{-1})}{(a'+b'\sqrt{-1})(a'-b'\sqrt{-1})}$

$\quad\quad = \dfrac{aa'+(a'b-ab')\sqrt{-1}-bb'(\sqrt{-1})^2}{a'^2-b'^2(\sqrt{-1})^2}$

$\quad\quad = \dfrac{aa'+bb'}{a'^2+b'^2}+\dfrac{a'b-ab'}{a'^2+b'^2}\sqrt{-1}\quad (a'^2+b'^2\neq 0\text{ とする})$

かくして得られた'数'が**'虚数'**といわれるものにほかならない.

4. イタリア人ボンベリ (Bombelli, 1526-1572), オランダ人ジラール (Girard, 1595-1632) らは, このようなものをいち早く'新しい数'だと思う決断のついた人たちであった.

彼等と同時代 (十六世紀ごろ) のたいていの数学者は, アラビア数学の大きな影響にもかかわらず, (よりギリシア的に) 方程式の根としては'負の数'さえも認めなかった. かのウィエタでさえも, 負の根が現われた場合, これをあっさりと'捨て'てしまったのであった. かかる見地からすれば, 上の二人のような考え方は, その時代, おそらく破天荒のものであったに相違ないのである.

しかしながら, その'便利さ'がその主要な原因となって, その後, 次第に上のような考え方が支配的となり, こ

の'想像上の数'——'虚数'の影は，ますます濃く現実に写し出されるようになっていった．

とはいえ，二乗して負になったりする，というようなその奇妙な性質のゆえに，人に多分に神秘の感を与えたであろうことも，これまた否定できないところである．

ニュートン，ライプニッツ以後でさえも，たとえば，オイラーは，この虚数をたくみに用いて幾つかの成功を収めた人であるが，自分の手になるその成果を発表するのに，'この式は虚数を含むけれども，有用である'などと言いわけを添えている．また，さらに，十九世紀にはいってからも，かの偉大なガウスが，友人への手紙の中で，「もし，'かの仮設の数'をそこから除外するならば……」という言葉を用いて虚数を弁護し，その有用性を力説しているくらいである．虚数 (imaginary number) という言葉は誤解を招くから，'**複素数** (complex number)' といったほうがよかろう，と提唱したのも彼であった*．

ガウス

---

* これは，その数が 1 と $\sqrt{-1}$ との二つの単位を用いて $a \cdot 1 + b \cdot \sqrt{-1}$ と書けることから考えられた名前である．

すなわち，十九世紀も半ば近くなって，その有用性はおおうべくもなく，人々はよくそれを駆使しつつも，なお，多分に神秘感と不安の伴なうものであったことは疑えないのである．

5. これに関して，はじめて自信のある態度をとり，かつ積極的に虚数を認めたのはコーシであった．彼ははっきりと次のように述べている：

「解析学において，'記号的表現' または '記号' というのは，代数的符号を結合したものであって，それ自身としては，なんらの意味も持たないか，もしくはそれの自然に持っている意味とは異なった意味を与えられるごときものである．」「虚数も記号的表現である．」

$\sqrt{-1}$ を数の仲間に入れることによって生ずるこの虚数が，すべて

$$a+b\sqrt{-1}$$

という形に書けることはすでに述べた．コーシによれば，これは，それ自身としてはただそのように書かれた '記号的表現' であるにすぎず，われわれがそれに新しく '意味を与える' ところのものである．そしてその意味は，$\sqrt{-1}$ が '-1 の平方根である' というような，その記号の '自然に持っている意味' とはいちおう別のもので，必要とあれば，まったく別のものであっても構わない，というのである．

彼は，この立場に立って，上のような '記号的表現' に

対し，相等や四則に関し次のような‘意味’——‘定義’を与えようとした：

(1°) $a+b\sqrt{-1}=a'+b'\sqrt{-1}$ とは $a=a'$, $b=b'$ なることを意味する．

(2°) $(a+b\sqrt{-1})\pm(a'+b'\sqrt{-1})$ とは $(a\pm a')+(b\pm b')\cdot\sqrt{-1}$ を作ることを意味する．

(3°) $(a+b\sqrt{-1})(a'+b'\sqrt{-1})$ とは $(aa'-bb')+(ab'+a'b)\sqrt{-1}$ を作ることを意味する．

(4°)
$$\frac{a+b\sqrt{-1}}{a'+b'\sqrt{-1}}$$

とは

$$\frac{aa'+bb'}{a'^2+b'^2}+\frac{a'b-ab'}{a'^2+b'^2}\sqrt{-1}$$

を作ることを意味する．ただし $a'^2+b'^2\neq 0$ とする．

のちになって見ると，彼の上のような仕方は，いくらか不徹底の点を含んではいた．たとえば，上のような規約に基づくとき，どうしてこの‘新しい数’の間に自由自在な計算が可能となるか，という点について，その考察に十分でないものがある．また，$a+b\sqrt{-1}$ の‘+’と(2°)において定義される‘+’との間に，いささかの混同がないではない．

しかしながら，何よりも，まず，‘虚数’が単なる記号的表現にすぎず，その性格はわれわれが規定するものであると認識して，その神秘性を払拭し去ったことは画期的な業績といわなければならないであろう．

'虚数は数であるか'. それは，虚数が種々のことがらに利用してはなはだ価値あることを見出した十八世紀の人々が直面したところの，重大な問題であった．しかし，それは，'筏（いかだ）は船であるか' という質問によく類似している．'船'という観念が漠としている間は，これについてのいかなる答も神秘的たらざるを得ないであろう．

論理的に話を進めるためには，用いられる言葉の内容をはっきり規定して，人ごとに意見の分かれないようにすべきであるという例の立場からすれば，'数とは何ぞや'という問題には，われわれ自らが答えなくてはいけないのである．数とは，与えられたものではなく，人間が作っていくところのものである——このコーシの立場は，直接にかの公理主義へとつながるものを持っているといえるであろう．

虚数の構成

6. ハミルトン (Hamilton, 1805-1865)，グラスマン (Grassmann, 1809-1877) らは，コーシの考え方の不徹底の点を修正して，厳密な虚数論を展開した．以下に，それを述べよう．

まず，実数の対 (a, b) をすべて考え，これを天降りに **'複素数'** と呼ぶ．これをコーシ流に $a+b\sqrt{-1}$ と書いても別条はないのであるが，この '+' という記号や，$b\sqrt{-1}$ に含まれる乗法の観念が，新しく定義される '+' や '×'

と混同されないために，そのような方法をとるのである．

このような'記号的表現'の間に，次のような仕方で相等および四則を定義する：

(1°)　$(a, b)=(c, d)$ とは $a=c, b=d$ なることを意味する．

(2°)　$(a, b)\pm(c, d)=(a\pm c, b\pm d)$

(3°)　$(a, b)(c, d)=(ac-bd, ad+bc)$

(4°)　$\dfrac{(a, b)}{(c, d)}=\left(\dfrac{ac+bd}{c^2+d^2}, \dfrac{bc-ad}{c^2+d^2}\right)$　$(c^2+d^2\neq 0$ とする$)$

われわれは，このようにして'創造された数'が，実際'複素数'ないしは'虚数'と呼ばれるにふさわしいものかどうかを調べてみなくてはならない．

初めに，$(a, 0)$ のように，組み合わされる実数のうちのあとのほうが0になったところの，特別の複素数を考えてみる．しからば，定義よりただちに

$(a, 0)+(b, 0)=(a+b, 0)$

$(a, 0)-(b, 0)=(a-b, 0)$

$(a, 0)(b, 0)=(ab, 0)$

$\dfrac{(a, 0)}{(b, 0)}=\left(\dfrac{a}{b}, 0\right)$　$(b\neq 0$ とする$)$

が知られる．これは，$(a, 0)$ という形の複素数同士を加えたり，引いたり，掛けたり，割ったりするには，$(\ ,0)$ という記号を無視して，a とか b のみに注目し，それにただそのような操作を施せばよいということを示すにほかならない．つまり，$(a, 0)$ という形の複素数は実数 a とまった

く同じ機能を持つことが確かめられたわけである.

このことから，われわれは，$(a, 0)$ と a とを同じものと見なし，前者を単に a と書いてもさしつかえはないであろう．しかして，このようにすれば，複素数は実数をその特別な場合として含んでいる，ということができる.

7. さて，一般に，四則について自由自在な計算が可能であるためには，次の九個の法則が成り立てば十分であることが知られている．複素数は，これをすべて α, β, γ などで示すことにする：

(i) $\alpha+\beta=\beta+\alpha$

(ii) $(\alpha+\beta)+\gamma=\alpha+(\beta+\gamma)$

(iii) $\alpha+0=0+\alpha=\alpha$ （ただし $(0, 0)=0$）

(iv) $(\beta-\alpha)+\alpha=\beta$

(v) $\alpha\beta=\beta\alpha$

(vi) $(\alpha\beta)\gamma=\alpha(\beta\gamma)$

(vii) $\alpha 1=1\alpha=\alpha$ （ただし $(1, 0)=1$）

(viii) $\alpha\neq 0$ ならば

$$\alpha\cdot\frac{\beta}{\alpha}=\beta$$

(ix) $\alpha(\beta+\gamma)=(\beta+\gamma)\alpha=\alpha\beta+\alpha\gamma$

これらがすべて成り立つことは，いちいち当たってみれば明らかであろう．たとえば，(iv) および (viii) は次のようにして確かめられる：

(iv) $\alpha=(a, b)$, $\beta=(c, d)$ とすれば

$$(\beta-\alpha)+\alpha = \{(c, d)-(a, b)\}+(a, b)$$
$$= (c-a, d-b)+(a, b)$$
$$= (c, d)$$
$$= \beta$$

(viii)　同じく $\alpha=(a, b)$, $\beta=(c, d)$ とすれば

$$\alpha\cdot\frac{\beta}{\alpha} = (a, b)\frac{(c, d)}{(a, b)}$$
$$= (a, b)\left(\frac{ac+bd}{a^2+b^2}, \frac{ad-bc}{a^2+b^2}\right)$$
$$= \left(\frac{a^2c+abd}{a^2+b^2}-\frac{abd-b^2c}{a^2+b^2},\right.$$
$$\left.\frac{abc+b^2d}{a^2+b^2}+\frac{a^2d-abc}{a^2+b^2}\right)$$
$$= (c, d)$$
$$= \beta$$

すなわち，かくして，複素数の間には，自由に普通の四則の計算が遂行され得ることになるわけである．

ところで，いま，$(0, 1)$ という複素数を二乗してみよう：

$$(0, 1)^2 = (0, 1)(0, 1) = (-1, 0) = -1$$

すなわち，この数は二乗すると，-1 になるのであって，かの問題の数 $\sqrt{-1}$ の性質をよく備えている．よって，便宜上，われわれは，これを $\sqrt{-1}$ と書くことに規約する*．

しかるときは，任意の複素数 $\alpha=(a, b)$ は

---

* これを i と書くことも多い．

$$(a, b) = (a, 0)+(0, b) = (a, 0)+(b, 0)(0, 1)$$
$$= a+b\sqrt{-1}$$

と書けることになり，前に述べた'虚数'の形が，ここに正当な根拠をもって現われてくる．

以上によってみれば，われわれが上に定義した複素数が，かの虚数とまったく一致する性質を持つものであることは明らかである．したがって，結局，ここに虚数の創造は成功をみたということができるであろう．

8. 前に述べたガウスは，種々の方面，とくに整数論上の重要な研究において虚数を用いたが，その内容をそれがために誤解されることのないようにとの目的から，虚数をば目に見えるものにしようと努力した．

彼の採用した方法は別にむずかしいものではなく，ただ
$$a+b\sqrt{-1}$$
をば，平面上の (a, b) という座標を持った点でもって表現しよう，という原理に基づいている．

このようにすれば，すべての実数は x-軸上に現われ，$\sqrt{-1}$ は y-軸上 $(0, 1)$ の点で表現されることになるわけである．

これは，彼の発明にかかるものではないが，彼は，その効用を十分に認識し，それを

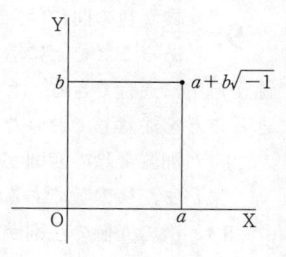

強調したのであった．実際，これは，彼のいうとおり，複素数について議論する際，非常に有効に用いられる方法である．平面の上を，このように複素数表現の場所として考えた場合，これを '**ガウス平面**' と呼ぶ習慣である．

さて，これはちょっと横道へそれることであるが，コーシやガウスは，複素数の集まりの上で定義され，複素数の値をとる函数を考えると，今まで解析学の奥にひそんでいて見えなかった事実が新たに明るみに持ち出されることを知った．また，そのような函数の中には，きわめて美しい性質を持つ一群のあることをも見出していた．それらの知識は，のちに，リーマン，ワイエルシュトラス（Weierstrass, 1815-1897）らの手によって，'複素函数論' と呼ばれる新分野に育て上げられることとなったのである．

こうなってくると，虚数はもはや '虚' 数どころではないというべきであろう．

'体' の概念

9. 複素数の間には，加減乗除の自由な計算が可能であることを上に示したが，その際，その '加減乗除が自由に遂行できる' という事実が，次のように表現できることを注意しておいた：

（Ⅰ）　加減乗除の四則が定義され，その算法を施した結果がまた複素数である．

（Ⅱ）　次の九個の法則が成立する：

(1) $\alpha+\beta=\beta+\alpha$

(2) $(\alpha+\beta)+\gamma=\alpha+(\beta+\gamma)$

(3) $\alpha+0=0+\alpha=\alpha$

(4) $(\beta-\alpha)+\alpha=\beta$

(5) $\alpha\beta=\beta\alpha$

(6) $(\alpha\beta)\gamma=\alpha(\beta\gamma)$

(7) $\alpha 1=1\alpha=\alpha$

(8) $\alpha\dfrac{\beta}{\alpha}=\beta$ ($\alpha\neq 0$ とする)

(9) $\alpha(\beta+\gamma)=(\beta+\gamma)\alpha=\alpha\beta+\alpha\gamma$

ところで，このように'四則が自由に遂行できる'ような数の範囲は，他にもたくさん存在する[*]．実数がその一例である．0および正負の分数は'**有理数**'といわれるが，この有理数全体も同じ性質を持っている．まず，有理数に四則算法を施した結果がまた有理数であることは，次のようにして知られる：

$$\frac{n}{m}\pm\frac{n'}{m'}=\frac{m'n\pm mn'}{mm'}$$

$$\frac{n}{m}\cdot\frac{n'}{m'}=\frac{nn'}{mm'}$$

$$\frac{\dfrac{n}{m}}{\dfrac{n'}{m'}}=\frac{m'n}{mn'}$$

---

[*] そのとき，(I)に相当する性質は，もちろん，'その範囲の数に加減乗除を施したものはまたその範囲の数である'というふうになるわけである．

また，有理数間のこれらの四則が(II)の法則をすべて成り立たせることは明らかであろう．

さらに，次のような例もある．すなわち，有理数 a, b をとってきて

$$a+b\sqrt{2}$$

という形に書けるような数の全体は，やはり同じ性質を持っている．(II)は明らかであろうが，(I)に相当する性質，すなわち，これらに加減乗除を施したものはやはり同じ形の数である，ということも，次のようにして確かめられる：

$$(a+b\sqrt{2})\pm(a'+b'\sqrt{2}) = (a\pm a')+(b\pm b')\sqrt{2}$$

$$(a+b\sqrt{2})(a'+b'\sqrt{2}) = aa'+(a'b+ab')\sqrt{2}+bb'\sqrt{2}^2$$
$$= (aa'+2bb')+(a'b+ab')\sqrt{2}$$

$$\frac{a+b\sqrt{2}}{a'+b'\sqrt{2}} = \frac{(a+b\sqrt{2})(a'-b'\sqrt{2})}{(a'+b'\sqrt{2})(a'-b'\sqrt{2})}$$

$$= \frac{aa'+(a'b-ab')\sqrt{2}-bb'\sqrt{2}^2}{a'^2-b'^2\sqrt{2}^2}$$

$$= \frac{aa'-2bb'}{a'^2-2b'^2}+\frac{a'b-ab'}{a'^2-2b'^2}\sqrt{2}$$

また，'数'の範囲でなくとも，たとえば

$$\frac{ax^m+bx^{m-1}+\cdots+c}{a'x^n+b'x^{n-1}+\cdots+c'}$$

という形をした，いわゆる **'分数式'** の全体は，やはり自由に加減乗除の遂行できる範囲をなしている．それは，いちいちためしてみれば明らかであろう．

一般に, このように, 四則算法が自由自在に遂行できるような数, あるいは式の範囲は '**体**'* を形づくると称えられる. すなわち, 有理数全体も, 実数全体も分数式全体も, さらにまた

$$a+b\sqrt{2}$$

という形の数全体も, すべて '体' を形づくるわけである.

これに反し, 自然数全体は体を作らない. なぜなら, 一般に, 自然数の差は自然数ではないからである:

$$1-3 = -2$$

また, **整数**** 全体も体を作らない. なぜなら, 一般に, 整数の商は整数ではないからである:

$$1\div 3 = \frac{1}{3}$$

代数学の基本定理

10. われわれは, 複素数の概念を確立することができた. 前にも述べたように, それによって, 実数を係数とする二次方程式

$$x^2+ax+b = 0$$

は, すべて二つの根

$$\frac{-a+\sqrt{a^2-4b}}{2}, \quad \frac{-a-\sqrt{a^2-4b}}{2}$$

---

* 原語は 'Körper (独)'.
** 0, ±1, ±2, …というような数.

を持つことになる．すなわち，もし
$$a^2-4b \geqq 0$$
ならば，それらは実数であり，
$$a^2-4b < 0$$
ならば，それらは
$$\left(-\frac{a}{2}\right)+\frac{\sqrt{4b-a^2}}{2}\sqrt{-1}, \quad \left(-\frac{a}{2}\right)-\frac{\sqrt{4b-a^2}}{2}\sqrt{-1}$$
という複素数である．

さりながら，ここに一つの不安が残されている．つまり，これでなるほど実数を係数とする二次方程式は根を持つことがわかったが，今度は複素数を係数とする二次方程式を考えた場合，またもや同じ事態が起って，数の範囲をさらに拡げないと根がない，ということになるのではあるまいか．

しかし，実はそれは杞憂にすぎないのであって，二次はおろか，三次でも四次でも，一般に何次の方程式でも，係数が複素数であれば，必ず複素数の根を持つことが知られているのである．すなわち，このことに関し，ガウスは次の定理を証明した：

'係数 $\alpha, \beta, \cdots, \gamma$ が複素数であるような方程式

(1) $\qquad x^n + \alpha x^{n-1} + \beta x^{n-2} + \cdots + \gamma = 0$

は，少なくとも一つ複素数の根を有する'*.

---

* いうまでもないが，$\alpha, \beta, \cdots, \gamma$ が実数であるような場合はこの定理の特別の場合と考えられる．実数は特別な複素数だからである．

これは，彼の学位論文の内容をなすものであり，現在でも **'代数学の基本定理'** と呼ばれて重要視される．

この定理によれば，n 次の方程式(1)は常に n 個の複素数の根を持つことを確かめることができる．それを説明しよう．

まず，(1)の一根を θ_1 とする．しかして
$$x^n + \alpha x^{n-1} + \beta x^{n-2} + \cdots + \gamma$$
なる式を，$x - \theta_1$ で割り，その商を $x^{n-1} + \alpha' x^{n-2} + \cdots + \gamma'$，剰余を R とする：

$$x^n + \alpha x^{n-1} + \beta x^{n-2} + \cdots + \gamma$$
$$= (x - \theta_1)(x^{n-1} + \alpha' x^{n-2} + \beta' x^{n-3} + \cdots + \gamma') + R$$

ここで，$x = \theta_1$ と置けば，左辺および右辺第一項は 0 となるから
$$R = 0$$
すなわち
$$x^n + \alpha x^{n-1} + \beta x^{n-2} + \cdots + \gamma$$
$$= (x - \theta_1)(x^{n-1} + \alpha' x^{n-2} + \beta' x^{n-3} + \cdots + \gamma')$$
を得る．

これは，複素数係数の n 次式が常に一次式の因数を持つことを示している．この性質を今度
$$x^{n-1} + \alpha' x^{n-2} + \beta' x^{n-3} + \cdots + \gamma'$$
に適用すると，
$$x^{n-1} + \alpha' x^{n-2} + \beta' x^{n-3} + \cdots + \gamma'$$
$$= (x - \theta_2)(x^{n-2} + \alpha'' x^{n-3} + \cdots + \gamma'')$$
となるから，

$$x^n + \alpha x^{n-1} + \beta x^{n-2} + \cdots + \gamma$$
$$= (x - \theta_1)(x - \theta_2)(x^{n-2} + \cdots + \gamma'')$$

以下同様に進めば，結局，最後には

$$x^n + \alpha x^{n-1} + \beta x^{n-2} + \cdots + \gamma = (x - \theta_1)(x - \theta_2) \cdots (x - \theta_n)$$

が得られる．ゆえに，(1)は

$$\theta_1, \theta_2, \cdots, \theta_n$$

という n 個の根を持つことが知られたわけである．

'代数的解法' について

11. 二次方程式
$$x^2 + ax + b = 0$$
の根の公式は，何度も述べたように
$$\frac{-a \pm \sqrt{a^2 - 4b}}{2}$$
である．また，十六世紀，フェロ (Ferro, 1465-1526)，タルタリア (Tartaglia, 1499-1557)，カルダノらによって見出されたところの，三次方程式
$$x^3 + ax^2 + bx + c = 0$$
の根の公式は次のようなものである：

$$x = \sqrt[3]{\frac{-\left(\frac{2}{27}a^3 - \frac{1}{3}ab + c\right) + \sqrt{\left(\frac{2}{27}a^3 - \frac{1}{3}ab + c\right)^2 + \frac{4}{27}\left(b - \frac{a^2}{3}\right)^3}}{2}}$$

$$+\sqrt[3]{\frac{-\left(\frac{2}{27}a^3-\frac{1}{3}ab+c\right)-\sqrt{\left(\frac{2}{27}a^3-\frac{1}{3}ab+c\right)^2+\frac{4}{27}\left(b-\frac{a^2}{3}\right)^3}}{2}}$$

$$-\frac{a}{3}$$

または

$$\omega\sqrt[3]{\frac{-\left(\frac{2}{27}a^3-\frac{1}{3}ab+c\right)+\sqrt{\left(\frac{2}{27}a^3-\frac{1}{3}ab+c\right)^2+\frac{4}{27}\left(b-\frac{a^2}{3}\right)^3}}{2}}$$

$$+\omega^2\sqrt[3]{\frac{-\left(\frac{2}{27}a^3-\frac{1}{3}ab+c\right)-\sqrt{\left(\frac{2}{27}a^3-\frac{1}{3}ab+c\right)^2+\frac{4}{27}\left(b-\frac{a^2}{3}\right)^3}}{2}}$$

$$-\frac{a}{3}$$

または

$$\omega^2\sqrt[3]{\frac{-\left(\frac{2}{27}a^3-\frac{1}{3}ab+c\right)+\sqrt{\left(\frac{2}{27}a^3-\frac{1}{3}ab+c\right)^2+\frac{4}{27}\left(b-\frac{a^2}{3}\right)^3}}{2}}$$

$$+\omega\sqrt[3]{\frac{-\left(\frac{2}{27}a^3-\frac{1}{3}ab+c\right)-\sqrt{\left(\frac{2}{27}a^3-\frac{1}{3}ab+c\right)^2+\frac{4}{27}\left(b-\frac{a^2}{3}\right)^3}}{2}}$$

$$-\frac{a}{3} \quad\quad\text{ただし}\quad \omega=\frac{-1+\sqrt{3}\sqrt{-1}}{2}$$

ここで注意すべきは，これらの公式が，一般方程式の係数 a, b あるいは a, b, c，および幾つかの定まった複素数，

すなわち，2, 4, ω, $\dfrac{2}{27}$ などから，

$$+, \quad -, \quad \times, \quad \div, \quad \sqrt{}, \quad \sqrt[3]{}, \quad \cdots$$

なる，いわゆる **'代数的演算'** によって組み立てられているということである．

　一般に，このような根の公式が見出された場合，その次数の方程式は **'代数的に解ける'** と称えられる．'根' というのは，いうまでもなく，方程式の 'x' のところに代入したとき 0 になるものにほかならないから，上のことをもう一度はっきり言い直せば次のようになるであろう：

　'一般方程式の係数，および幾つかの複素数から，代数的演算によって式を作り，それを方程式に代入したとき 0 になるようにできたならば，その次数の方程式は代数的に解けた，といわれる'．

　二次方程式や三次方程式は **'代数的に解ける'** わけである．また，フェラリ（Ferrari, 1522-1565）は，四次方程式が代数的に解けることを証明している．

　ところで，この '代数的に解ける' ということと，'根がある' ということとはまったく別物であることを忘れてはならない．いかにも '代数学の基本定理' は，すべての方程式が '根を持つ' ということを主張してはいるが，それは何も方程式が代数的に解けたことを指しているのではないのである．

　その間の事情は，ちょうど '宝捜しの競技' と同じである，とでもいったら，よほどはっきりしてくるのではないかと思われる．

宝がどこかに'ある'ことは間違いない．しかし，それが許された手段によって，すなわち，たとえば係員を買収したりなどしないで'捜し出せる'かどうかは，また別の話である．それとまったく同様に，根はたしかに'ある'．しかし，それが'代数的演算'という許された手段によって'捜し出せる'かどうか，ということになると，これは別の問題なのである．

12. それでは，さらに進んで五次方程式，六次方程式等々の'代数的解法'はどうなるのであろうか．

三次方程式，四次方程式に対する成功以来，代数学の焦点は，もっぱらそのようなものへと移っていったのであった．代数学を志すものは，おそらくこぞってその目標に立ち向かったことであろう．

ところが，不幸なことに，そのようなものの根の公式は何としてもこれを見出すことができず，ついに十九世紀までむなしく過ぎることになってしまった．

しまいには，この問題があまりにも難解なために，'あれに取りつくと命取りになる'という風潮が現われ，数学者たちは，有為な新進学徒たちをば，これから極力遠ざけようとした形跡すら見られないではない．

しかるに，最後に告げられた結果は意外なものであった．すなわち，青年アーベル（Abel, 1802-1829）は，先輩の忠告をもかえりみず，この問題に没入し，ついに
　　　'五次以上の方程式は代数的に解けない'

という不遜な命題を樹立してしまったのである.

彼は,その結果を当時の大御所ガウスに書き送ったが,その表題が'代数方程式に関する論——五次の一般方程式を解くことが不可能であることの証明'となっていたために,相手にされず,たいへんガウスを恨んだとい

アーベル

う挿話が伝えられている.いうまでもなく,これは,'五次の一般方程式を解く……'という際,'代数的に'という形容辞を彼が落したことに起因している.

さらに,'天才児'といわれるガロア (Galois, 1811-1832) は,画期的な方法によって,おなじく

'五次以上の方程式は代数的に解けない'

という結果に到達し,それを,決闘によってたおれる前夜,親友に書きのこしたのであった.

ところで,ここに十分注意する必要のあるのは,彼等の結果は,何も'すべての'五次方程式,'すべての'六次方程式が四則と根号:$\sqrt{}$, $\sqrt[3]{}$, $\sqrt[4]{}$, …によって解くことができないなどということを主張しているのではない,とい

うことである.たとえば,
任意の a に対して
$$x^5 - ax^4 - 7ax^3 + 7a^2x^2 - 8a^2x + 8a^3 = 0$$
という方程式は
$$(x-a)(x^2+a)(x^2-8a) = 0$$
のように変形されるから,
　　$x = a$ または $\pm\sqrt{-a}$
　　　　または $\pm\sqrt{8a}$
と,これをたしかに四則と
根号で解くことができる.

ガロア

彼等は,かようなことまでをも否定するのではなく,係数の特異性をまったく除き去ったところの,いわゆる'一般方程式':
$$x^5 + ax^4 + bx^3 + cx^2 + dx + e = 0$$
をば四則と根号で解くことができない,ということ,言い換えれば,すべての方程式に通用する'根の公式'を見出すことができない,ということを主張しているのである.

13. アーベル,ガロアの考え方の要点は,これを現代的にいえば,根を表わす公式が存在し得るかどうかという問題を,かの'体'の概念を用いた言葉に翻訳するにある.

まず，二次方程式と三次方程式とについて，これを説明してみよう．

二次方程式

(1) $$x^2+ax+b=0$$

の根の公式は

$$\frac{-a\pm\sqrt{a^2-4b}}{2}$$

である．ここで，次のような三つの'体'を作ってみよう：

(Ⅰ) 複素数全体の体．これを K と書く．

(Ⅱ) K の成員，すなわち任意の複素数と記号 a, b とから四則によって作られる式，たとえば

$$a^2+b^2+3,\ a^2-\frac{3}{b},\ \frac{1}{a-b}$$

のようなもの全体は，明らかに一つの体を形づくる．これを K_1 と置く．

(Ⅲ) $$\theta = a^2-4b$$

と置けば，これは，K の成員である 4 と a, b とに四則算法を施して得られる式だから，たしかに K_1 の成員である．いま，

$$\sqrt{\theta}$$

という式を作り，これと K_1 の成員とから四則算法によってできる式全体を考えれば，これもまた体を形づくる．これを K_2 と置く．

しからば，当然

$$\frac{-a+\sqrt{a^2-4b}}{2} = \frac{-a+\sqrt{\theta}}{2}$$

$$\frac{-a-\sqrt{a^2-4b}}{2} = \frac{-a-\sqrt{\theta}}{2}$$

は K_2 の成員である．これは，K_2 という体が(1)の根を含むということにほかならない．

14. 三次方程式

$$x^3+ax^2+bx+c = 0$$

は，前に述べたところによれば

$$\sqrt[3]{\frac{-\left(\frac{2}{27}a^3-\frac{1}{3}ab+c\right)+\sqrt{\left(\frac{2}{27}a^3-\frac{1}{3}ab+c\right)^2+\frac{4}{27}\left(b-\frac{a^2}{3}\right)^3}}{2}}$$

$$+\sqrt[3]{\frac{-\left(\frac{2}{27}a^3-\frac{1}{3}ab+c\right)-\sqrt{\left(\frac{2}{27}a^3-\frac{1}{3}ab+c\right)^2+\frac{4}{27}\left(b-\frac{a^2}{3}\right)^3}}{2}}$$

$$-\frac{a}{3}$$

などという根の公式を持っていた．これについても，上と同様，次のような操作を進める．以下，一つの体 L の成員と，$x, y, z, \cdots$ 等というものとから四則算法によってできる式全体によって形づくられる体をば，'L と $x, y, z, \cdots$ とからできる体' ということにしよう．

（Ⅰ） 複素数全体の体．これを K と書く．

（Ⅱ） K と記号 a, b, c とからできる体を K_1 とする．

(Ⅲ) $\theta_1 = \left(\dfrac{2}{27}a^3 - \dfrac{1}{3}ab + c\right)^2 + \dfrac{4}{27}\left(b - \dfrac{a^2}{3}\right)^3$

は K_1 の成員である．ここで
$$\sqrt{\theta_1}$$
を考え，K_1 と $\sqrt{\theta_1}$ とからできる体を K_2 とする．

(Ⅳ) $\theta_2 = \dfrac{-\left(\dfrac{2}{27}a^3 - \dfrac{1}{3}ab + c\right) + \sqrt{\theta_1}}{2}$

と置けば，これは K_2 の成員である．K_2 と $\sqrt[3]{\theta_2}$ とからできる体を K_3 とする．

(Ⅴ) $\theta_3 = \dfrac{-\left(\dfrac{2}{27}a^3 - \dfrac{1}{3}ab + c\right) - \sqrt{\theta_1}}{2}$

は K_2 の，したがってまた K_3 の成員である．K_3 と $\sqrt[3]{\theta_3}$ とからできる体を K_4 とする．

しからば，当然

$$\sqrt[3]{\dfrac{-\left(\dfrac{2}{27}a^3 - \dfrac{1}{3}ab + c\right) + \sqrt{\left(\dfrac{2}{27}a^3 - \dfrac{1}{3}ab + c\right)^2 + \dfrac{4}{27}\left(b - \dfrac{a^2}{3}\right)^3}}{2}}$$

$$+ \sqrt[3]{\dfrac{-\left(\dfrac{2}{27}a^3 - \dfrac{1}{3}ab + c\right) - \sqrt{\left(\dfrac{2}{27}a^3 - \dfrac{1}{3}ab + c\right)^2 + \dfrac{4}{27}\left(b - \dfrac{a^2}{3}\right)^3}}{2}}$$

$$- \dfrac{a}{3} = \sqrt[3]{\theta_2} + \sqrt[3]{\theta_3} - \dfrac{a}{3}$$

は K_4 の成員である．

15.

上の二つの例からもはや明らかであろうが、'根の公式' というものの性格から、方程式

(1) $\quad x^n + ax^{n-1} + bx^{n-2} + \cdots + c = 0$

に '根の公式' があれば、すなわちそれが '代数的に解ければ'、一般に次のようなことがいえるのである。

複素数全体の体 K と、(1) の係数を表わす記号 $a, b, \cdots, c$ とからできる体 K_1 から出発して、以下のような操作を行う：

まず、K_1 の中から θ_1 をとって

$\quad \sqrt[\alpha]{\theta_1} \quad$ (α は 2, 3, 4, … のような数)

を作り、K_1 と $\sqrt[\alpha]{\theta_1}$ とからできる体 K_2 を考える。次に、K_2 の中から θ_2 をとって

$\quad \sqrt[\beta]{\theta_2} \quad$ (β は 2, 3, 4, … のような数)

を作り、K_2 と $\sqrt[\beta]{\theta_2}$ とからできる体 K_3 を考える。以下同様。

しからば、このようにして何回かののちに得られた体 K_m の中に (1) の根がはいってくるようなそういう操作の進め方がなければならない。言い換えれば、もし (1) が代数的に解けるならば、'適当に' 上のような操作を繰り返すことによって、何回目かの体の中に (1) の根を含ませることができる、というわけである。

上の二次方程式、三次方程式の例が、そのような操作の進め方を示すものであることはいうまでもあるまい。

ところで、最も重要なことは、この '逆' がまた成り立つということである。

まず，K_1 の成員は，K の成員と $a, b, \cdots, c$ とから四則によって構成された式である．

　次に K_2 は，K_1 の成員と，K_1 の成員である θ_1 から作られた

$$\sqrt[\alpha]{\theta_1}$$

なる式とに，四則を施して得られたものからできている．ゆえに，ここで，K_1 の成員がどのようなものであったか，ということを考慮に入れれば，K_2 の成員は，すべて，K の成員と $a, b, \cdots, c$ とから

$$+, \ -, \ \times, \ \div, \ \sqrt{\ }, \ \sqrt[3]{\ }, \ \cdots$$

という算法によって構成されていることがわかるであろう．同様のことは，K_3 に対しても，K_4 に対しても，結局，作られてゆくすべての体に対して成立するはずである．

　よって，ここに，もし

$$K_1, \ K_2, \ \cdots, \ K_m, \ \cdots$$

と作っていったとき，何回目かの体の中に(1)の根が含まれてきたならば，その根もまた，K の成員，すなわち幾つかの複素数と $a, b, \cdots, c$ とから

$$+, \ -, \ \times, \ \div, \ \sqrt{\ }, \ \sqrt[3]{\ }, \ \cdots$$

なる算法によって構成されなくてはいけない，ということになってくる．これは，(1)が'根の公式'を持つ，ということにほかならないであろう．

　つまり，(1)が'代数的に解ける'，すなわち'根の公式を持つ'ということと，K_1 から始めて

$$K_1, \ K_2, \ \cdots, \ K_m, \ \cdots$$

という体の系列を適当に作ったとき，何回目かの体の中に(1)の根がはいってくる，ということとはまったく同意義なのである．

16. 何度も述べたように，方程式
 (1)　　$x^n + ax^{n-1} + bx^{n-2} + \cdots + c = 0$
が代数的に解ければ，その根は複素数と係数を表わす記号：$a, b, \cdots, c$ とから，算法
$$+, \; -, \; \times, \; \div, \; \sqrt{}, \; \sqrt[3]{}, \; \cdots$$
を用いて組み立てられた式で与えられる．しかして，(1) の $a, b, \cdots, c$ のところに特定の値を代入して得られる'個々の'方程式に対する値を求めたいときは，その公式における $a, b, \cdots, c$ の場所に，その特定の係数を代入すればよいわけである．

ところで，(1) が代数的に解けようと解けまいと，個々の方程式は，ガウスの定理によって n 個の根を持つことはわかっている．そして，それは，$a, b, \cdots, c$ に代入される特定の値が変われば一般に変わるであろう．

したがって，それが
$$+, \; -, \; \times, \; \div, \; \sqrt{}, \; \sqrt[3]{}, \; \cdots$$
のようなもので組み立てられるかどうかということは別問題として，ともかくも，(1) の根が $a, b, \cdots, c$ という記号から定まるその定まり方を表わす'式'を想像することはできるわけである．その'式'を
$$\alpha_1, \alpha_2, \cdots, \alpha_n$$

と記そう．これらは，当然，(1)を満足している：
$$\alpha_i^n + a\alpha_i^{n-1} + b\alpha_i^{n-2} + \cdots + c = 0 \quad (i=1, 2, \cdots, n)$$
複素数の体 K と，この n 個の式：$\alpha_1, \alpha_2, \cdots, \alpha_n$ とからできる体を K^* としておく．

さて，(1)が代数的に解ければ，前節に述べたことから，適当に
$$K_1, K_2, \cdots, K_m, \cdots$$
のように体の系列を作っていって，ある K_m の中に $\alpha_1, \alpha_2, \cdots, \alpha_n$ のすべてが含まれるようにできるはずである．ところで，もし，かりにこのようにできたとすれば，K の成員と $\alpha_1, \alpha_2, \cdots, \alpha_n$ とから四則によって作られる式も，すべて，また，その K_m の中にはいっていなくてはならないであろう．K_m は，その中だけで四則が自由にでき，K の成員も $\alpha_1, \alpha_2, \cdots, \alpha_n$ も，すべてその中に含まれているからである．すなわち，この場合，K^* 全体が K_m の中に，その一部分としてはいってしまうわけである．

逆に，この K^* という体が，ある K_m にその一部分として含まれるならば，この K^* の中に $\alpha_1, \alpha_2, \cdots, \alpha_n$ が全部はいっているのであるから，K_m にもそれらがはいることになり，したがって，(1)が代数的に解けるということになってくる．

してみれば，(1)が代数的に解けるかどうか，ということは，K^* という体が
$$K_1, K_2, \cdots, K_m, \cdots$$
という適当な系列の中のある体に，その一部分としてすっ

かりはいってしまうかどうか，で判断できることになるであろう．

K^* という体は，K と(1)の根:

$$\alpha_1, \alpha_2, \cdots, \alpha_n$$

とからできる体であるから，いわば，最もよく(1)という方程式の性格を反映する領域であるということができる．

このようにして，(1)が代数的に解けるか否かという問題は，この K^* という体の性格，ないしは構造追求の問題に帰着されることにもなるわけである．

以上は，アーベル，ガロアの考え方の筋道をいささか現代化して述べたものであるが，彼等は，いわば，このような方向から，五次以上の方程式の代数的に解けないことを証明したのであった．

彼等の考え方の間には相違がなかったわけではなく，ある意味では，ガロアの見地のほうがより強力かつ革新的であったということができる．

しかし，ここでは，以上のごとく，その証明の'方針'の一半を記すにとどめ，細部に立ち入ることはこれを省略する．

二つの体の間の次数

17. 有理数全体の体 R は，実数全体の体 L の一部分であり，この L はまた複素数全体の体 K の一部分である．

以下，この '**一部分**' ということに関連する一つの重要な概念を述べておく．

前にも詳しく説明したように，任意の複素数は，α, β を実数として
$$\alpha + \beta\sqrt{-1}$$
のように表わすことができる．しかも，この際，違う複素数は違う形に表わされるのであった．

これは，換言すれば，K という体の任意の成員 a が，1, $\sqrt{-1}$ という特別の K の成員を '単位' として，L の成員を係数とする和：
$$\alpha \cdot 1 + \beta \cdot \sqrt{-1}$$
の形に，しかも 'ただ一通り' に表わされるということにほかならない．

このように，一般に，K_1 という体[*]が，K_2 という体の一部分であって，K_2 の幾つかの，たとえば n 個の成員
$$a_1, a_2, \cdots, a_n$$
を '単位' にとれば，K_2 の任意の成員が
$$\alpha_1 a_1 + \alpha_2 a_2 + \cdots + \alpha_n a_n \quad (\alpha_1, \cdots, \alpha_n \text{ は } K_1 \text{ の成員})$$
のようにただ一通りに表わされるとき，'**K_1 と K_2 との間の次数は n である**' と称える．

すなわち，実数の体 L と複素数の体 K との間の次数は 2 となっているわけである．

この '次数' の概念をめぐる主要な性質を説明しよう．

---

[*] 前節の K_1 とは別物である．以下同様．

まず，
$$x^2+1$$
という二次式は，ほんとうは
$$(x+\sqrt{-1})(x-\sqrt{-1})$$
のように因数分解できるのであるが，'因数分解するとき，実数しか使ってはいけない'という制限を設けると，上のような仕方はもはや許されない．結局，そのような場合，
$$x^2+1$$
は因数分解できないのである．

ちょうどこのように，
$$x^n+ax^{n-1}+bx^{n-2}+\cdots+c$$
という n 次式が，ある一つの体 K_1 の成員しか用いない，という約束の下で因数分解できないものとしよう．しからば，
$$x^n+ax^{n-1}+bx^{n-2}+\cdots+c = 0$$
という方程式の一つの根 α をとって，K_1 と α とからできる体 K_2 を作れば，K_1 と K_2 との間の次数は n に等しい，ということが知られている．

そもそも，複素数の体 K は，実数の体 L と，方程式
$$x^2+1 = 0$$
の一つの根 $\sqrt{-1}$ とからできる体にほかならない．したがって，上に述べたように，L と K との間の次数は2なのである．

また，次の命題も有用である：K_1 が K_2 の一部分であり，また K_2 が K_3 の一部分であれば，K_1 と K_3 との間の次

数は，K_1 と K_2 との間の次数と K_2 と K_3 との間の次数の積に等しい：

〔K_1 と K_3 との間の次数〕
　＝〔K_1 と K_2 との間の次数〕×〔K_2 と K_3 との間の次数〕

ここでは，簡単のため，K_1 と K_2 との間の次数が2で，K_2 と K_3 との間の次数が3であるような場合について証明を与えておく．一般の場合でも，その方法はまったく同様である：

証明すべきことは，K_1 と K_3 との間の次数が $2\times 3=6$ である，ということにほかならない．まず，K_1 と K_2 との間の次数は2であるから，K_2 の任意の成員は，K_2 の二つの成員 a, b を'単位'として

(1) $\qquad\qquad \alpha a+\beta b \quad (\alpha, \beta \text{ は } K_1 \text{ の成員})$

のようにただ一通りに表わされるはずである．また，K_2 と K_3 との間の次数は3であるから，K_3 の任意の成員は，K_3 の三つの特定の成員 c, d, e を単位として

(2) $\qquad \gamma c+\delta d+\varepsilon e \quad (\gamma, \delta, \varepsilon \text{ は } K_2 \text{ の成員})$

のようにただ一通りに表わされなければならない．

ところで，$\gamma, \delta, \varepsilon$ は K_2 の成員なのであるから，われわれはこれらを当然(1)の形に書き表わすことができるであろう：

$\qquad \gamma = \xi a+\eta b$
$\qquad \delta = \xi' a+\eta' b \quad (\xi, \eta, \xi', \cdots \text{ は } K_1 \text{ の成員})$
$\qquad \varepsilon = \xi'' a+\eta'' b$

いま，これを(2)に代入すれば，結局，K_3 の任意の成員は

$\qquad (\xi a+\eta b)c+(\xi' a+\eta' b)d+(\xi'' a+\eta'' b)e$
$\qquad = \xi ac+\eta bc+\xi' ad+\eta' bd+\xi'' ae+\eta'' be$

という形に表わし得る，という結果になってくる．これを言い換えれば，K_3 の任意の成員は，K_3 の六個の成員：

$\qquad\qquad ac, bc, ad, bd, ae, be$

を単位とし，K_1 の成員を係数とする和の形に表わすことができる，ということにほかならない．

ここで，かような表わし方がただ一通りに限ることを示そう．いま，K_3 の一つの成員 x が

$$\alpha_1 ac + \alpha_2 bc + \alpha_3 ad + \alpha_4 bd + \alpha_5 ae + \alpha_6 be$$

によっても

$$\beta_1 ac + \beta_2 bc + \beta_3 ad + \beta_4 bd + \beta_5 ae + \beta_6 be$$

によっても表わされた，としてみる（ここで，$\alpha_1, \alpha_2, \cdots ; \beta_1, \beta_2, \cdots$ はもちろん K_1 の成員である）．
これは，とりもなおさず，x が

$$(\alpha_1 a + \alpha_2 b)c + (\alpha_3 a + \alpha_4 b)d + (\alpha_5 a + \alpha_6 b)e$$

によっても

$$(\beta_1 a + \beta_2 b)c + (\beta_3 a + \beta_4 b)d + (\beta_5 a + \beta_6 b)e$$

によっても表わされる，ということである*．しかるに，x が c, d, e を単位とし，K_2 の成員を係数とした和の形に表わされる仕方はただ一通りしかあり得ない．よって，上の二つの表わし方における係数はすべて等しくなければならないであろう：

$$\alpha_1 a + \alpha_2 b = \beta_1 a + \beta_2 b$$
$$\alpha_3 a + \alpha_4 b = \beta_3 a + \beta_4 b$$
$$\alpha_5 a + \alpha_6 b = \beta_5 a + \beta_6 b$$

ところで，これらの各式は，K_2 のある成員が a, b を単位として左辺によっても右辺によっても表わされることを意味するにほかならない．よって，その係数は等しくなければならぬ：

$$\alpha_1 = \beta_1, \alpha_2 = \beta_2, \alpha_3 = \beta_3, \alpha_4 = \beta_4, \alpha_5 = \beta_5, \alpha_6 = \beta_6$$

ゆえに，x をば，ac, bc, ad, bd, ae, be を単位として表わす仕方はただ一通りなのである．これで K_1 と K_3 との間の次数が 6 であることが証明された．

なお，上に得られた各単位，たとえば，ac は

---

* $\alpha_1 a + \alpha_2 b$ 等は K_2 の成員である．

(3)　　　$ac = 1 \cdot ac + 0 \cdot bc + 0 \cdot ad + 0 \cdot bd + 0 \cdot ae + 0 \cdot be$

という形に書き表わされている．このことから，これら六個の成員が，どれも，絶対に必要であることが確かめられる．なぜなら，K_3 の成員を表わすのに，たとえば ac が不要であったものとすれば，ac 自身も K_3 の成員である以上，何か

$$ac = \alpha_1 bc + \alpha_2 ad + \alpha_3 bd + \alpha_4 ae + \alpha_5 be$$

$$(\alpha_1, \alpha_2, \cdots, \alpha_5 \text{ は } K_1 \text{ の成員})$$

といったような式すなわち

$$ac = 0 \cdot ac + \alpha_1 bc + \alpha_2 ad + \alpha_3 bd + \alpha_4 ae + \alpha_5 be$$

が成り立たなければならない．

しかるに表わし方は一通りなのであるから，この式の右辺は(3)の右辺と一致するはずである．したがって，右辺における ac の係数を比較すれば，$1=0$ という不合理におちいることになるのである．

作図問題

18. 以上の概念を用いるとき，幾何学の '作図問題' というものがきわめて明快に別の形に翻訳できることを以下に説明する．

ギリシア以来，幾何学における作図の '道具' としては，

(1) 二点を結ぶための **'定規'**

(2) 与えられた中心，与えられた半径をもって円を描くための **'コンパス'**

の二つのみが許されることになっている．

最初に，これだけの道具で，いったいどれくらいのものが描けるかをちょっと分析しておく：

a) **定規一回**　この場合は，二点を通る直線をひくことができる．言い換えれば，二点の座標をそれぞれ (x_1, y_1), (x_2, y_2) とする

とき
$$(x_2-x_1)y-(y_2-y_1)x+x_1y_2-x_2y_1 = 0$$
なる方程式を持つ直線をひくことができる.

b) コンパス一回　この場合，与えられた点を中心，与えられた長さを半径とする円が描ける．言い換えれば，与えられた点の座標を (a, b)，与えられた長さを r とするとき，
$$(x-a)^2+(y-b)^2 = r^2$$
すなわち
$$x^2+y^2-2ax-2by+a^2+b^2-r^2 = 0$$
という方程式を持った円が描ける．ただし，一般に'長さ'というものは，二点間の距離として与えられるから，その点の座標を (c, d), (e, f) とすれば，r は
$$\sqrt{(c-e)^2+(d-f)^2}$$
という形をしているわけである．

c) 定規二回　二つの直線の交わりが求められる．言い換えれば，二直線の方程式を
$$ax+by+c = 0$$
$$a'x+b'y+c' = 0$$
とするとき，その根：
$$x = \frac{bc'-b'c}{ab'-a'b}, \ y = \frac{a'c-ac'}{ab'-a'b}$$
をそれぞれ x-座標，y-座標とする点が求められる．

d) 定規とコンパスおのおの一回ずつ　この場合は直線と円の交点が求められる．それは，直線，円の方程式をそれぞれ
$$ax+by+c = 0$$
$$(x-d)^2+(y-e)^2 = r^2$$
とするとき，この連立方程式の根を座標とする点が求められるということである．このような連立方程式を解くには，次のようにする：まず，第一の方程式から，x を y で表わして

(1) $$x = -\frac{b}{a}y - \frac{c}{a}$$

これを第二の方程式に代入すれば

$$\left(\frac{b}{a}y + \frac{c}{a} + d\right)^2 + (y-e)^2 = r^2$$

これは, y についての二次方程式である. これを解いて(1)に代入すれば, x も求められる.

e) コンパス二回　二つの円の交点が定まる. これも, 上と同様, 与えられた円の方程式を

$$(x-a)^2 + (y-b)^2 = r^2$$
$$(x-c)^2 + (y-d)^2 = s^2$$

とするとき, この連立方程式の根を座標とする点が求められるということにほかならない. この連立方程式は, 括弧を解くと

(2) $$x^2 + y^2 - 2ax - 2by + a^2 + b^2 - r^2 = 0$$
(3) $$x^2 + y^2 - 2cx - 2dy + c^2 + d^2 - s^2 = 0$$

という形である. (2)から(3)を引けば

$$2(c-a)x + 2(d-b)y + a^2 + b^2 + s^2 - c^2 - d^2 - r^2 = 0$$

これと(2), すなわち

$$(x-a)^2 + (y-b)^2 = r^2$$

とを, d)におけるようにして解けばよい.

f) 定規, コンパスをそれ以上用いた場合　その操作を分析すれば, 上のa)からe)までを何回か繰り返しているだけのことにすぎないであろう.

19. 以上の考察で注意すべきは, これらの操作の結果新しく加えられる直線や円の方程式の係数や点の座標が, すべて, それまでにすでに作られているものの方程式の係数や座標から,

$$+, \; -, \; \times, \; \div, \; \sqrt{}$$

なる五つの演算によって得られるものばかりであるということである．すなわち，a), b)において，作られる直線や円の方程式の係数は，すでに知られた点の座標から

$$+, \ -, \ \times, \ \sqrt{}$$

なる四つの演算を施して得られたものである．また，c)で求められる点の座標は，すでに知られた直線の方程式の係数から

$$-, \ \times, \ \div$$

を施して得られている．d)やe)では，作られる点の座標は，その求め方から明らかなように，知られた係数から

$$+, \ -, \ \times, \ \div, \ \sqrt{}$$

のみを用いて作られる．

　一般に，あるものの作図を完了することは，結局，幾つかの'点'を見出すことに帰着せしめられる．たとえば，三角形を作るにはその三つの頂点が知られればよいし，円を作るには，中心とその周上の一点が知られればよい，という具合である．

　ところで，上のことから導かれるのは，もしそれらの点が作図できるものであるならば，それらの座標はすべて，与えられた数，たとえば与えられた直線や円の方程式の係数とか，与えられた点の座標などから

$$+, \ -, \ \times, \ \div, \ \sqrt{}$$

の五つの演算のみを施すことによって得られていなくてはいけない，ということである．

20. 　実は，このことの逆もまた成り立つことが知られている．すなわち，幾つかの与えられた量から，加，減，乗，除，および平方根の五つの演算を施して得られる量は，必ず定規とコンパスでもって作図し得るということが確かめられるのである．

　実際，量の和，差，積，商，および平方根，は次の図のように，簡単にこれを作図することができる．したがって，上のような量

を作るには、これらの操作を、ただ何回か繰り返せばそれでよいわけである．

下の図の初めの四つの作図が、たしかに量の和、差、積、商を与えることは明らかであろう．よって、ここでは、最後の作図法についてのみ、その根拠を説明しておく．

まず、中心 O をもつ円の直径を AB とし、またその周上に一点 C

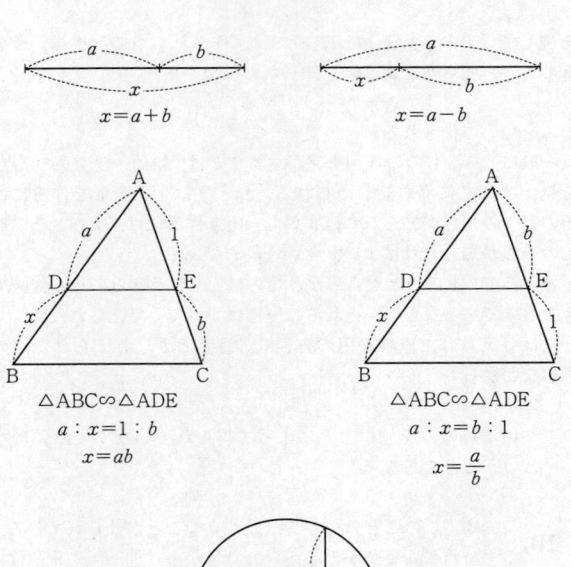

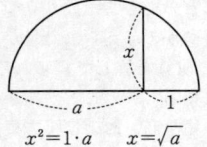

$x = a + b$

$x = a - b$

$\triangle ABC \sim \triangle ADE$
$a : x = 1 : b$
$x = ab$

$\triangle ABC \sim \triangle ADE$
$a : x = b : 1$
$x = \dfrac{a}{b}$

$x^2 = 1 \cdot a \quad x = \sqrt{a}$

をとる．しからば，常に
$$\angle ACB = 直角$$
である．何となれば，OA=OC より
$$\angle CAO = \angle ACO$$
同様にして
$$\angle OCB = \angle OBC$$
しかるに
$$\angle CAO + \angle ACO + \angle OCB + \angle OBC = 2\,直角$$
であるから
$$\angle ACB = \angle ACO + \angle OCB = 直角$$
でなければならないのである．

ここで，C から AB に垂線 CH をひいてみる．

しかるときは
$$\angle ACH + \angle HCB = 直角$$
$$\angle ACH + \angle CAH = 直角$$
よって
$$\angle HCB = \angle CAH$$
同様にして
$$\angle ACH = \angle CBH$$
これより
$$\triangle ACH \backsim \triangle CBH$$
であることが知られる．ゆえに
$$\frac{CH}{AH} = \frac{BH}{CH}$$
すなわち
$$CH^2 = AH \cdot BH$$
である．上の作図法は，この原理に基づくものにほかならない．

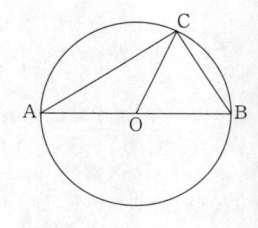

21. 以上によって,定規とコンパスで作図できる量は,必ず,あらかじめ与えられた量に

$$+,\ -,\ \times,\ \div,\ \sqrt{}$$

なる五つの演算を施して得られたものでなくてはならず,逆に,このようなものはすべて,また作図できる,ということがわかった.

このような考察が,前に述べた方程式の解法の考察にたいへんよく似ていることを,すでに見て取られた向きも多いと思われる.

すなわち,以上の考察も,'体'の言葉を用いて,これをごく簡潔に言い表わし得るのである.

まず,あらかじめ与えられた量を

$$a,\ b,\ c,\ \cdots,\ d$$

とする.これらを測る単位は自由に取れるから,たとえば,a は 1 であるとしてもよい.これらのものに四則を施して得られる量の全体が一つの体を形づくるのは明らかであろう.これを K_1 と書くことにする.

この体 K_1 の中には,a すなわち 1 に加減乗除を施して得られる数,すなわち有理数がすべて含まれている.言い換えれば,K_1 は有理数の体 R をその'一部分'として含んでいるわけである.ところで,そうなると,さらにまた K_1 は有理数の体 R と $b,\ c,\ \cdots,\ d$ とからできる体をもすっかり含んでいなくてはいけない,ということになってくる.しかるに,K_1 の成員は,1 と $b,\ c,\ \cdots,\ d$ とから四則によって作られているわけであるから,これらはすべて,R と $b,\ c,\ \cdots,\ d$ とからできる体の成員でもある.よって K_1 は,R と $b,\ c,\ \cdots,\ d$ とからできる体そのものにほかならない,ということがわかるわけである.

さて,一つの量 α が,$a=1,\ b,\ c,\ \cdots,\ d$ から定規とコンパスで作図できる,ということは,もはやくだくだしく説明するまでもなく,次のようにこれを言い表わすことができる:

'α という量がこのように作図できるための必要かつ十分な条件

は，K_1 から θ_1 をとって $\sqrt{\theta_1}$ を作り，K_1 と $\sqrt{\theta_1}$ とからできる体 K_2 を考え，K_2 から θ_2 をとって $\sqrt{\theta_2}$ を作り，K_2 と $\sqrt{\theta_2}$ とからできる体 K_3 を考え，…，というふうに適当に進めば，何回目かの体の中に α が含まれてしまうことである．

この場合注意すべきは，たとえば K_1 から θ_1 をとるとき
$$x^2 - \theta_1$$
という式が，'係数として K_1 の成員のみを許す限り因数分解不可能' としなくては意味がない，ということである．なぜなら，それが，その制限の下にも
$$x^2 - \theta_1 = (x - \sqrt{\theta_1})(x + \sqrt{\theta_1})$$
と因数分解できれば，$\sqrt{\theta_1}$ は K_1 の成員であり，したがって K_1 と $\sqrt{\theta_1}$ とからできる体 K_2 は，K_1 と一致してしまうことになる．これでは，操作を進める意義が失われてしまうであろう．

よって，K_1 と K_2 との間の次数は 2 に等しい．同様にして，K_2 と K_3 との間，K_3 と K_4 との間，…の次数もすべて 2 に等しいと考えられる．このことからまた，K_1 と K_n との間の次数は，K_1 と K_2 との間の次数，K_2 と K_3 との間の次数，…の積として
$$2 \times 2 \times 2 \times \cdots \times 2$$
という形であることが知られる．

22. 古来，次の三つの作図問題は'三大難問'といわれて喧伝されてきた：

(1) 立方倍積問題（デロスの問題）[*]　与えられた立方体の二倍の体積を持つ立方体を作ること．

(2) 円積問題　円と面積の等しい正方形を作ること．

(3) 角の三等分問題　角を三等分する一般的方法を見出すこと．

これらは，平行線問題や五次方程式の解法の問題と同じく，つい

---
[*] 第三章の円錐曲線の項参照．

に最後まで解けず,十九世紀にその不可能であることの証明が得られたものである.

その証明は,いずれも,前節に述べた原則に照らし合わせ,適当に工夫をこらすことによってなし遂げられる.

ここでは,そのうちのデロスの問題について,その不可能の証明を与えてみよう.

まず,もとの立方体の体積を1とする.しからば,問題の求めるのは体積2の立方体であり,それを作ることは,畢竟,その一辺の長さを求めることに帰着する.すなわち,問題は,

$$x^3 = 2$$

の根である $\sqrt[3]{2}$ を,もとの立方体の一辺の長さ1から,加減乗除および開平の五つの演算によって構成することを要求しているわけである.

これは,前節における $a=1, b, c, \cdots, d$ が $a=1$ ただ一つになった特別の場合である.よって,この問題がとけるとすれば,有理数の体 R を K_1 として,例のごとく

$$K_1, K_2, \cdots, K_m, \cdots$$

なる体の系列を作り,ある K_m の中に $\sqrt[3]{2}$ がはいるようにできなければならないことになる.

逆に,また,このようにできれば作図はできるはずである.

23. 最初に
$$x^3 - 2$$
という式は,係数として R の成員,すなわち有理数のみを許す限り,もはや因数分解不可能であることを注意しよう.その理由は次のとおりである:

もし因数分解できるとすれば,それは少なくとも
$$x^3 - 2 = (x - \alpha)(x^2 + \beta x + \gamma)$$
のようにならなくてはいけないであろう.しからば,当然 α は

7. 脱皮した代数学——群, 環, 体——

$$x^3 - 2 = 0$$

の一つの根で，しかも有理数である．ところで，一方，この方程式の根は

$$\sqrt[3]{2},\ \sqrt[3]{2} \times \frac{-1+\sqrt{-3}}{2},\ \sqrt[3]{2} \times \frac{-1-\sqrt{-3}}{3}$$

の三つである*から，この中で α に等しい可能性のあるもの，すなわち実数のもの，といえば $\sqrt[3]{2}$ しかない．しかしながら，この $\sqrt[3]{2}$ は有理数ではあり得ない．そのわけは次のごとくである．まず，それがもし有理数だとすれば

$$\sqrt[3]{2} = \frac{n}{m}$$

なる自然数 m, n がなければならない．いま，この分数はもはや約分できないもの，すなわち，m, n に公約数はないものとしておく．この式を三乗すれば

$$2m^3 = n^3$$

これより，n は偶数であることが知られる**．言い換えれば，それは，ある自然数 n' を選んで $2n'$ という形に書けなければならない．これを上の式に代入すれば

$$2m^3 = 8n'^3$$

すなわち

$$m^3 = 4n'^3$$

これはまた m が偶数であることを示す．しかるに，m, n には公約数がなかったのであるから，m も n も 2 の倍数というのは約束にそむく結果である．

---

* これらが根であることは方程式へ代入することによってただちに認められる．三次方程式は三つしか根を持たないから，それ以外に根のないことは明らかであろう．

** もし n が奇数ならば n^3 も奇数であるから $2m^3$ という形には書けない．

こうして，x^3-2 は因数分解できないことがわかった．このことから，R と $\sqrt[3]{2}$ とからできる体 $\tilde{R}$ を考えれば，R と $\tilde{R}$ との間の次数は 3 であることが知られる．

さて，$\sqrt[3]{2}$ の作図ができたものとしよう．しからば，上にも述べたように，

$$R = K_1, K_2, \cdots, K_n$$

なる系列で，K_n の中に $\sqrt[3]{2}$ がはいるようなものが存在する．そのときは当然また，$\tilde{R}$ は K_n の一部分として含まれていなければならない．よって，R と K_n との間の次数は R と $\tilde{R}$ との間の次数 3 と $\tilde{R}$ と K_n との間の次数との積に等しいわけである．

しかるに，前節に述べたところによれば，R と K_n との間の次数は

$$2 \times 2 \times 2 \times \cdots \times 2$$

という形でなくてはいけない．これと上のことを合わせれば，このような形の数が 3 の倍数でなくてはならないということになるが，それは明らかな矛盾である．

よって，デロスの問題は不可能といわなければならない．

公理主義による代数学の再編成

24. 話を代数学にもどそう．われわれは，この分科が十九世紀に至って著しい変貌を遂げたことを知ったのであるが，これはさらに'公理主義'の出現を契機としてはっきり色彩づけられることになった．

'体'とは，その中で加減乗除の四則が自由に遂行できる範囲である．しかしながら，そもそも，この'加減乗除'とは何であろうか．

7. 脱皮した代数学——群, 環, 体——

この質問が, 幾何学における, '直線'とは何ぞや, '点'とは何ぞや, '直線の交わり'とは何ぞや, という類の質問に, 種々の点から見てきわめて類似していることを見て取ったのはシュタイニッツ (Steinitz) であった.

ヒルベルトの'幾何学基礎論'によれば, 幾何学においては, 上のような言葉の意味がなんらわかっていなくても, 公理系に掲げられているところの条件のみを基礎として, 理論を十分に展開することができる. むしろ, それらを定義しないで議論を進めるのが眼目にさえなっているくらいである.

ところで, ひるがえって考えてみるに, 体の理論においても, '加減乗除'という演算の'意味'はなんら用いられることがない. このことから, シュタイニッツは, それらの定義無しでも十分理論が立てられるであろうとの立場に立ち, 体論の'公理主義的建設'に成功したのであった.

以下に, 今日慣用となっている'体の公理系'を掲げておく:

いま, ここにものの集まりが与えられ, それらのものの間に, その**'和'**および**'積'**と呼ばれる算法が定まっていて, それらが次の条件を満たすとき, それらのものは, この'和''積'の定め方に関して**体**を作るという. それらの'もの'は, 体の'元'と呼ばれる.

(A) 加法に関する公理:
(1) 二つの'元' a, b に対して, その'和'と呼ばれる'元'がただ一つ定まる. これを $a \oplus b$ と書く.

(2) $a \oplus b = b \oplus a$

(3) $(a \oplus b) \oplus c = a \oplus (b \oplus c)$

(4) すべての'元' a に対して
$$a \oplus \theta = \theta \oplus a = a$$
となるような,θ という特定の'元'がただ一つ存在する.

(5) 各 a ごとに
$$a \oplus a' = a' \oplus a = \theta$$
となるような a' という'元'がただ一つ存在する.

(B) 乗法に関する公理:

(1) 二つの'元' a, b に対して,その'積'と呼ばれる'元'がただ一つ定まる.これを $a \otimes b$ と書く.

(2) $a \otimes b = b \otimes a$

(3) $(a \otimes b) \otimes c = a \otimes (b \otimes c)$

(4) すべての'元' a に対して
$$a \otimes \varepsilon = \varepsilon \otimes a = a$$
となるような,ε という特定の'元'がただ一つ存在する.

(5) θ 以外の各'元' a ごとに
$$a \otimes a'' = a'' \otimes a = \varepsilon$$
となるような a'' という'元'がただ一つ存在する.

(C) 加法,乗法の関係に関する公理:
$$a \otimes (b \oplus c) = (a \otimes b) \oplus (a \otimes c)$$

この公理系から,'元'の中味は何であるか,'和'や'積'とは何であるか,$\oplus$, $\otimes$ というのはどのような意味の

ものか，などをいっさい問うことなく，体の理論を完全に建設することができる．そして，方程式の考察などをすっかりその中に吸収せしめることができるのである．

なお，この公理系において，$\oplus$ を $+$ で，$\otimes$ を $\times$ で，さらに，θ を 0 で，また ε を 1 で置き換えるとき，各命題が本章 **9.** に掲げた各条件とそれぞれ一致することが確かめられる．もっとも，そこにおける

(4) $$(\beta - \alpha) + \alpha = \beta$$

(8) $$\alpha \cdot \frac{\beta}{\alpha} = \beta$$

という条件は，公理系では (A) の (5)，(B) の (5) とそれぞれ変わっていて，一見別物のような印象を受ける．しかし，α' は $-\alpha$ に相当するものであり，α'' は $\frac{1}{\alpha}$ に相当するものであるから，それらは畢 竟

$$-\alpha + \alpha = 0$$

$$\alpha \cdot \frac{1}{\alpha} = 1$$

ということを意味している．したがって，(A) の (5)，(B) の (5) は，それぞれ上の (4)，(8) の特別な場合と考えられるのである．これから (4)，(8) の出てくるのはたやすく察せられるところであろう．かようなものを採用するのは，このほうがより簡単であり，しかも，かくすれば‘減法’‘除法’という言葉をまったく用いないですませられるからである．

25. 前に，われわれは，ヒルベルトの公理系に対して，'具体的な平面' が作られることを示した．一般に，このように，一つの公理系に対して，それを実際に満足する具体的なものを作り上げることができたとき，それを，その公理系の対象*の '**実例**' もしくは '**モデル**' という．

ただちに知られるように，われわれがこれまでに知った数多くの '体' は，すべて，上の公理系の対象の '実例'，すなわち，この公理系の意味の '体' を形づくるものなのである．

たとえば，実数全体の集まりを考え，'各実数' およびその間に定まっているところの本来の '和' '積' に注目する．しかして，上の公理系における '元' や '和' や '積' という言葉を，このような意味に取ることにすれば，その各命題がまさしく '真' なる命題として成立していることを見出すであろう．念のためにいえば，そこに要求されているところの θ, a', ε, a'' 等の存在は，たしかに，それぞれ 0, $-a$, 1, $\dfrac{1}{a}$ の存在によってかなえられている．

すなわち，実数全体は，そこに定まっている本来の和 '+' および積 '×' に関して '体' を作っているわけである．同様のことが有理数についても複素数についてもいえることは，もはや繰り返すまでもあるまい．

体の実例の与え方はそのほかにもいろいろある．たとえば，ここに

---

* すなわち，'平面' や '体'．

$$\alpha, \beta$$

という二つのものの集まりを考え，これらの間に

$$\alpha \oplus \alpha = \beta \quad \alpha \otimes \alpha = \alpha$$
$$\alpha \oplus \beta = \alpha \quad \alpha \otimes \beta = \beta$$
$$\beta \oplus \alpha = \alpha \quad \beta \otimes \alpha = \beta$$
$$\beta \oplus \beta = \beta \quad \beta \otimes \beta = \beta$$

という規則によって天降りに'和'および'積'を定めれば，たしかに一つの体が与えられることになる．それは，公理系の各命題を，ここに定めた'元''和''積'に関するものと見なして読んでいけば，ただちに了解できることである．

さて，以上から知られることは，一方では無限に多くの元を含む体があるにもかかわらず，他方ではたった二つしか元を含まないような体もある，ということである．一般に，かように公理系の対象となるものの体系に幾つもの異なった'型'のあるような場合，そのような公理系は**'範疇的でない'**といわれる．すなわち，体の公理系は範疇的ではない．これに反し，公理系の対象にただ一通りの型しかあり得ないような場合には，その公理系は**'範疇的である'**と称えられる．詳しい説明は省くが，幾何学に関するヒルベルトの公理系は範疇的であることがヒルベルト自身によって確かめられている．

公理系が範疇的でないような場合には，対象にいったい幾通りの型があり得るか，またそれらの型はおのおのどのようなものであるか，ということが調べられなければならないであろう．この

ような問題を '**分類の問題**' という.

さらに，おのおのの型について，それが他のもろもろの型から区別される特徴は何であるか，というようなことがらを追求する問題は '**特徴づけの問題**' と呼ばれる習慣である.

これらは，いずれも '公理主義的数学' における重要な課題にほかならない.

26. ここで，このような数々の '体' と体の公理系との間にどのような関係があるかということを一例によって説明しておく.

われわれは，二つの複素数 $\alpha=a+bi$, $\beta=c+di$ に対して

$$\alpha\beta = 0 \text{ ならば } \alpha = 0 \text{ または } \beta = 0$$

ということを，次のようにして確かめることができる：

まず，

$$\alpha\beta = (a+bi)(c+di) = (ac-bd)+(bc+ad)i$$

であるから，これが 0 であれば

(1) $\qquad\qquad ac-bd = 0$

(2) $\qquad\qquad bc+ad = 0$

でなければならない．(2)の両辺に a を，また(1)の両辺に b を掛けて引き算をすれば

$$(a^2+b^2)d = 0$$

よって

$$a^2+b^2=0 \text{ または } d=0$$

である．ここで次のように場合を分けよう：

（ⅰ） $a=0$, $b=0$ のとき．この場合は $\alpha=0$ である.

（ⅱ） a か b のうちの少なくとも一つ，たとえば a が 0 でないとき．この場合は $a^2+b^2>0$ であるから $d=0$．よって，(1)より $ac=0$．すなわち $c=0$．したがって $\beta=0$ となる．

ところで，上の証明では，α や β が $a+bi$, $c+di$ という形に書けることを用いたのであるが，実はそういうものを用いなくとも，一般に体の公理系だけから

$$a \otimes b = \theta \text{ ならば } a = \theta \text{ かまたは } b = \theta$$

ということが証明できるのである：

まず，任意の a に対して

$$a \otimes \theta = \theta$$

であることを示そう．$a \otimes \theta = c$ と置く．しからば

$$c = a \otimes \theta = a \otimes (\theta \oplus \theta) = (a \otimes \theta) \oplus (a \otimes \theta) = c \oplus c$$

よって，両辺に c' を加えて

$$(\theta =) c \oplus c' = (c \oplus c) \oplus c' = c \oplus (c \oplus c') = c \oplus \theta = c$$

すなわち

$$a \otimes \theta = \theta$$

を得る．いま，

(1) $$a \otimes b = \theta$$

であるとしよう．もし $a \neq \theta$ ならば，(B)の(5)によって，$a \otimes a'' = a'' \otimes a = \varepsilon$ なる a'' があるから

$$b = \varepsilon \otimes b = (a'' \otimes a) \otimes b = a'' \otimes (a \otimes b) = a'' \otimes \theta = \theta$$

したがって，$a=\theta$ かもしくは $b=\theta$ ということが証明できたわけである．

さて，かかることがわかった上は，複素数も体を作る以

上，さきのような計算をしてみないでも '$\alpha\beta=0$ ならば $\alpha=0$ かまたは $\beta=0$' となるのは当然であることがわかるであろう．かような性質は，一般に'体'というものに必然的に付随してくる性質だからである．

以上のことをよく考えてみれば，体についての一般論が展開されたものとすれば，もはや個々の体について多くのものをいちいち推論する必要がなくなってしまうことが察せられるであろう．これは，思考の偉大な簡約であるとともに，数学のいろいろの方面にきわめて広い見通しを与えるものでもあるのである．

27. 体とは漠然とした言い方をすれば，'ある条件を満たす幾つかの算法の定まった範囲'である．われわれは，このようなものを考えることによって，方程式などの古い考察が，きわめて見通しよく整理されることをすでに知っている．

ところで，代数学に対し，十九世紀以来集積されたところを反省してみると，このほかにも，公理を種々に選択することによって，いろいろと違った算法の定められた範囲を考えるとき，多くの利益のもたらされることが明らかとなってきた．

なかでも，とくに，普通の乗法の性質を持つような算法の定まった範囲，加減乗の三則に相当する性質を持つような算法の定まった範囲などが注目されるようになった．これらは，それぞれ'**群**''**環**'と称えられている．

そして，それらの公理主義的研究を進めることは，これまでの古い代数学や整数論の成果を整理し，しかも，はるかに広い見通しを与えるものであることが次第にわかってきたのである．

上のような'ある幾つかの算法の定まった範囲'は，一般に'**代数系**'と称えられている．すなわち，'体'も'群'も'環'も，ともに特別な'代数系'なのである．

かくして，かの第一次世界大戦をおおよその境目として，代数学は，もっぱら，この'代数系'の理論として展開されるようになった．

このような趨勢は，本来，式の計算を事とした代数学が，その計算のよって立つ'算法'へと考察を深化し，かつ'公理主義的'にその姿を整えたものと見ることもできるであろう．

かかる傾向を推し進めるには，女流の大家エンミ・ネーター (E. Noether, 1882-1935) およびその一門の人々の貢献するところの大きかったことを忘れてはならない．

'群' とエルランゲンのプログラム

28. 新しい代数学は，古い代数学に対比されるときは，'**抽象代数学**'*と称えられる．その様子の一

---

* 抽象代数学については，永田雅宜 抽象代数への入門（朝倉書店），Birkhoff-MacLane A Survey of Modern Algebra 等を参照．

半を知るため，ここに'群'論の最初の部分を掲げてみよう．

'群'の公理系は次のごとくである：

'**元**'と呼ばれるものの集まりがあって，その元の間に'**乗法**'と呼ばれる算法が定められ，それが次の条件を満たすとき，その元の集まりはその乗法の定め方に関して'**群**'を作る，という．

(1) 二元 a, b に対して，その'積'と呼ばれる元 $a \circ b$ が定まる．

(2) $(a \circ b) \circ c = a \circ (b \circ c)$

(3) どのような元 a に対しても
$$a \circ \varepsilon = a$$
となるような，そういう特定の元 ε がただ一つ存在する．これを'**右単位元**'という．

(4) 各元 a ごとに，
$$a \circ a' = \varepsilon$$
となるような特定の元 a' がただ一つ存在する．これを a の'**右逆元**'という．

以下，簡単な命題をこれから導き出してみよう．

定義 1. a に対して
$$b \circ a = \varepsilon$$
となるような元 b は a の'**左逆元**'といわれる．

定理 1. a' は a の左逆元でもある：$a' \circ a = \varepsilon$

証明 a' の右逆元を a'' とせよ．しからば
$$a = a \circ \varepsilon = a \circ (a' \circ a'') = (a \circ a') \circ a'' = \varepsilon \circ a''$$

よって
$$a'\circ a = a'\circ(\varepsilon\circ a'') = (a'\circ\varepsilon)\circ a'' = a'\circ a'' = \varepsilon$$
これは a' が a の左逆元であることを示している.

この理由から, a' は単に a の '**逆元**' といわれるのが普通である.

定義 2. すべての a に対して
$$\eta\circ a = a$$
となるような元 η は '**左単位元**' といわれる.

定理 2. ε は左単位元でもある.

証明 $\varepsilon\circ a = (a\circ a')\circ a = a\circ(a'\circ a) = a\circ\varepsilon = a$

この理由から, ε は単に '**単位元**' といわれるのが普通である.

定理 3. 任意の a に対し, その左逆元は a' と一致する.

証明 b を a の左逆元とせよ. しからば
$$b = b\circ\varepsilon = b\circ(a\circ a') = (b\circ a)\circ a' = \varepsilon\circ a' = a'$$

定理 4. 左単位元はすべて ε と一致する.

証明 η を一つの左単位元とせよ. しからば
$$\varepsilon = \eta\circ\varepsilon = \eta$$

定理 5. $a'' = a$

証明 $a'\circ a'' = \varepsilon = a'\circ a$. しかるに, a' の逆元はただ一つしかないのであるから,
$$a'' = a$$

定理 6. $(a\circ b)' = b'\circ a'$

証明 $(a\circ b)\circ(b'\circ a') = a\circ\{b\circ(b'\circ a')\} = a\circ\{(b\circ b')\circ a'\}$
$= a\circ(\varepsilon\circ a') = a\circ a' = \varepsilon$

しかるに $a \circ b$ に逆元はただ一つしかないのであるから
$$(a \circ b)' = b' \circ a'$$

さて，群の実例としては，0でない実数の全体，正の実数の全体，0でない複素数の全体など，いろいろのものがあげられる．すなわち，それらの間に定まっている普通の乗法を '∘' の代わりにとり，1, $\dfrac{1}{a}$ をそれぞれ ε, a' の代わりにとれば，公理はすべて満足されるのである．また実数間に定まっている普通の '+' を '∘' の代わりにとり，かつ 0, $-a$ をそれぞれ ε, a' の代わりにとれば，そこにもたしかに一つの群が得られる．何度も強調したように，公理系の中の '定義されない用語' はまったく内容のないものなのであるから，'和' を '積' などと呼ぶのは妙ではないか，などと考えてはならない．

29.

いま一つの群の実例を与えよう．

まず，平面を二枚重ねたと想像し，その上の方の平面をずらしてみる．しからば，その平面の各点はそれぞれ別の位置へと動いてゆくが，二点間の距離はずらしたのちも変わりはない．すなわち，ずらした平面上の点 P′, Q′ がもと下の平面の点 P, Q と重なっていたものとすれば，P′, Q′ 間の距離は P, Q 間の距離と等しいのである．また，上の平面をずらす代わりに，それを，その上のある直線を軸としてぐるっと裏返しにしたとしても，まったく同様のことを見て取ることができる．

このような操作をば，下の平面一枚だけに関した言葉で

言い表わしてみれば，'平面上の各点にそれぞれいま一つの点を一対一に対応させ，かつ，二点 P, Q 間の距離と，P, Q に対応させられる点 P′, Q′ 間の距離とが常に等しいようにする' というふうになってくるであろう．

われわれは，幾何学において '合同' という概念を知っている．それは第一章でもしばしば取り扱われた次第である．ヒルベルトの公理系中にも同じ言葉が現われてくるが，これはエウクレイデスの '合同' の概念をば論理的にまったく隙のないような仕方で言い換えたものにほかならない．ところで，エウクレイデス，ヒルベルトのいずれによっても，二つの図形が合同とは，畢竟，上に述べたような操作を平面に施すことによって一方を他方に重ね得る——一対応させ得る，ということを指しているのである．

今後，このような操作を '**運動**' と呼ぶことにしよう．しかして，これらを一つの文字 $\alpha, \beta, \gamma, \cdots$ 等で示すことにし，また '運動' α によって P に対応する点 P′ を $\alpha(P)$ と記すことに定める．

さて，この運動というものに対して最も基本的なことは，運動を二回続けて行った結果がまた運動になっている，ということであろう．いま，二つの運動を α, β とする．しからば，α を施してさらに次に β を施すとき，点 P は $\beta(\alpha(P))$ という点に対応するわけである．仮定によって，P, Q 間の距離は $\alpha(P), \alpha(Q)$ 間の距離に等しい．一方，任意の二点 R, S に対して，その間の距離と $\beta(R), \beta(S)$ 間の距離とは等しいのであるから，R＝$\alpha(P)$，S＝$\alpha(Q)$ と置

いて，$\alpha(P)$, $\alpha(Q)$ 間の距離と $\beta(\alpha(P))$, $\beta(\alpha(Q))$ 間の距離とが等しいことが知られる．よって，P，Q 間の距離は $\beta(\alpha(P))$, $\beta(\alpha(Q))$ 間の距離に等しい．これすなわち，α を施してさらに β を施す操作が一つの運動であることを示すものにほかならない．以下，かような運動を 'β と α との積'* と称え

$$\beta \circ \alpha$$

と記すことにする．

ところで，運動全体はこの'積'の定め方に関して'群'を作ることが確かめられるのである．以下に群の公理をいちいちためしてみよう．

(1) α, β に対して $\alpha \circ \beta$ という元が定まる．(これは明らかであろう．)

(2) $(\alpha \circ \beta) \circ \gamma = \alpha \circ (\beta \circ \gamma)$

なぜなら，まず

$$((\alpha \circ \beta) \circ \gamma)(P) = (\alpha \circ \beta)(\gamma(P)) = \alpha(\beta(\gamma(P)))$$
$$(\alpha \circ (\beta \circ \gamma))(P) = \alpha((\beta \circ \gamma)(P)) = \alpha(\beta(\gamma(P)))$$

これは $(\alpha \circ \beta) \circ \gamma$ と $\alpha \circ (\beta \circ \gamma)$ とが各点 P に対してまったく同じ点を対応させることを示している．したがって，それらは等しい運動でなければならない：

$$\alpha \circ (\beta \circ \gamma) = (\alpha \circ \beta) \circ \gamma$$

(3) 平面上の任意の点をそれ自身に対応させる操作は一つの運動であるが，これを ε と書くことにすれば

---

* α と β の順序に注意．

$$\alpha \circ \varepsilon = \varepsilon \circ \alpha = \alpha$$

なぜなら，まず

$$(\alpha \circ \varepsilon)(P) = \alpha(\varepsilon(P)) = \alpha(P)$$
$$(\varepsilon \circ \alpha)(P) = \varepsilon(\alpha(P)) = \alpha(P)$$

よって

$$\alpha \circ \varepsilon = \varepsilon \circ \alpha = \alpha$$

次に，任意の α に対し $\alpha \circ \eta = \alpha$ となるような運動 η があるとすれば

$$\varepsilon = \varepsilon \circ \eta = \eta$$

よって，右単位元はただ一つしかないことが知られる．

(4) 各 α に対して $\alpha \circ \alpha' = \varepsilon$ となるような α' がただ一つ存在する：

α によって平面上の点は一対一に対応し合うのであるから，任意の点 P に対して，α によってこれに対応してくる点 P′ があるはずである：

$$\alpha(P') = P$$

いま，この P′ を P に対応させることにし，そのような操作を β としよう：

$$\beta(P) = P'$$

しからば，$\beta(P)=P'$, $\beta(Q)=Q'$ なるとき，$\alpha(P')=P$, $\alpha(Q')=Q$ であるから，P′, Q′ 間の距離と P, Q 間の距離とは相等しい．よって，β は一つの運動であることが知られる．しかも，$\alpha(P')=P$ とすれば

$$(\alpha \circ \beta)(P) = \alpha(\beta(P)) = \alpha(P') = P = \varepsilon(P)$$
$$(\beta \circ \alpha)(P') = \beta(\alpha(P')) = \beta(P) = P' = \varepsilon(P')$$

であるから
$$\alpha \circ \beta = \beta \circ \alpha = \varepsilon$$
でなくてはならない．すなわち，ここに β が α' の役割を果たすものであることがわかったわけである．このような α' が一つしかないことは次のようにして確かめられる．すなわち，もし
$$\alpha \circ \gamma = \varepsilon$$
ならば，
$$\gamma = \varepsilon \circ \gamma = (\beta \circ \alpha) \circ \gamma = \beta \circ (\alpha \circ \gamma) = \beta \circ \varepsilon = \beta$$
となるから，そのようなものは，すべて上の β と一致してしまうのである．

かくして運動全体は群を作ることがわかった．これを **'平面の運動群'** という．

30. クラインは，エウクレイデスの幾何学において行われていることが，すべて，上のような '運動' によって互いに対応し合う図形，すなわち，互いに合同な図形が共有するところの性質の追求にほかならないことに目をつけた．すなわち，その幾何学におけるたとえば三角形に関する命題は，同時にそれと合同なすべての三角形についても成立するはずのものだ，というのである．しかして彼は，'エウクレイデス幾何学の目的は，平面上の図形の性質のうち，その図形にかの '運動' という操作を施しても，なお依然として保たれるようなものを求めるにある' としたのであった．

彼によれば，実はロバチェフスキの幾何学やリーマンの幾何学なども，すべて，同様の見地から特徴づけられるのである．

ここに，彼の考え方の大綱を述べてみよう．

一般に，ものの集まり X があるとき，そのおのおののもの，すなわち X の成員の間に一対一の対応をつけること，言い換えれば，おのおのの成員にいま一つの成員を一つずつ対応させ，全体として過不足のないようにすることを，X の上の '**変換**' という．たとえば，運動は点の集まりである平面の上の特殊な変換，というわけである．

クライン

しかるとき，たとえば運動全体が群を作ったように，X の上の変換のある集まりを考えるとき，それが全体として群を作ることがある*．このような場合，その群を X の上の '**変換群**' という．

さて，クラインによれば，ものの集まり X およびその上の一つの変換群が与えられたとき，X の幾つかの成員の集まり——これを X の '図形' といおう——の性質のうち

---

* '積' の定義は '運動' の場合と同じものとする．

で，その図形に変換群の各変換を施しても不変であるようなものを調べ上げる分科は，**'Xの，その変換群の下における幾何学'** と名づけられる．

たとえば，エウクレイデスの幾何学は，平面の，運動群という変換群の下における幾何学にほかならない．

エウクレイデスの公理公準はもとより，ヒルベルトの公理系ですらも，ただ幾何学を導くのに必要な前提を示すにとどまるものであって，幾何学とはこのようなものを目的に研究を進めるものである，というようなことは，これをなんら明らかにしない．われわれは，たとえばヒルベルトの公理系からエウクレイデス幾何学全体を導くことはできるが，実はそのほかにももっといろいろのことを導くことができるのである．その際，'原論' に書いてあるようなことがとりもなおさず幾何学の内容である，ということを示すのが，まさしくクラインの規定なのである．

かようにして，エウクレイデスの幾何学は '運動群' の性質を調べることに帰する，とさえいうことができるようになる．抽象代数学がかくも強力なものであるということは注目に値することといわなければならない．

このクラインの見解は，彼がエルランゲン大学哲学部教授就任に際しての講演において，'今後の私の研究のプログラム' として公表したものである．そのゆえに，これは **'エルランゲンのプログラム'*** と称えられている．

---

* 彌永昌吉・平野鉄太郎　射影幾何学（朝倉書店）．

8. 直線を切る
――実数の概念と無限の学の形成――

実数の連続性――実数概念の分析――デデキントの実数論――'小数'について――'可付番'な集合――'無限'のさまざま

実数の連続性

1. 定積分をば面積の概念を使わずに定義しようというコーシの方法については,すでに触れるところがあった(第五章 **12.**).ここにその方針を再録すれば次のごとくである.

$y = f(x)$ を $a \leq x \leq b$ という範囲で定義された至るところ連続な函数とする.最初に,範囲:$a \leq x \leq b$ を 2^n 等分する.すなわち,まずそれを半分に分け,そのおのおのをそれぞれまた半分に分け,……というふうに,n 回同じ操作を続けたときの最後の結果を考える.しかして,その分割点を小さいほうから順に
$$a = x_0, x_1, x_2, \cdots, x_{2^n} = b$$
と名づけておく.いま,これを用いて
$$s_n = f(x_0)(x_1 - x_0) + f(x_1)(x_2 - x_1) \\ + \cdots + f(x_{2^n-1})(x_{2^n} - x_{2^n-1})$$
という和を作るとき,もし

$$\lim_{n\to\infty} s_n$$

という極限の値が存在するならば，それを $y=f(x)$ の 'a から b までの定積分' と言い

$$\int_a^b f(x)dx$$

と記す*.

さて，前にも述べたように，この文中における '……が存在するならば' というただし書は非常に重要な意味を持っている．ニュートンやライプニッツの流儀によれば，定積分はすなわち '縦線図形の面積' として前もって '存在する' ものと考えられた．しかしながら，コーシの考え方は，'面積' というものからまったく絶縁しようというもくろみに発するものなのであるから，定積分というものを実際に考え得るためには，まずその存在を '証明' しなくてはならなくなってくる．

2. 簡単のため，ここでは，函数 f が単調増加，すなわち

$$x<x' ならば f(x)\leq f(x')$$

である場合について，その存在の証明を与えることにする．

まず，定義から

---

* 前に述べたときは，範囲：$a\leq x\leq b$ を 'n 等分' した．しかし，上のようにしても同様の結果になることが示されている．

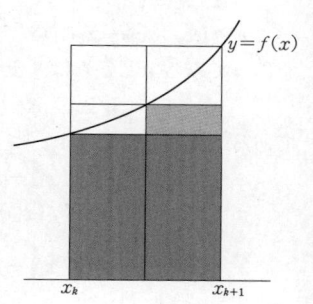

$$s_n = f(x_0)(x_1-x_0)+f(x_1)(x_2-x_1)+\cdots$$
$$+f(x_{2^n-1})(x_{2^n}-x_{2^n-1})$$

また，$a \leq x \leq b$ を 2^{n+1} 等分する分割点を x_0', x_1', $\cdots$, $x'_{2^{n+1}}$ とすれば

$$s_{n+1} = f(x_0')(x_1'-x_0')+f(x_1')(x_2'-x_1')+\cdots$$
$$+f(x'_{2^{n+1}-1})(x'_{2^{n+1}}-x'_{2^{n+1}-1})$$

ここで，s_n を作るのに用いられるところの

$$x_i \leq x \leq x_{i+1}$$

という小範囲（$a \leq x \leq b$ を 2^n 等分した一つ）は，s_{n+1} においてはさらに二等分されて

$$x'_{2i} \leq x \leq x'_{2i+1},\ x'_{2i+1} \leq x \leq x'_{2(i+1)}$$

というふうになっていることに注意しよう．たとえば，範囲：$x_0 \leq x \leq x_1$ はたしかに

$$x_0' \leq x \leq x_1',\ x_1' \leq x \leq x_2'$$

と分かれている．さらに，$y=f(x)$ は単調増加と仮定しているから，j のいかんにかかわらず

$$f(x_j') \leq f(x'_{j+1})$$

また

$$f(x_i) = f(x'_{2i})$$

よって

$s_{n+1}-s_n$
$= f(x_0')(x_1'-x_0')$
$\quad +f(x_1')(x_2'-x_1')+\cdots$
$\quad -f(x_0)(x_1-x_0)$
$\quad -f(x_1)(x_2-x_1)-\cdots$

$$= f(x_0')(x_1'-x_0')+f(x_1')(x_2'-x_1')$$
$$+\cdots-f(x_0)(x_1'-x_0')-f(x_0)(x_2'-x_1')$$
$$-f(x_1)(x_3'-x_2')-f(x_1)(x_4'-x_3')-\cdots$$
$$= (f(x_1')-f(x_0'))(x_2'-x_1')$$
$$+(f(x_3')-f(x_2'))(x_4'-x_3')+\cdots \geqq 0$$

言い換えれば,ここに

$$s_1 \leqq s_2 \leqq \cdots \leqq s_n \leqq \cdots$$

であることが認められたわけである.

さて,s_n は $y=f(x)$ の縦線図形に '内側' から迫ってゆく多角形の面積にほかならないが,今度は '外側' からそれに迫る多角形の面積:

$$S_n$$
$$= f(x_1)(x_1-x_0)$$
$$+f(x_2)(x_2-x_1)+\cdots$$
$$+f(x_{2^n})(x_{2^n}-x_{2^n-1})$$

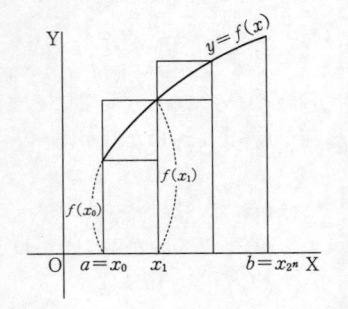

を作ってみる.しからば,上とまったく同様に

$$S_1 \geqq S_2 \geqq \cdots \geqq S_n \geqq \cdots$$

であることが確かめられ,さらに

$$S_n-s_n = (f(x_1)-f(x_0))(x_1-x_0)+\cdots$$
$$+(f(x_{2^n})-f(x_{2^n-1}))(x_{2^n}-x_{2^n-1})$$
$$= (f(x_1)-f(x_0))\frac{b-a}{2^n}+\cdots$$

$$+(f(x_{2^n})-f(x_{2^n-1}))\frac{b-a}{2^n}$$

$$=(f(b)-f(a))\frac{b-a}{2^n}$$

となる．右辺は，n が大きくなるとともにどこまでも小さくなる変数である．

以上のことを言い換えれば，まず

$$s_1 \leqq s_2 \leqq \cdots \leqq s_n \leqq \cdots \leqq S_n \leqq \cdots \leqq S_2 \leqq S_1$$

であり，しかも，同じ番号を持つ s と S との差は n が限りなく大きくなるとともに限りなく小さくなってゆく，ということにほかならない．

ところで，そのことを念頭において上の図をよく眺めてみれば，すべての s よりも右に位し，すべての S よりも左に位するところのただ一つの数のあることが察せられるであろう．いま，その数を α と置けば，明らかに

$$0 \leqq \alpha - s_n \leqq S_n - s_n$$

であり，しかも右辺はいかなる数よりもさらに小さくなる変数である．よって $\alpha - s_n$ も同様の性質を持たねばならないから

$$\lim_{n\to\infty} s_n = \alpha$$

すなわち

$$\alpha = \int_a^b f(x)dx$$

として定積分の存在が確かめられるわけである.

3. すでに気づかれた向きもあろうと思われるが, 実は, われわれは, 上の証明において, すべての s よりも右に位し, かつすべての S よりも左に位する, というような数がただ一つ存在する, ということをあっさり承認して事を運んでしまったのであった. そこで, いったいこのことは確実なことかどうか, ということが問題となってくるのである. われわれの承認したことを一般的な命題の形に述べるとすれば次のようになるであろう.

'実数の二つの系列:

$$a_1, a_2, \cdots, a_n, \cdots$$
$$b_1, b_2, \cdots, b_n, \cdots$$

において, いかなる n に対しても

$$a_n \leq b_n$$

で, かつ

$$a_1 \leq a_2 \leq \cdots \leq a_n \leq \cdots$$
$$b_1 \geq b_2 \geq \cdots \geq b_n \geq \cdots$$

であり, しかも, 差 $b_n - a_n$ が n が大きくなるとともに限りなく小さくなってゆくならば, すべての n に対して

$$a_n \leq \alpha \leq b_n$$

となるような数 α が一つ, しかもただ一つ存在する'.

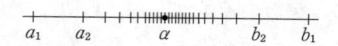

8. 直線を切る——実数の概念と無限の学の形成——

$$\begin{array}{c}\overline{\qquad\;|\;\;\;|\;\;\;|\;|\;|\;|\;|\;|\;|\;|\;|\;|\;|\;|\;|\;\;\;|\;\;\;|\qquad}\\ a_1\;\;\;\;a_2\;\;\;\;\;\;\;\;\alpha\;\;\;\;\;\;\;\;\;\;b_2\;\;\;\;b_1\end{array}$$

　これは，図からも明らかなように，実数全体，あるいは直線が一列に'隙間なくつながっている'ことを主張する命題にほかならない．このゆえにこの事実を'**実数の連続性**'という言葉で言い表わすことになっている．

　ところで，この性質は一見当然のことのようにも思われるが，よく考え直してみると，あとでも述べるように，それほど明瞭なことでもないことがわかってくる．もちろん，証明してしまえばそれで万事解決する道理ではあるが，その証明がまたそうとうやっかいなことがらに属するのである．

　コーシ以来，人は微分積分学の基礎に注目し始めたのであるが，上の'定積分'の例以外にも，その論法の不備な点を追求していくと，結局はすべてこの'実数の連続性'の証明という問題に帰着できることがわかってきた．たとえば，前に述べた'平均値の定理'の証明も，まったく同じ問題に持ってくることができるのである．逆にまた，この命題さえ承認すれば，すべてが確実に根拠づけられることも明らかとなった．言い換えれば，この'実数の連続性'さえ証明できれば，微分積分学は論理的にすっかり整備されることになるわけである．

　十九世紀も後半になると，数学の基礎に関心を持つ多くの数学者は，この問題に正面から取り組んでいったのであった．

4. この'実数の連続性'が'自明'なものでない,ということは次のようなことからも察せられるであろう.

ギリシア時代においては,初め,すべての量は必ず整数の比を持たなければならない,と考えられていた.すなわち,二つの量 a, b の比 $a:b$ は必ず分数:

$$\frac{n}{m}$$

でなくてはならない,というのである.これを現代の言葉で表現するとすれば,'有理数以外に実数はない'というふうになるであろう.

しかしながら,一辺の長さ a の正方形の対角線の長さ b はピュタゴラスの定理によって $\sqrt{2}a$ に等しく,したがって

$$b:a = \sqrt{2}$$

であるが,これは分数ではない*.このような事実は,ピュタゴラス学派の人たちによって発見されたものなのであるが,調和を愛し,すべての量は整数の比を持たねばならないとする彼等にとって,これはまさしく'造化の神の過失'を意味するものにほかならなかっ

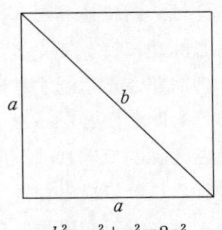

$$b^2 = a^2 + a^2 = 2a^2$$

---

* その証明は,309ページにおける $\sqrt[3]{2}$ が有理数でない,ということの証明と同様である.

た[*]。

ところで,現在のわれわれからすれば
$$\sqrt{2} = 1.4142135\cdots$$
はもちろん実数である。ここで

$a_1=1,\ a_2=1.4,\ a_3=1.41,\ a_4=1.414,\ \cdots$

$b_1=2,\ b_2=1.5,\ b_3=1.42,\ b_4=1.415,\ \cdots$

と置けば,一方においては

$$a_1 \leqq a_2 \leqq \cdots \leqq a_n \leqq \cdots \leqq b_n \leqq \cdots \leqq b_2 \leqq b_1$$

であり,他方 $b_n - a_n$ は

$$0.\overbrace{00\cdots01}^{n-2} = \frac{1}{10^{n-1}}$$

に等しいから,nを大きくするとき限りなく小さくなることに注意しよう。しかも
$$a_n \leqq \sqrt{2} \leqq b_n \quad (n=1,\ 2,\ 3,\ \cdots)$$
であるから,この場合たしかに'実数の連続性'は成り立っているわけである。

しかしながら,いま,ギリシア人のように,有理数以外に実数は無く,したがってまた直線上の点はすべて有理数で表わされているもの,と考えてみよう。しかるときは,$\sqrt{2}$ というものは'存在しない'のであるから,当然'実数の連続性'は虚偽ということにならざるを得ない。すなわち,ギリシア流に考えて隙間のないはずの直線には現実に

---

[*] 彼等はこの'過失'を極力秘密とした。禁を破ったヒッパソスという人は神の怒りに触れて溺死したという。

隙間がある．つながっていない．

むろん，われわれは有理数以外に無理数のあることを知っている．しかし，有理数に無理数を合わせれば，上のような隙間ははたして無くなるものなのであろうか．まだまだわれわれの気づかない隙間があるのではあるまいか——こうした疑問も当然いちおうは起ってくるのである．

5. さりとはいえ，われわれは，直線に対する直観などから'実数の連続性'を確信している，というのがほんとうのところである．しかも，すでに微分積分学は，結局はこの'直観'の上に，もはや抹殺できない既成事実として組み立てられている．この'直観'が誤りということにでもなれば，事の収拾は容易ではない．

疑えば疑い得るものがぜひとも保証されなければならないとすれば，これを証明する以外，他に道のないのは当然のことであろう．しかしながら，ここで考えてみなければならないのは，その証明の'根拠'についてである．

このように問題が根底的のことに触れてくれば，当然'実数とは何か'ということを考え直してみなければならない．'実数'に関しては，もとより，われわれは漠然たる観念は持っている．しかし，かえりみれば，それは今までついぞ'定義'されたことが無かったのである．すなわち，これまでの数学は，'実数'というものが十分わかっているものとあたまから決めてかかって展開されてきたのであった．そこで，まず，われわれの直観に合うように'実数に

定義を与える'ということが先決問題となってくるのである．

この重要な問題に成功を収めた人たちには，デデキント (Dedekind, 1831-1916)，カントール (Cantor, 1845-1918)，ワイエルシュトラスらがある．彼等のとらえ方は，表現は異なっているが，結局は同じものであることが証明される．言い換えれば，彼等の定義法のうちのどれに従っても，結局的には同じものが'実数'としてできあがることが示されるのである．

便利さという点になると，いずれも一長一短であるが，以下においては，このうち最もよく引き合いに出されるデデキントの方法に触れようと思う*．

実数概念の分析

6. デデキントの理論の理解を容易にするために，まず，われわれの持っている実数に対する直観的な観念の分析を試みよう．われわれの意図が，実数をば適当に定義して，実数の連続性をそこから導き出したい，という点にあるのはいうまでもない．よって，この'連続性'を分析の中心に置くのが最も得策であろう，と思われる．

最初に，任意の実数 a をとったとき，

$$x \leq a$$

---

* Dedekind Stetigkeit und irrationale Zahlen.

であるようなすべての有理数 x の集まりを A_1 とし,残りの有理数の集まりを A_2 とすれば,

 (1) x が A_1 の成員であり,y が A_2 の成員であれば,必ず $x<y$ である.

 (2) A_2 に最小の数はない.

という二つの性質の満たされること,および

 (3) α が有理数ならば,それは A_1 の最大数であり,

 (4) α が無理数ならば,それは A_1 のどの数よりも大きく,かつ A_2 のどの数よりも小さい.

ということに注意する.以下,かような有理数の組分けをば '**α によって作られた組分け**' と呼ぶことにしよう.

 重要なのは実はこの逆なのである.すなわち,すべての有理数を A_1,A_2 という二組に分け,かつ,そこに,(1),(2) という二つの条件が満足されるようにするとき,$x \leq \alpha$ であるような x 全体が A_1 であり,残りの有理数の集まりが A_2 であるというような,そういう実数 α の存在することを確かめることができる.それを見るためには (1),(2) を満足するような有理数の組分け:A_1,A_2 に対して

 (i) A_1 に最大の有理数があるか,

 (ii) A_1 のいずれの数よりも大きく,A_2 のいずれの数よりも小さい無理数があるか.

のいずれかであることが示されればよい.すでに (i) であれば問題はないから,(i) でないとして (ii) であることを確かめてみよう.

 それには次のような操作を行う.まず,A_1 にはいって

いる整数のうち一番大きいものを a_1 とする．次に

$$a_1, a_1+\frac{1}{10}, a_1+\frac{2}{10}, \cdots, a_1+\frac{9}{10}$$

なる 10 個の数のうち A_1 にはいっている一番大きいものを a_2 とする．さらに次に

$$a_2, a_2+\frac{1}{10^2}, a_2+\frac{2}{10^2}, \cdots, a_2+\frac{9}{10^2}$$

を考え，そのうち A_1 にはいっている一番大きい数を a_3 とする．かくして，以下同様に次々と，有理数の列：

$$a_1 \leqq a_2 \leqq a_3 \leqq \cdots \leqq a_n \leqq \cdots$$

を作っていくのである．しからば，明らかに a_{n-1} と a_n との差は $\dfrac{9}{10^{n-1}}$ 以下であり，しかも次の三つの性質が満たされる：

(α) $\quad b_1=a_1+1,\ b_2=a_2+\dfrac{1}{10},\ b_3=a_3+\dfrac{1}{10^2},\ \cdots$

と置けば，これらはすべて A_2 の成員である*．

(β) $\quad b_{n-1}-b_n=\left(a_{n-1}+\dfrac{1}{10^{n-2}}\right)-\left(a_n+\dfrac{1}{10^{n-1}}\right)$

$\qquad\qquad = \dfrac{9}{10^{n-1}}-(a_n-a_{n-1})\geqq 0$

すなわち

$$b_1 \geqq b_2 \geqq b_3 \geqq \cdots \geqq b_n \geqq \cdots$$

---

* a_1 は A_1 にはいっている最大の整数であった．よって a_1+1 はもはや A_1 には属し得ない．$a_2, a_3, \cdots$ についても事情は同様である．

(γ) b_n と a_n との差は $\dfrac{1}{10^{n-1}}$ に等しく,したがって n を大きくすれば限りなく小さくなる.

ところで,実数の連続性が成り立つものとすれば

$$a_1 \leq a_2 \leq \cdots \leq a_n \leq \cdots \leq \alpha \leq \cdots \leq b_n \leq \cdots \leq b_2 \leq b_1$$

なる α がなくてはならない.いま,A_1 の任意の数 x をとれば,必ず $x \leq \alpha$ である.もし $\alpha < x$ となれば,a_n と b_n との差が,したがってまた b_n と α との差がどれだけでも小さくなるのであるから,十分大きな n に対して $\alpha \leq b_n < x$ となり,x が A_2 にはいるという矛盾を生じるからである.同様の理由から,A_2 の任意の数 y に対して $y \geq \alpha$ であることが認められる.

さらに,この α は有理数ではあり得ない.もし有理数なら,A_1 か A_2 かのどちらかにはいっていなくてはならないが,上に見たところによれば,A_1 に属すればそれはその最大数であり,A_2 に属すればそれはその最小数でなくてはならない.しかし,元来 A_2 に最小数はなく,(i)でないという仮定によって A_1 にも最大数はないわけであるから,そのようなことは仮説にそむくわけである.すなわち,ここに(ii)の成り立つことが確かめられた.

また,二つの違った実数 α, β から作られた組分けは必然的に異ならなければならない.それは,たとえば $\alpha < \beta$ とすれば

$$\alpha < x < \beta$$

なる有理数 x が,β によって作られる組分けでは A_1 に属し,α によるそれでは A_2 に属してしまうことから知られ

る.

こうして，(1)，(2)を満たす組分けが，一つ，しかもただ一つの実数によって作られたものであることが明らかとなった．条件(1)，(2)を満足する有理数の組分け A_1, A_2 は，一般に'**有理数の切断**'といわれ，$(A_1|A_2)$ などと記される習慣である．上に示したことは，一つの実数が定まれば，'それによって作られる組分け'であるところの'切断'がただ一つ定まり，逆に，任意の'切断'に対して，それを作る実数がただ一つ存在する，ということにほかならない．言葉を換えていえば，実数と有理数の切断とが'一対一'に対応する，というわけである．

デデキントの実数論

7. 前節においては，われわれは実数というものが十分わかっているものとして話を進めたのであった．ところが，実は，われわれの当面の目標は，まだわれわれが'実数'の何たるかをまったく知らないものとして，'実数'というものを定義することなのである．しかして，これまでにわかったことは，われわれの考えている実数というものが'有理数の切断'と一つ一つ対応している，という事実である．つまり，われわれの観念の中にある個々の実数というものは，われわれに十分知られた'有理数'の切断によってそれぞれ確実に指定することができるのである．

してみれば，ここにわれわれの目標に対して，次のような一案が浮かんでくるであろう．すなわちこの'有理数の切断'そのものを天降りに'実数'と見なし，かつ，そのようなものの間に，われわれの観念に合うように大小の順序や四則を定義してゆくことにすれば，有理数というものがわれわれに十分よく知られたものである以上，ここにわれわれの観念と平行して'実数'というものが確実にできあがるのではないであろうか．——実は，これがデデキントの考え方の根本なのである．

'組分け'など'数'らしくもない，と思われるかもしれない．しかしながら，'数'とはいったい何であろうか．これについて，何よりもまず最初に考えてみなければならないのは，何度も述べるとおり，'数'とは人間の作るものだ，ということである．ところで，'数'というものの果たす役割を考えてみるとき，その間の'四則'や'大小の順序'というようなものこそ大いに重要なのであって，これに比べれば数それ自身の'内容'というものは，今それほどこだわる必要がないことに気がつくであろう．してみれば，ここに，それが何であっても，その間に'四則'や'順序'が定められ，かつ，幾つかの，たとえば'実数の連続性'などの命題の証明できるものがあったならば，それはもう'数'と呼ぶに十分なものなのではあるまいか．

デデキントは，この見地から'有理数の切断'すなわち**'実数'**であるという．さらに'実数'($A_1|A_2$)において，A_1に最大数があればその実数を**有理実数**，しからざれ

ば '**無理実数**' と呼ぶのである.

有理実数 $(A_1|A_2)$ に対しては A_1 の最大数であるところの有理数 a があり, 逆に, 任意の有理数 a に対しては, それによって作られた組分けであるところの有理実数 $(A_1|A_2)$, すなわち, A_1 の最大数が a であるような実数が存在する. 言い換えれば, 有理数と有理実数とは一対一に対応しているわけである. 今後, 有理数 a に対応する有理実数を $\alpha(a)$ と記すことにしよう.

8. こうして作られた実数の間に '**大小の順序**' を定義することを試みる. まず, 一般に, ものの二つの集まり A, B があったとき, もし A の成員がすべてまた B の成員でもあるならば, A は B の '**一部分**' である, と言い

$$A \subseteq B$$

で表わす. この際, たやすく知られるように, A と B とが一致する, すなわち

$$A = B$$

であるようなことも, その特別の場合としてあり得るわけである. これに反して, A が B のほんとうの一部分, すなわち, B の中に A に属しない成員のあるときは, A は B の '**真の一部分**' である, と言い,

$$A \subset B$$

で表わす.

さて, いま, 二つの実数:

$$\alpha = (A_1 | A_2), \quad \beta = (B_1 | B_2)$$

に対して，'**β が α 以上である**'：

$$\alpha \leq \beta$$

とは，A_1 が B_1 の一部分：

$$A_1 \subseteq B_1$$

であることを指すものと定義する．この場合，とくに $A_1 = B_1$ となれば，当然また $A_2 = B_2$ ともなるから，α と β とは等しくなるが：

$$\alpha = \beta$$

そうでない場合，言い換えれば

$$A_1 \subset B_1$$

である場合には，'**β は α より大きい**' と言い，これを

$$\alpha < \beta$$

でもって示すことにする*．

しかるときは，次の諸命題の成り立つことが確かめられる．

(1) 任意の実数 α, β に対して，

$$\alpha < \beta, \quad \alpha = \beta, \quad \beta < \alpha$$

のうちのいずれか一つが起る．

(2) $\alpha \leq \beta, \beta \leq \gamma$ ならば $\alpha \leq \gamma$

(3) 有理数 a, b に対して $a < b$ が成り立つならば

$$\alpha(a) < \alpha(b)$$

これらの証明は次のごとくである．

---

* このような定義がわれわれの観念と適合することは，前節の所論を想起すれば明らかであろう．

(1) $\alpha=(A_1|A_2)$, $\beta=(B_1|B_2)$ と置く. $A_1\subseteqq B_1$ ならば, $A_1=B_1$ かしからざれば $A_1\subset B_1$. よって,定義により $\alpha=\beta$ かしからざれば $\alpha<\beta$. もし,$A_1\subseteqq B_1$ でなければ,A_1 の成員でありながら B_1 の成員ではないような有理数 x がある. かような x は当然 B_2 の成員でなくてはならない. これは x が B_1 のすべての数よりも大きいことを示している. ところで, x より小さいすべての有理数は A_1 の中にある. よって, B_1 のすべての数は A_1 の中になくてはならない:

$$B_1\subseteqq A_1$$

しかるに,$A_1\subseteqq B_1$ ではないと仮定しているから,とくに $A_1=B_1$ でもない. すなわち, $\beta<\alpha$ が得られる.

(2) $\alpha=(A_1|A_2)$, $\beta=(B_1|B_2)$, $\gamma=(C_1|C_2)$ とすれば,$\alpha\leqq\beta$, $\beta\leqq\gamma$ により

$$A_1\subseteqq B_1,\quad B_1\subseteqq C_1$$

よって, A_1 の成員はすべてまた C_1 の成員でもあることがわかる:

$$A_1\subseteqq C_1$$

これ,とりもなおさず, $\alpha\leqq\gamma$ ということにほかならない.

(3) $\alpha(a)=(A_1|A_2)$, $\alpha(b)=(B_1|B_2)$ とすると, A_1 は a 以下のすべての有理数から成り, B_1 は b 以下のすべての有理数から成り立っている. よって, A_1 は B_1 の一部分である:

$$A_1\subseteqq B_1$$

さらに，

$$\frac{a+b}{2}$$

という有理数を考えると，これは A_1 にははいらないが，B_1 にははいっている．ゆえに，$A_1 \neq B_1$. すなわち，$\alpha(a) < \alpha(b)$ である．

これで，実数の間に '**大小の順序**' がはいり，この新しい順序による有理実数の大小関係は，それに対応する有理数の大小関係とまったく同じものであることが確かめられた．

9. さて，実数を '数' として自由に扱うためには '**四則**' を定義しなくてはならない．

その詳細は省略するが，たとえば，二つの実数
$$\alpha = (A_1 | A_2), \quad \beta = (B_1 | B_2)$$
に対して，A_1 の成員 x と B_1 の成員 y とから $x+y$ を作り，そのようなものの全体 C_1 を考えると，それは，それに属さない有理数の全体 C_2 とともに一つの実数
$$\gamma = (C_1 | C_2)$$
を定めることが示される．これを α, β の '和'：
$$\gamma = \alpha + \beta$$
と定義するのである．ともかく，だいたいかような仕方で実数の間に '四則'：
$$+, \; -, \; \times, \; \div$$
を定義し，もって次の条件の満たされるようにできること

が知られている．
 (ⅰ) 実数全体は '体' を作る．
 (ⅱ) 有理実数の間の四則は，それらに対応する有理数の四則と一致する：
$$\alpha(a) \pm \alpha(b) = \alpha(a \pm b)$$
$$\alpha(a) \times \alpha(b) = \alpha(a \times b)$$
$$\alpha(a) \div \alpha(b) = \alpha(a \div b)$$
 (ⅲ) $\alpha - \beta > \alpha(0)$ と $\alpha > \beta$ とは同じことである．
 (ⅳ) $\alpha > \alpha(0)$, $\beta > \alpha(0)$ ならば，$\alpha + \beta > \alpha(0)$, $\alpha \times \beta > \alpha(0)$ である．

こうして，有理実数は '順序' に関しても，'四則' に関しても，有理数とまったく同じ性質を持つことが確かめられる．したがって，ここで有理実数と有理数とを互いに混同しても別段支障のないことが察せられるであろう．そのような理由から，今後 $\alpha(a)$ の代わりに単に a と書くことにする．したがって $\alpha(0)$ は単に 0 と書かれることになるわけである．

これで，有理数をもととして，それの拡張であるところの '実数' を作ることがいちおう終ったことになる．

10. かようにしてできあがった '実数' に対して，はたしてかの **'実数の連続性'** が成立しているであろうか．ここで，それを確かめてみたいと思う．

いま，実数の二つの系列

$$\alpha_1, \alpha_2, \alpha_3, \cdots, \alpha_n, \cdots$$

$$\beta_1,\ \beta_2,\ \beta_3,\ \cdots,\ \beta_n,\ \cdots$$

において,まず

$$\alpha_1 \leqq \alpha_2 \leqq \alpha_3 \leqq \cdots \leqq \alpha_n \leqq \cdots \leqq \beta_n \leqq \cdots \leqq \beta_3 \leqq \beta_2 \leqq \beta_1$$

ということが成立し,かつ $\beta_n - \alpha_n$ が n を大きくするとき限りなく小さくなるもの,すなわち 0 に近づくもの,と仮定する.

便宜上

$$\alpha_1 = (A_1^{(1)} | A_2^{(1)}),\ \alpha_2 = (A_1^{(2)} | A_2^{(2)}),\ \cdots,$$
$$\alpha_n = (A_1^{(n)} | A_2^{(n)}),\ \cdots$$
$$\beta_1 = (B_1^{(1)} | B_2^{(1)}),\ \beta_2 = (B_1^{(2)} | B_2^{(2)}),\ \cdots,$$
$$\beta_n = (B_1^{(n)} | B_2^{(n)}),\ \cdots$$

と置く.ここに,A や B の肩につけられた '(n)' のような記号は,それらの A や B がそれぞれ α_n, β_n という切断の '組' であることを示すためのものである.

さて,

(*) $\qquad B_2^{(1)},\ B_2^{(2)},\ \cdots,\ B_2^{(n)},\ \cdots$

の中にはいっている有理数を全部集めてそれを C_2 とし,さらに,残った有理数全部を集めて C_1 としよう.しからば,当然,C_1 は (*) のどの B にもはいらない有理数,言い換えれば,

$$B_1^{(1)},\ B_1^{(2)},\ \cdots,\ B_1^{(n)},\ \cdots$$

のすべてにはいっているような有理数から成り立っている.

ここで,C_1, C_2 が一つの実数:$(C_1 | C_2)$ を定めることを示そう.まず,C_1 の成員 x および C_2 の成員 y をとってみ

る. さすれば, y は C_2 の定義から, ある $B_2^{(n)}$ にはいっていなければならない. それに対して, x は $B_1^{(n)}$ の成員である. よって, $B_1^{(n)}$ と $B_2^{(n)}$ との関係から

$$x < y$$

であることが認められる.

また, C_2 に最小数は含まれていない. なぜなら, C_2 の任意の成員 y はある $B_2^{(n)}$ に属するはずであるが, $B_2^{(n)}$ に最小数はないのであるから, $y' < y$ なる有理数 y' がまたその中に含まれていなければならない. ところで, $B_2^{(n)}$ の成員はすべて C_2 の成員であるから, この y' も C_2 の成員でなくてはならぬ. よって, y は最小数ではあり得ないのである.

かくしてできた実数 $(C_1|C_2)$ を α としよう. しからば, まず, C_1 の成員はすべて $B_1^{(n)}$ の成員でもあるから

$$C_1 \subseteq B_1^{(n)}$$

よって

$$\alpha \leq \beta_n$$

また, 任意の m, n に対して $\alpha_m \leq \beta_n$ であるから, $A_1^{(m)}$ の成員はどの $B_1^{(n)}$ にもその成員として含まれている. これは, とりもなおさず, $A_1^{(m)}$ の成員がすべて C_1 に含まれている, ということにほかならない:

$$A_1^{(m)} \subseteq C_1$$

よって

$$\alpha_m \leq \alpha$$

これで

$$\alpha_1 \leq \alpha_2 \leq \cdots \leq \alpha_n \leq \cdots \leq \alpha \leq \cdots \leq \beta_n \leq \cdots \leq \beta_2 \leq \beta_1$$
なる α の存在が確かめられたわけである．

ところで，そのような α が二つあることはない：いま，α, α' という上のような性質を持つ二つの実数があったとし，たとえば $\alpha < \alpha'$ とすれば

$$\alpha_1 \leq \cdots \leq \alpha_n \leq \cdots \leq \alpha < \alpha' \leq \cdots \leq \beta_n \leq \cdots \leq \beta_1$$

となる．しかし，これでは $\beta_n - \alpha_n$ は $\alpha' - \alpha$ よりも小さくなり得ない．すなわち，そのような実数は二つはないのである．

こうして‘実数の連続性’が証明された．したがって，微分積分学はいちおうその基礎を確立した，と見られるであろう*．

われわれはさきに，ギリシア人たちが無理数を認めなかったために，彼等の数学が大きな破綻に瀕したことを述べておいた．しかし，それについての対策が彼等によって考えられていなかったわけではないことをここに注意しておく．すなわち，エウドクソスは，二つの量の比 $a:b$ をば，自然数の比に直すことをあきらめ，‘比’そのものとして取り扱うことを試みたのであった．たとえば，彼による‘比の相等’の定義は次のごとくである：

二つの比 $a:b$ と $c:d$ とは，いかなる自然数の一対 m, n をとっても，必ず

(1) $ma = nb$ ならば $mc = nd$
(2) $ma > nb$ ならば $mc > nd$
(3) $ma < nb$ ならば $mc < nd$

---

* 微分積分学の基礎を厳密に書いた本には，亀谷俊司　初等解析学（岩波全書）等がある．

となるとき,互いに等しい.

ヒース (Heath) らは,これはデデキントの理論と根本の思想を同じゅうするものである,といっているが,ここでは,ただかような理論が展開されていた,という事実を注意するにとどめようと思う.

'小数' について

11. われわれの定義した実数が,いわゆる '**小数**' で表わされるのを見ておくのも無益ではあるまい.

まず,$a=0$ ならばそのような必要はない.また,$a<0$ なら,初めに $-a$ をば

$$a_0.a_1a_2a_3\cdots a_n\cdots$$

のように小数で表わしておいて,その前に '$-$' の符号をつけておけばよい.よって,結局,われわれは正の実数を小数で表わす方法さえ知れば十分なわけである.

整数は有理数の特別な場合であるが,前々節においてわれわれは有理数を有理実数とすっかり混同してもよいことを知ったから,整数も当然特別な実数と考えることができる.以下においては,常にこの約束を守ることにしよう.

さて,正の実数 a を任意にとる.まず最初に,a 以下の整数のうち一番大きいものを考え,それを a_0 と置く.これは 0,もしくは正であるはずである.次に

$$a_0 = a_0+\frac{0}{10},\ a_0+\frac{1}{10},\ a_0+\frac{2}{10},\ \cdots,\ a_0+\frac{9}{10}$$

という 10 個の数のうち a 以下のものをすべて考え,その

うち一番大きいものをとって

$$a_0 + \frac{a_1}{10}$$

と書く．ここに，a_1 は $0, 1, 2, \cdots, 9$ のうちのいずれかである．さらに今度は

$$a_0 + \frac{a_1}{10} = a_0 + \frac{a_1}{10} + \frac{0}{10^2},\ a_0 + \frac{a_1}{10} + \frac{1}{10^2},$$
$$\cdots,\ a_0 + \frac{a_1}{10} + \frac{9}{10^2}$$

なる 10 個の数のうち α 以下のものをすべて考え，そのうち一番大きいものを

$$a_0 + \frac{a_1}{10} + \frac{a_2}{10^2}$$

と書く．以下，かくのごとく同様に進んで，結局

$$a_0,\ a_1,\ a_2,\ \cdots,\ a_n,\ \cdots$$

という数列を作ることができる．

ところで，これらを得る途次において現われた

$$a_0 + \frac{a_1}{10},\ a_0 + \frac{a_1}{10} + \frac{a_2}{10^2},\ a_0 + \frac{a_1}{10} + \frac{a_2}{10^2} + \frac{a_3}{10^3},\ \cdots$$

というような数は，それぞれ，小数：

$$a_0.a_1,\ a_0.a_1a_2,\ a_0.a_1a_2a_3,\ \cdots$$

にほかならない．しかして，これらの定義から明らかに

$$a_0.a_1 \leq \alpha < a_0 + \frac{a_1+1}{10}$$

$$a_0.a_1a_2 \leq \alpha < a_0.a_1 + \frac{a_2+1}{10^2}$$

$$a_0.a_1a_2a_3 \leq \alpha < a_0.a_1a_2 + \frac{a_3+1}{10^3}$$

……　……　……

この各式の左辺および右辺をそれぞれ α_n, β_n とすれば，ただちに

$$\beta_n - \alpha_n = \frac{1}{10^n}$$

$$\alpha_1 \leq \alpha_2 \leq \cdots \leq \alpha_n \leq \cdots \leq \alpha \leq \cdots$$
$$\leq \beta_n \leq \cdots \leq \beta_2 \leq \beta_1$$

であることを見て取ることができる．

よって，α_n と α との差は α_n と β_n との差，すなわち

$$\frac{1}{10^n}$$

よりも小さい．しかるに，この数は n が大きくなるとともに限りなく小さくなっていくから，α_n と α との差も同様の性質を持つ．ゆえに

$$\lim_{n \to \infty} \alpha_n = \alpha$$

しかるに，元来，たとえば

$$\frac{1}{3} = 0.333\cdots3\cdots$$

というのは，

$$0.3,\ 0.33,\ 0.333,\ \cdots$$

なる数の列を作ったとき，その'極限'が $\frac{1}{3}$ である，という意味であろう．よって，これを'小数で表わす'ことの

定義とすれば，われわれの場合にも
$$\alpha = a_0.a_1a_2\cdots a_n\cdots$$
と書くことが許されるであろう．

以上によって，任意の正数 α が小数で表わされることがわかった．

次に，任意の小数：
$$a_0.a_1a_2\cdots a_n\cdots$$
が必ず一つの正数を表わすことに注意しよう．なぜなら，いま
$$\alpha_n = a_0.a_1a_2\cdots a_n$$
$$\beta_n = \alpha_n + \frac{1}{10^n}$$
と置けば
$$\alpha_1 \leqq \alpha_2 \leqq \cdots \leqq \alpha_n \leqq \cdots \leqq \beta_n \leqq \cdots \leqq \beta_2 \leqq \beta_1$$
$$\beta_n - \alpha_n = \frac{1}{10^n}$$
であるから，実数の連続性によって
$$\alpha_1 \leqq \alpha_2 \leqq \cdots \leqq \alpha_n \leqq \cdots \leqq \alpha \leqq \cdots$$
$$\leqq \beta_n \leqq \cdots \leqq \beta_2 \leqq \beta_1$$
なる α がただ一つ存在する．ここに
$$\lim_{n\to\infty} \alpha_n = \alpha$$
であることはもはや明らかであろう．すなわち
$$\alpha = a_0.a_1a_2\cdots a_n\cdots$$

結局，これで，すべての実数は小数で表わされ，逆に，

任意の小数は実数を表わす，ということが明らかとなったわけである*.

なお，一つの実数は，たとえば 0.12 が

$$0.12000\cdots$$

によっても

$$0.11999\cdots$$

によっても表わされるように，二通りの無限小数によって表わされることがある．かようなことの起るのは，0.12 のようないわゆる '有限小数' の場合に限ることが示されるのであるが，その証明は省略する．

'可付番' な集合

12. 実数論の定礎者の一人であるカントールは，また 'ものの集まり' 一般について深い考察を加えた人として，その名を知られている．

現今，'ものの集まり' は **集合** と称えられ，また集合の成員は **元(げん)** と名づけられる習慣である**.

この方面の彼の考察の出発点は **'可付番'***** という概念であった．彼によれば，一般に一つの集合 M が与えられ

---

* ここの '小数' はすべて数字の限りなく続く '無限小数' である．ただし，もちろん，その続く数は 0 であってもかまわない．
** カントールは集合のことをはじめ 'Mannigfaltigkeit' のちに 'Menge' と称した．今日のドイツ語では後者の Menge を用いている．
*** '可算' ともいう．

たとき、そのすべての元にそれぞれ違った'番号'を付けて

$$a_1, a_2, a_3, \cdots, a_n, \cdots$$

のように並べることができるならば、その M は **'可付番'** である、といわれる．

たとえば、偶数全体から成る集合：

$$\{2, 4, 6, \cdots, 100, 102, \cdots\}$$

は[*]、

$$a_1=2, a_2=4, \cdots, a_{50}=100, \cdots$$

としてゆけば全部に番号が付け尽くされ、したがって上のように並べることができるから、たしかに可付番である．

さらに、有理数全体から成る集合もやはり可付番であることが認められる．なぜなら、すべての有理数は、表：

$$\cdots, -n, \cdots, -3, -2, -1, 0, 1, 2, 3, \cdots, n, \cdots$$

$$\cdots, -\frac{n}{2}, \cdots, -\frac{3}{2}, -\frac{2}{2}, -\frac{1}{2}, \frac{0}{2}, \frac{1}{2}, \frac{2}{2}, \frac{3}{2}, \cdots, \frac{n}{2}, \cdots$$

$$\cdots, -\frac{n}{3}, \cdots, -\frac{3}{3}, -\frac{2}{3}, -\frac{1}{3}, \frac{0}{3}, \frac{1}{3}, \frac{2}{3}, \frac{3}{3}, \cdots, \frac{n}{3}, \cdots$$

$$\cdots \qquad \cdots \qquad \cdots \qquad \cdots$$

のどこかに出てくるはずであるから、この表に次ページの図のように矢印を加えてゆき、遭遇する数ごとに次々と番号を付けていくことにすれば、結局、一つもあますことなくすべてに番号が付けられることになるであろう：

---

[*] 一般に、$a, b, c, \cdots$ というものを元とする集合は $\{a, b, c, \cdots\}$ と記される．

$$
\begin{array}{ccccccc}
\cdots & -3 & -2 \leftarrow -1 & 0 & 1 \to 2 & 3 \to & \cdots \\
& & \downarrow & \uparrow & \downarrow & \uparrow & \\
\cdots & -\dfrac{3}{2} & -\dfrac{2}{2} \;\; -\dfrac{1}{2} & \dfrac{0}{2} \to \dfrac{1}{2} & \dfrac{2}{2} & \dfrac{3}{2} & \cdots \\
& \downarrow & & & & \uparrow & \\
\cdots & -\dfrac{3}{3} & -\dfrac{2}{3} \;\; -\dfrac{1}{3} \leftarrow \dfrac{0}{3} \leftarrow \dfrac{1}{3} \leftarrow \dfrac{2}{3} & \dfrac{3}{3} & \cdots \\
& \downarrow & & & & \uparrow & \\
\cdots & -\dfrac{3}{4} & -\dfrac{2}{4} \;\; -\dfrac{1}{4} \;\; \dfrac{0}{4} \;\; \dfrac{1}{4} \;\; \dfrac{2}{4} & \dfrac{3}{4} & \cdots \\
\cdots & -\dfrac{3}{5} & -\dfrac{2}{5} \;\; -\dfrac{1}{5} \;\; \dfrac{0}{5} \;\; \dfrac{1}{5} \;\; \dfrac{2}{5} & \dfrac{3}{5} & \cdots \\
\cdots & \cdots & \cdots & & \cdots & \cdots &
\end{array}
$$

ただし,この際

$$1,\ \frac{2}{2},\ \frac{3}{3},\ \frac{4}{4},\ \cdots$$

などのようにしばしば同じ数が現われてくるから,一度番号を付けてしまった数はその次から飛ばして進むことにしなくてはいけない.ともかくも,有理数全体の集合は可付番なのである.

13. この '可付番' という概念にいま少し分析を加えてみよう.

われわれは,普通,たとえば人間から成る二つの集合 A, B があったとき,どちらが人間を多く含んでいるかということを調べるには,まず A に含まれている人間の数と,B に含まれている人間の数とを勘定し,その '数' の大

きいほうを'多い'とする．しかし，提起された問題が'どちらが多いか'というのであり，'どちらがどれだけ多いか'ということを問うのでない限りにおいては，上の操作にかなりの無駄があることを認めなくてはならないであろう．そしてしかも'どちらが多いか'というだけの質問に対しては，別にAやBの人数を勘定しなくても正しい答の出せる方法が存在する，ということに注意しておく必要がある．

それは別にたいしたことではないが，次のようにすればよい．まず，AとBから一人ずつ人間を選び出してきて，その二人を握手せしめる．次に，AとBからこれらの人たちを除いてしまい，残りのAと残りのBからまた一人ずつ人間を選び出してきて，彼等を握手せしめる．かように，次々とAの人，Bの人を一人ずつ選び出してきて組を作っていけば，しまいには，少なくともどちらかの集合に人間がいなくなってしまうであろう．そのとき，もし，すでにAに人がいなくなったにもかかわらずBにまだ人が残っているならば，BのほうがAよりも多くの人を含んでいるのである．また，Bに人がいなくなったにもかかわらずAにまだ人が残っているならば，AのほうがBよりも人が多い，といわなければならない．さらに，もし同時に人がいなくなったとすれば，A, Bは同数——もちろんその数はわからないが——の人間を含んでいた，ということになるであろう．

以前から漠然とながら用いてきた概念であるが，一般に

二つの集合 A, B が与えられたとき，A の元と B の元とを一つずつ対応せしめ，もってどちらにも過不足なくなし得るならば，その対応のさせ方を A と B との間の '**一対一の対応**' と称する．この概念を用いれば，上に述べたことは次のように言い換えることができるであろう．

(1) A と B との間に一対一の対応があれば，A と B とは同数の人間を含む．

(2) A と，B の '真の一部分'，すなわち
$$B_1 \subset B$$
なる B_1 との間に一対一の対応があれば，B は A よりも多くの人間を含む．

(3) B と，A の真の一部分との間に一対一の対応があれば，A は B よりも多くの人間を含む．

ところで，われわれは，最初に，A, B の数を勘定して両者を比べる方法を述べたが，元来，集合の '元の個数' という概念は，この '一対一の対応' という概念に先んずるものではない．かえって集合の元の個数とは，互いに一対一の対応を持つ二つの集合が共有し，しからざる集合が共有しないところの一つの性質をば，われわれが抽象して獲得するところのものにほかならない．たとえば，われわれは

$$\{\bigcirc, \triangle, \square\}, \{a, b, c\}, \{\alpha, \beta, \gamma\}, \cdots$$

という数多の集合から，これらの集合が共有するただ一つの特性として個数 '3' を抽象するのである．

さて，かような見地から上の '可付番' という概念をふ

まず、一つの集合 M が可付番であるとは、言葉を換えていえば、畢竟、M と、自然数の集合：
$$\{1, 2, 3, \cdots, n, \cdots\}$$
との間に一対一の対応がある、ということである。つまり、M の元に番号を付けて
$$a_1, a_2, \cdots, a_n, \cdots$$
のように並べる、ということは、とりもなおさず
$$1 \text{と} a_1, 2 \text{と} a_2, \cdots, n \text{と} a_n, \cdots$$
というふうに互いに元を対応させる、ということにほかならない。してみれば、'無限に多くのものの個数' といえばいささか奇妙なことのようではあるが、ともかく 'すべての可付番集合の持つ特性' としてのその '元の個数' ともいうべきものをば、そこから抽象することができるであろう。

カントールは、この可付番集合の元の個数を
$$\aleph_0$$
と記した。$\aleph$ はヘブライ語の第一字母で、'アレフ' と読まれる。

14. ここで、このような '元が無限の集合' の '元の個数' に関して、ちょっと注意が必要である。すなわち、元が無限の集合では、それが有限の集合と異なり、A と
$$B_1 \subset B$$

なる B_1 との間に一対一の対応があっても，A の元の個数が B の元の個数よりも小さい，ということは一般にはいえない．すなわち，A と B とが同じ元の個数を持ちながら，さらに

$$B_1 \subset B$$

なる B_1 と A とが，したがってまた B と B_1 とが同じ元の個数を持つ，ということもあり得るのである．

たとえば，自然数の集合は有理数の集合のほんの一部分でしかないが，しかし両者とも可付番なのであるから，元の個数はともに

$$\aleph_0$$

である．また，任意の線分の上の点の個数は，線分の長短にかかわらず常に相等しい．それを見るには，AB と CD とを右図のように置き，BD と AC との交わりを P として，CD 上の Q には PQ の延長と AB との交わり R を対応させることにすればよい．それによって，AB 上の点全体と CD 上の点全体との間に一対一の対応のつくことを認め得るからである．

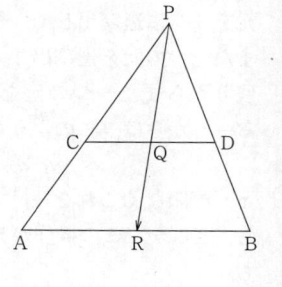

これは，'元が無限の集合'の著しい特徴であって，デデキントらはこれを'**無限集合**'の定義に採用しているくらいである．すなわち，彼によれば，一つの集合 A はそれ自

身と一致しないある一部分，すなわち
$$A_1 \subset A$$
なる A_1 と元の個数を同じゅうする——一対一の対応がある——とき，'**無限集合**' と称えられる．これが，われわれの無限——非有限——という観念とよく合うものであることは，次のようにしてこれを確かめることができる．

まず，'**有限集合**'，すなわちある自然数 n に対して
$$\{1, 2, 3, \cdots, n\}$$
なる集合との間に一対一の対応のある集合が，上の意味の無限集合でないことは明らかであろう．よって，有限ならざるすべての集合が上の意味の無限集合になることを示せばよい．

有限ならざる集合を M とせよ．いま，これから一つの元を任意に選び出して，それを a_1 とする．次に，残りからまた一つの元を選び出してそれを a_2 とする．さらに次に，残りからまた一つの元を任意に選び出し，それを a_3 とする．しからば，このような操作は
$$a_1, a_2, a_3, \cdots, a_n, \cdots$$
と，際限なくこれを続けてゆくことができるであろう．もし，どこかでこの操作が続行不可能となれば，M はすなわち
$$\{a_1, a_2, \cdots, a_n\}$$
のような集合ということになり，それが有限でないという仮定に反するからである．さて，いま，M から a_1 を取り除いた残りを N とする．しからば，

$$N \subset M$$

しかし，ここで，M の元のうち

$$a_1, a_2, \cdots, a_n, \cdots$$

のどれにも等しくないものにはそれ自身を対応させ，また

$$a_1 \text{ には } a_2, a_2 \text{ には } a_3, \cdots, a_n \text{ には } a_{n+1}, \cdots$$

と対応させていけば，結局，M と N との間に一つの一対一の対応が定まることになるであろう．よって，M はデデキントの意味の '無限集合' となるのである．

15. われわれは，自然数の集合も，偶数の集合も，奇数の集合も，さらに，一見これらよりもはるかに多くの元を含みそうな有理数の集合でさえもが，同じ元の個数：

$$\aleph_0$$

を持つ，ということを知った．しからば，すべて無限集合というものは，等しく

$$\aleph_0$$

という元の個数を持つのではあるまいか．——こういう疑問が当然ここに浮かんでくる．実は，この疑問からカントールの画期的な無限の学，すなわち '**集合論**' が生まれ出たともいえるのである．

カントールは，上の疑問は真実ではなく，たとえば，$0<x<1$ なる実数 x の集合は '可付番' ではない，ということを証明した：まず，このようなすべての実数は

$$0.a_1 a_2 a_3 \cdots a_n \cdots$$

というふうに'無限小数'に展開できることを注意しよう．以下においては，0.12 のようないわゆる'有限小数'は

$$0.1200\cdots0\cdots$$

のように，0 の限りなく続いた'無限小数'に展開されているものと考える*．いま，もしかりに $0<x<1$ なるすべての実数 x の集合が可付番であったとするならば，それらの実数にすべて番号を付けて

$$\alpha_1 = 0.a_1^{(1)}a_2^{(1)}\cdots a_n^{(1)}\cdots$$
$$\alpha_2 = 0.a_1^{(2)}a_2^{(2)}\cdots a_n^{(2)}\cdots$$
$$\cdots \quad \cdots \quad \cdots$$
$$\alpha_n = 0.a_1^{(n)}a_2^{(n)}\cdots a_n^{(n)}\cdots$$
$$\cdots \quad \cdots \quad \cdots$$

のように並べてしまうことができるはずである．ここに，a の肩の'(n)'という記号は，それを肩に持った a が'α_n'の小数展開の中に出てくる数であることを示すためのものである．さて，ここで次のような操作を試みよう．最初に，$a_1^{(1)}$ が偶数（0 も含めて）ならば $a_1=1$，またそれが奇数ならば $a_1=2$ と置く．次に，$a_2^{(2)}$ が偶数ならば $a_2=1$，しからざれば $a_2=2$ と置く．以下かようにして，一般に $a_n^{(n)}$ が偶数，奇数なるに従い，$a_n=1$ または 2 と置くことにする．さすれば，ここに

$$0.a_1a_2\cdots a_n\cdots$$

という一つの小数ができあがるであろう．ところで，この

---

* こうしておけば，各数がすべてただ一通りの仕方で小数によって表わされることは，前に述べておいた．

小数もたしかに $0<\alpha<1$ なる一つの実数 α を表わしているに違いない．しかも，$0<x<1$ なるすべての実数にはそれぞれ番号が付いていると仮定しているのであるから，この α にもなんらかの番号が付いていなくてはいけないであろう．しかるに，そのようなことはあり得ない．なぜなら，まず α は α_1 ではあり得ない．α と α_1 とは小数点下第一位が異なっているからである．また，α は α_2 でもあり得ない．それらは小数点下第二位が異なっているからである．以下同様にして，いかなる自然数 n に対しても，α は α_n に等しくはあり得ないであろう．かかる矛盾は，$0<x<1$ なる実数 x の集合が可付番でないことを端的に示すもの，というべきである．

カントールは，有限集合にその元の個数に関して種々の相違があるごとく，無限集合にも同様のいろいろの段階のあり得ることを，ここに見て取ったのであった．しかして，これを出発点として，直接'無限'の考察へと立ち向かったのである．

'無限' のさまざま

16. カントールは，一般に，集合の元の個数のことを，その集合の **'濃度'** * と称える．すなわち，A, B という二つの集合は，その間に一対一の対応のあるとき，

---

* 原語は 'Mächtigkeit'．基数ともいう．

そしてそのときに限って同じ濃度を持つ，というわけである．たとえば，有限集合の濃度は，当然，それに含まれる元の個数 n に等しく，また可付番な集合の濃度は $\aleph_0$ に等しい．

さらに，カントールは次のように定義する：二つの集合 A, B において，B の適当な一部分 B_1 をとるとその濃度は A の濃度と等しいが，B 自身は A と濃度を異にするとき，B の濃度 $\mathfrak{b}$ は A の濃度 $\mathfrak{a}$ よりも '**大きい**' と言い

$$\mathfrak{b} > \mathfrak{a} \text{ または } \mathfrak{a} < \mathfrak{b}$$

で表わす．これによれば

$$1 < 2 < 3 < \cdots < n < \cdots < \aleph_0$$

であることは明らかであろう．また，上に証明したことから，$0 < x < 1$ なる実数全体の集合の濃度を $\aleph$ と書くことにすれば，たしかに

$$\aleph_0 < \aleph$$

が成り立っている．

ところで，無限集合の濃度は

$$\aleph_0, \aleph$$

の二種類だけではない．ここで，カントールに従い，任意の濃度をとるとき，それよりもさらに大きな濃度が必ず存在する，ということを証明しておこう．すなわち，これがわかれば，無限集合の濃度には限りなく多くの違ったもののあることが認められるわけである．

さて，そのため，任意の集合 A をとり，それの一部分になっているような集合の一つ一つを元とする集合を B と

する．いわばそれは'集合の集合'である．以下において，A の濃度を $\mathfrak{a}$，B の濃度を $\mathfrak{b}$ とするとき，常に

$$\mathfrak{a} < \mathfrak{b}$$

の成り立つことを証明しよう．

第一に，B の中に A と濃度の等しい一部分のあることに注目する．つまり，A の任意の元 a に対して，その a だけを元とする集合：

$$\{a\}$$

は B の元であるが，このようなものを全部集めて B_1 とし，a に $\{a\}$ を対応させることにすれば，A と B_1 との間にはたしかに一対一の対応がつく．

しかし，A と B との間には決して一対一の対応がつけられないのである．かりについたものとして矛盾の起ることを示そう．

そもそも，そのような対応において，A の元 a に対応する B の元 α が，A の一部分として，常に a を元として含む，ということはあり得ない．なぜなら，そのようなときは，B の $\{a\}$，$\{b\}$，… のような元は a，b，… に対応するしかないが，その結果，$\{a, b\}$ のようなものには対応する A の元が無くなってしまうからである．よって，A の元の中には，それに対応する B の元に含まれないようなものが存在する．かようなものを集めて β としよう．

β は A の一部分であるから，当然 B の一つの元となっているはずである．よって，A の中にこれに対応する元 b が無くてはいけない．しからば，b は β に属するであろう

か，それとも属さないであろうか．

まず，b は β に属することはできない．なぜなら，もし b が β に属すれば，b はそれに対応する B の元に含まれているわけであるから，β に属する資格が無いこととなって矛盾を生じるからである．

ところが，b は β に属さない，ということもできない．なぜなら，b が β に属さないときは，β の作り方から明らかに，b は β に属する資格を持ってしまうからである．

これは，A と B との間に一対一の対応があるとしたことから起った矛盾にほかならない．

以上によって，われわれは
$$a < b$$
ということを知り得たわけである．したがって，任意の濃度 a には，常にそれよりも大きな濃度 b が存在する．

17. カントールは，大約かようにして，無限を一望に収める大胆な考察を進めてゆく．前に詳しく述べたように，ギリシア時代には意識的に排除されていたところの無限概念は，近世に至って積極的に把握され，かの'極限'の概念の形成をみた．しかし，そこに現われた無限は'限りなく大きくなる'有限を通して把握されたところの，いわば過程的な無限——'仮無限'である．それに対して，カントールのとらえ，かつ操った無限は，まさしく'無限'そのもの，鳥瞰的に眺められた'実無限'ともいうべきものであろう．この意味から，カントールは，自分の

考察の対象となったものを '**無限**（infinite）' とはいわず，'**超限**（transfinite）' と称した．

上述のことがらは，主として物の個数——'**基数**'——の概念の無限への拡張に関しているが，彼はそのほか，物の序列を示す数，すなわちいわゆる '**序数**' の概念の無限への拡張をも精細に論じている．

彼は，'数学の本質はまさにその自由にある' という．彼によれば，数学は思惟可能なあらゆるものを対象となし得るのであって，そこには，ただその基本的な規約が矛盾を含まず，また，既定の事項をなるべく保存包含するものでなければならぬ，という制限があるにすぎない．この信条に基づいて，彼は '無限' を数え得るものとし，したがってまた '濃度' という新しい '数' を創造することができたのであった．

この立場は，もちろん，のちのヒルベルトの公理主義と相通じるものを持っているが，不幸にも，彼の建設した理論からは至るところ破綻が生じることとなってしまった．これについてはのちに触れるであろう*．

＊ 集合論については，上江洲忠弘　集合論・入門（遊星社）参照．

9. 数学の基礎づけ
——無限の学の破綻と証明論の発生——

実数の構成法の吟味——ラッセルの背理——無矛盾性の証明はいかにすればよいか——'証明'の構成——無矛盾性証明の一例

実数の構成法の吟味

1. 前に,ヒルベルトの作った幾何学の公理系の'無矛盾性'が実数の概念の無矛盾性に帰着せしめられることを明らかにしておいた.われわれは,前章の初めにおいて,実数というものをば,有理数を基礎として厳密に構成することに成功したのであるから,今や,この'実数の概念は矛盾を含むかどうか'という問題をはっきりした形で取り扱うことができる.また,この問題が解決された暁において,はじめてわれわれの扱う数学も'公理主義的'に完結したものとなるわけである.以下,かような目標の下に,実数の構成法をいま少し詳しく見直してみることにしよう.

'実数'とは,畢竟'有理数の切断'にほかならなかった.よって,ここにもし

(1) 有理数固有の四則や大小の順序関係
(2) 有理数の切断を定義し,それについての基本的な

性質を導く操作

の二つを総合した概念から矛盾が引き出されないことがわかれば，実数の概念自身矛盾を含まないであろうことは確かである．

ところでよく考えてみると，この二番目の '切断を定義し，それについての基本的な性質を導く操作' すなわち，実数を定義し，四則や順序を定め，実数の連続性を証明したりする仕方は，もっぱら '集合' に関連した議論に属している．そもそも，'切断' とは有理数の二つの '集合' A_1, A_2 の組：$(A_1|A_2)$ である．また，二つの実数
$$\alpha = (A_1|A_2), \ \beta = (B_1|B_2)$$
の大小関係 $\alpha \leq \beta$ は，集合 A_1, B_1 の '包含関係'：
$$A_1 \subseteq B_1$$
に帰着される．さらに，その和 $\alpha + \beta$ を考えるということは，A_1 の中から x，B_1 の中から y を取り出してきて $x+y$ を作り，それを集めて '集合' C_1 を構成する，ということである．

してみれば，われわれの目的のためには，本来の有理数の概念，すなわち(1)に，かような，集合に関する若干の操作を許す条項をも加えた，一段と広い概念に矛盾が含まれるかどうか，ということが究められればよいことになるのである．

2. ところで，'有理数' というものは '整数' から次のようにしてこれを構成し得る．これは，実数が

有理数から作られたのと同一の思想圏内に属することがらである．

元来，すべての有理数は分数：

$$\frac{m}{n} \ (n>0)$$

であるから，'整数の商'と考えられる．すなわち，二つの整数があれば，そこに一つの有理数が定まるのである．よって，二つの整数の対(m, n)の間に適当な四則や大小を定義すれば，ここに有理数ができあがるであろう，と察せられる．以下の議論は，この考え方に基づくものにほかならない．

いま，整数全体の集合を G としよう．G の元の対 (m, n) のうち，n が正：$n>0$ であるようなものをすべて考え，その間に次のような仕方で'相等''四則'および'順序'を定義する：

(1) $(m, n)=(m', n')$ とは $mn'=m'n$ なることを意味する．

(2) $(m, n)+(m', n')=(mn'+m'n, nn')$

(3) $(m, n)(m', n')=(mm', nn')$

(4) $(m, n)>(m', n')$ とは $mn'>m'n$ なることを意味する．

実は，かような対全体が'有理数'を形づくるのである．以下にそれを確かめてみよう．'対'全体の集合を R と書く．

まず，$(m, 1)$ という形の対全体を考えれば，定義からた

だちに

(i) $(m, 1)=(n, 1)$ とは $m=n$ なることを意味する.

(ii) $(m, 1)+(n, 1)=(m+n, 1)$

(iii) $(m, 1)(n, 1)=(mn, 1)$

(iv) $(m, 1)>(n, 1)$ とは $m>n$ なることを意味する.

ということが出てくる. すなわち, $(m, 1)$ という形の対に対しては, それを加えたり, 掛けたり, 比べたりするとき, '(, 1)' という記号を無視して整数 m だけに注目し, それを加えたり, 掛けたり, 比べたりすれば十分であることが確かめられるのである. よって, このことを根拠として, m という整数と $(m, 1)$ という対とをまったく同じものと見なし, $(m, 1)$ を単に m と書くことにすれば, 各整数は R に含まれているもの, と見ることができるであろう: $G \subseteq R$.

次に, この R が '体' を作ることを確かめる.

(I)

(1) $(a+b)+c=a+(b+c)$:

$((m, n)+(m', n'))+(m'', n'')$
$=(mn'+m'n, nn')+(m'', n'')$
$=(mn'n''+m'nn''+m''nn', nn'n'')$

$(m, n)+((m', n')+(m'', n''))$
$=(m, n)+(m'n''+m''n', n'n'')$
$=(mn'n''+m'nn''+m''nn', nn'n'')$

よって

$((m, n)+(m', n'))+(m'', n'')$

$$= (m, n)+((m', n')+(m'', n''))$$

(2) すべての a に対して $a+\theta=\theta+a=a$ であるような θ が存在する．

これについては $(0, 1)=0$ が θ の代わりをする．すなわち，

$$(m, n)+0 = (m, n)+(0, 1) = (m, n)$$
$$= (0, 1)+(m, n) = 0+(m, n)$$

このような θ が二つないことは次のことから知られる：このような条件をみたすものがもう一つあったとし，これを θ' とおけば

$$\theta' = \theta'+\theta = \theta$$

(3) 各 a に対して $a+a'=\theta=a'+a$ なる a' がある．

これについては (m, n) に対して $(-m, n)$ が a' の代わりをする．すなわち，

$$(m, n)+(-m, n) = (0, nn) = (0, 1) = 0$$
$$= (-m, n)+(m, n)$$

このような a' が二つないことはたやすく知られる．

(4) $a+b=b+a$:

$$(m, n)+(m', n') = (mn'+m'n, nn')$$
$$= (m', n')+(m, n)$$

(Ⅱ)

(1) $(ab)c=a(bc)$:

$$((m, n)(m', n'))(m'', n'') = (mm', nn')(m'', n'')$$
$$= (mm'm'', nn'n'')$$
$$= (m, n)(m'm'', n'n'')$$

$$= (m, n)((m', n')(m'', n''))$$

(2) すべての a に対して $a\varepsilon = \varepsilon a = a$ であるような ε がある.

これについては $(1, 1) = 1$ が ε の代わりをする. すなわち,

$$(m, n)1 = (m, n)(1, 1) = (m, n)$$
$$= (1, 1)(m, n) = 1(m, n)$$

このような ε が二つないことは, θ の場合と同様にして知られる.

(3) $a \neq \theta$ ならば $aa'' = a''a = \varepsilon$ なる a'' がある.

$a = (m, n)$ に対しては, $m > 0$, $m < 0$ なるに従い, (n, m), $(-n, -m)$ がそれぞれ a'' の代わりをする. すなわち,

$$(m, n)(n, m) = (mn, mn) = (1, 1) = 1 \quad (m > 0)$$
$$(m, n)(-n, -m) = (-mn, -mn)$$
$$= (1, 1) = 1 \quad (m < 0)$$

このような a'' が二つないことはたやすく知られる.

(4) $ab = ba$:

$$(m, n)(m', n') = (mm', nn') = (m', n')(m, n)$$

(Ⅲ)

$a(b+c) = ab + ac$:

$$(m, n)((m', n') + (m'', n''))$$
$$= (m, n)(m'n'' + m''n', n'n'')$$
$$= (mm'n'' + mm''n', nn'n'')$$
$$= (mm'n'', nn'n'') + (mm''n', nn'n'')$$

$$= (mm', nn') + (mm'', nn'')$$
$$= (m, n)(m', n') + (m, n)(m'', n'')$$

さて，(Ⅱ)の(3)における a'' はちょうど $\dfrac{1}{a}$ に相当するものであったから，以下，ab'' という形のものは，すべてこれを

$$\frac{a}{b}$$

と記すことにしよう．しからば，任意の対 (m, n) は

$$(m, n) = (m, 1)(1, n) = (m, 1)(n, 1)''$$
$$= \frac{(m, 1)}{(n, 1)} = \frac{m}{n}$$

と書くことができる．いま，この'分数'の形に上の四則，順序，相等の定義を翻訳すれば，次のようになる：

(1') $\dfrac{m}{n} = \dfrac{m'}{n'}$ は $mn' = m'n$ なることを意味する．

(2') $\dfrac{m}{n} + \dfrac{m'}{n'} = \dfrac{mn' + m'n}{nn'}$

(3') $\dfrac{m}{n} \cdot \dfrac{m'}{n} = \dfrac{mm'}{nn'}$

(4') $\dfrac{m}{n} > \dfrac{m'}{n'}$ は $mn' > m'n$ なることを意味する．

すなわち，ここに有理数がまさしく整数から構成できたことを認めることができる．

3. ところで、'整数' はこれを二つの '自然数の差' $a-b$ として表わすことができる。たとえば
$$-5 = 1-6, \quad 3 = 4-1, \quad 0 = 5-5$$
よって、二つの自然数の対 (a, b) の間に適当に順序や加法、乗法などを定義すれば、そこに整数ができあがるであろう、と考えられる。以下、この方針に従って、整数を構成することを試みよう。

まず、上のように、自然数の対 (a, b) をすべて考え、これらの間に、次のようにして '相等' '加法' '減法' '乗法' および '順序' を定義する：

(1) $(a, b) = (c, d)$ とは $a+d = b+c$ なることを意味する。

(2) $(a, b) + (c, d) = (a+c, b+d)$

(3) $(a, b) - (c, d) = (a+d, b+c)$

(4) $(a, b)(c, d) = (ac+bd, bc+ad)$

(5) $(a, b) > (c, d)$ とは $a+d > b+c$ なることを意味する。

しかるときは、$(1+a, 1)$ という形の対全体は自然数とまったく同じ性質を持つことが確かめられる：

(ⅰ) $(1+a, 1) = (1+b, 1)$ とは $a = b$ なることを意味する。

(ⅱ) $(1+a, 1) + (1+b, 1) = (2+a+b, 2)$
$\qquad\qquad\qquad\qquad = (1+a+b, 1)$

(ⅲ) $(1+a, 1) - (1+b, 1) = (2+a, 2+b)$
$\qquad\qquad\qquad\qquad = (1+a-b, 1)$

(iv) $(1+a, 1)(1+b, 1)=(2+a+b+ab, 2+a+b)$
$$=(1+ab, 1)$$

(v) $(1+a, 1)>(1+b, 1)$ とは $a>b$ なることを意味する.

よって,ここに '$(1+ , 1)$' という記号を無視して, $(1+a, 1)$ を単に a と書くことが許されるであろう.

一方,さらに,上のような対の全体に対して '加減乗' の三則が通常のごとくまったく自由に遂行できることをもたやすく確かめることができる.そのためには,'体の公理系' における,例の a'' の存在を主張する公理以外のすべての公理を調べればよいのであるが,煩をいとってここでは省略しておこう.

ところで,任意の対 (a, b) は

$(a, b) = (a+2, b+2) = (a+1, 1)-(b+1, 1) = a-b$

という形である.しかも,上に掲げた相等や三則などの定義を,このような '差' の形へと翻訳すれば,それは次のようになる:

(1′) $a-b=c-d$ とは $a+d=b+c$ なることを意味する.

(2′) $(a-b)+(c-d)=(a+c)-(b+d)$

(3′) $(a-b)-(c-d)=(a+d)-(b+c)$

(4′) $(a-b)(c-d)=(ac+bd)-(bc+ad)$

(5′) $a-b>c-d$ とは $a+d>b+c$ なることを意味する.

したがって,ここにすべての整数が '自然数の差' とし

て確実に構成できたのである.

4. さて,前節および前々節の結果を総合すれば,次のようにいわれるであろう.

まず,有理数とは整数の対 (m, n) であった.また,整数は自然数の対 (a, b) である.よって,有理数の概念は,自然数の概念と,かような'対'を作り,それについて推論することを許す幾つかの法則とから成り立っている.その結果,ここに'対'というものの本質が,必然的に脚光をあびることとなるのである.

しかしながら,'対'の概念をよく反省してみると,ここに案外な問題がひそんでいることがわかるであろう.すなわち,たとえば'α と β との対 (α, β)'とは何かと聞かれた場合,単に'α と β とを並べたもの'というだけでは,'α が先で β が後'というような観念が定かには分離されておらず,多分にあいまいさをふくむものであることに気がつくであろう.

これに対し,現今では,対というものを一つの集合として天降りに定義するのが流行となっている.すなわち,対 (α, β) をば,

$$\{\{\alpha\}, \{\alpha, \beta\}\}$$

なる集合を意味するものと規約するのである.もっとくわしくいえば:そもそも対の最も基本的な性質は

$$(\alpha, \beta) = (\gamma, \delta)$$

から $\alpha = \gamma$, $\beta = \delta$ が導かれる,ということであるが,実は,

われわれは上の定義から，これをたやすく証明することができるのである．次に，その証明を掲げておこう：

(1) $\alpha=\beta$ の場合．$\{\alpha, \beta\}=\{\alpha, \alpha\}=\{\alpha\}$ であるから，(α, β) は $\{\alpha\}$ というただ一つの元しか含まない．したがって (γ, δ) も同様である．よって，$\{\gamma\}=\{\gamma, \delta\}$．これより $\gamma=\delta$．ゆえに

$$\{\{\alpha\}\}=\{\{\alpha\},\{\alpha, \beta\}\}=\{\{\gamma\},\{\gamma, \delta\}\}=\{\{\gamma\}\}$$

したがって，$\{\alpha\}=\{\gamma\}$ すなわち $\alpha=\gamma$．こうして，$\alpha=\gamma$，$\beta=\delta$ が得られた．

(2) $\alpha\neq\beta$ の場合．$\{\alpha\}\neq\{\alpha, \beta\}$ だから，(α, β) は二つの異なった元を含んでいる．よって，(γ, δ) もそうでなければならない．これ，$\{\gamma\}\neq\{\gamma, \delta\}$ であることを示す．すなわち $\gamma\neq\delta$．次に，$(\alpha, \beta)=(\gamma, \delta)$ より，$\{\alpha\}$ は $\{\gamma\}$，$\{\gamma, \delta\}$ のどちらかと等しいが，$\{\alpha\}$ は一つの元，$\{\gamma, \delta\}$ は二つの元から成るから，$\{\alpha\}\neq\{\gamma, \delta\}$．よって，$\{\alpha\}=\{\gamma\}$ すなわち $\alpha=\gamma$．同様に $(\alpha, \beta)=(\gamma, \delta)$ より $\{\alpha, \beta\}=\{\gamma, \delta\}$，すなわち，$\{\alpha, \beta\}=\{\alpha, \delta\}$．これより，$\beta=\delta$ が得られる．

こうして $(\alpha, \beta)=(\gamma, \delta)$ より，$\alpha=\gamma$，$\beta=\delta$ が出ることがわかった．

もっとも，'対' のとらえ方は，上に述べたもの（クラトフスキ（Kuratowski）による）以外にもないわけではない．しかし，ここでは，簡単のため，かような方法を採ったのである．

さて，'対' がこのような '集合' だということになれば，有理数の概念は，自然数本来の概念，および集合に関する

推論を許す若干の規則から組み立てられている，と見ることができる．

さきに，われわれは，'実数' が有理数本来の概念に，集合に関する推論を許す若干の規則を加えて構成できることを認めた．よって，'実数概念の無矛盾性' を見るためには，つまるところ

(ⅰ) 自然数本来の概念

(ⅱ) 集合に関連した推論を許す若干の規則

の二つを総合したものが無矛盾であることを確認すればよい，ということになるわけである．

さて，自然数本来の概念は次の公理系の形に整理される．これは，ペアノ (Peano, 1858-1932) の考案によるものに些少の修正を加えたものであって，その定義されない基本的な術語は '自然数' と '1' と '和' と '積' との四つである．

(1) 1 は自然数である

(2) x, y が自然数ならば，その和 $x+y$ もまた自然数である

(3) $x+1=1$ なる自然数 x は存在しない

(4) $x+y=y+x$

(5) $(x+y)+z=x+(y+z)$

(6) $x+z=y+z$ ならば $x=y$ である

(7) x, y が自然数ならば，その積 xy もまた自然数である

(8) $1x=x$

(9)　$(y+1)x = yx + x$

(10)　$xy = yx$

(11)　$(xy)z = x(yz)$

(12)　自然数全体を N とするとき，その一部分 M が
　　(α)　M は 1 を含む
　　(β)　M が x を含むならば，$x+1$ をも含む
　という二つの条件を満たせば，必然的に $M=N$ となる．

　以上によって，実数概念の無矛盾性を示すためには，

　(a)　この十二個の公理
　(b)　集合に関連した若干の公理

から成る一段と広い公理系の無矛盾性が示されればよい，ということになってくる．

　もっとも，自然数の公理系中に現われる'和' $x+y$ や'積' xy という概念は，実は，(x, y) という'対'に対していま一つの自然数を対応させる仕方である，とも見なすことができる．すなわち，自然数の間に加法なら加法が定まっている，ということは，とりもなおさず，自然数の任意の'対' (x, y) に対していったいどのような自然数がその和として対応させられるか，という規則が指定されていることにほかならないのである．してみれば，各対 (x, y) ごとにそれに対応させたいと思う自然数 z を持ってきて作り上げたところの

$$((x, y), z)$$

なる'対'の全体があらかじめ与えてあれば，それがすな

わち加法が定まっているということだ、とは考えられないであろうか．

かかる見地からすれば、上の(a)の中には、すでに(b)が用いられているわけであって、そこにさらに整理の余地のあることが感じ取られるのである．

もちろん'対'や'加法'や'乗法'といったようなものに対してもっと別の見方を採るとすれば、それに応じて、また別の整理の仕方もあるであろうことはいうまでもない．

ともあれ、'実数'の概念がどのようなところへ帰着せしめられるか、ということは、以上により明らかとなったと思われる．

5. ここで、前節に述べた自然数の公理系における最後の公理について一言しておきたい．これは、普通'数学的帰納法の公理'と称えられる習慣である．

一般に、任意の自然数 n に対して

$$n^2+1,\ n$$

という二つのものを考えてみると、二、三やってみればすぐわかるように、常に

$$n^2+1 > n$$

である．これを厳密に証明するには次のようにすればよい．

まず、どういう n に対しても

$$n \geq 1$$

この両辺に n を掛けて
$$n^2 \geqq n$$
よって
$$n^2+1 > n$$

しかしながら、この際次のように段階に分けて考えたらどうであろうか.

(a) n が 1 ならば、$n^2+1=2$ であるから
$$n^2+1=2 > 1=n$$
よってこの場合、上の式は正しい.

(b) いま、ある m について上の式が正しかったとせよ：
$$m^2+1 > m$$
しからば、この両辺に $2m$ を加えて
$$m^2+2m+1 > m+2m$$
$$(m+1)^2 > m+2m \geqq m+2 > m+1$$
ゆえに
$$(m+1)^2+1 > m+1$$
したがって、$m+1$ についても上の式は正しい.

(c) 任意の自然数を x とする. 問題の式は、(a)によって 1 のとき成立している. ゆえに(b)によって $1+1=2$ のときも正しい. したがってまた、$2+1=3$ のときも正しい. 同様のことを何回か繰り返せば、ついには x のときも正しいことがわかるであろう.

初めに掲げた証明に比べて長々しいことは争えないが、よく見ればなかなか巧妙なやり方であることがわかると思

われる.そして,さらに,これは種々のことがらに利用できそうな仕方であると予想されるであろう.

事実,かような推論方法は '**数学的帰納法**' と呼ばれ,十七世紀ごろからしごく有効に用いられてきたものである.数学的帰納法の公理は,畢竟,かような推論方法を許す事実をば,自然数の基本的特性としてこれをはっきりと掲げたものといってよい.

この公理を基礎にすれば,上の証明は次のように見通しよく書き換えることができる.

式:$n^2+1>n$ を成り立たせるような自然数の集合を M とすれば,これは(a)より 1 を含み,また(b)によりある m を含めば $m+1$ をも含んでいる.よって公理を用いて

$$M = N$$

これ,とりもなおさず,N のすべての元,すなわちすべての自然数が $n^2+1>n$ を成り立たせるということにほかならない.

ラッセルの背理

6. われわれは,'実数概念の無矛盾性の証明' という目標の下に,ここまで分析を重ねてきたのであった.ここに,あるいは,かようなことを数学者の閑事業にすぎないと評される向きもあるかと察せられる.しかし,これは数学における最も重大な問題の一つなのであって,大げさにいえば,ここに数学の浮沈がかけられているので

ある。それを説明するためには、歴史的に見出された'集合論の矛盾'に言及するのが捷径であろう。

まず最初に、自分自身を元として含むような集合がたしかに存在することに注意しよう。たとえば、ここに'ありとあらゆる集合を元とするような集合'というものを考えてみる。すなわち、すべて'集合'といわれるものはことごとくその元であり、また、集合でないものはそれに属さない、というようなそういう集合を考えるのである。かような集合はたしかに存在するであろう。いまこれを M とすれば、M 自身一つの集合であり、また、それは集合すべてを集めたものなのであるから、当然、M は M 自身を元として含んでいなくてはいけない、ということになる。

さて、ここで、かように自分自身を元として含むような集合を除外し、'自分自身を元として含まないような集合'全体を集めて N としよう。しからば、N は N 自身を元として含むであろうか、それとも含まないであろうか。

まず、N は N 自身を元として含むことはできない。なぜなら、もし N が N 自身を元として含むならば、そもそも N が'自分自身を元として含まないようなもののみを全部集めたもの'である以上、N も自分自身を元として含み得ないことになるからである。

ところが、さらに、N は N 自身を元として含まないというわけにもいかない。なぜなら、もし N が N 自身を元として含まないならば、N の作り方から明らかに N は N の元でなくてはならない、ということになる。これは矛盾で

あろう．

　この背理は，いったいどこが間違っているのであろうか．

　実をいうと，現在のところでは，まだ，これは非常な難問として残されているのである．これは，ラッセル (Russell, 1872-1970) によって見出されたものであって，そのゆえに彼の名を冠して'ラッセルの背理'と称えられている．まさしく，'集合'概念が少しく自由に過ぎ，そのままでは矛盾を含んだものであることを如実に示すものであろう．しかも，見出された背理はこれのみにとどまらない．すなわち，このほかにも，種々の人たちがさまざまの背理を集合概念の中から導き出してきているのである．

　われわれは，さきに，実数の概念が，自然数の概念と，集合に関する推理を許す若干の規則からできていることを示した．もとより，実数論や微分積分学においては，同じく'集合'に関するとはいえ，上のような種類の推論はこれを必要としない．しかし，'矛盾'はかように実際'起り得る'ものなのである．'無矛盾性'の論議が無視できない重要さを持つことは，これだけからも納得されるであろう．

　上の背理は，'数学の基礎'に関して，激しい危機感を醸し出したものである．上にも述べたように，本質的な困難は今日もなお解決されていない，といってよいであろう．ただし，おそらくは無矛盾と信ぜられるような集合論の公理系は，幾つか工夫されている．しかし，それらは，何の

理由もなく '集合' というものを著しく制限し，もって，たとえば 'すべての集合を元とするような集合' というようなものはこれを考えさせないでおこう，という趣旨に基づいている．

なぜ，考えてはいけないのであろうか．そうしなければ矛盾が起るから，というだけでは，そこになんらの解決も与えられない．カントールの自由数学は，こうして，あまり定かな理由もなく次第に色あせてゆく結果となった．

無矛盾性の証明はいかにすればよいか

7. さて，それでは，自然数の公理系や，それに集合に関連した幾つかの公理をつけ加えたものの無矛盾性は，これをいったいどのようにして確かめたらよいのであろうか．以下においては，この問題に少しく言及したいと思う．

実のところをいうと，残念ながら，まだ，その無矛盾性は完全には確かめられていないのである．もっとも，本来の自然数の公理系についてはそうとうに良い結果が出ており，あまりうるさい注文をつけさえしなければ，すでに無矛盾なことがわかったといってもさしつかえないくらいにはなっているのであるが，それから先はまさしく波瀾万丈で，実数概念の無矛盾性の証明となるとほとんど見通しさえもつかないというありさまである．ここでは，そのような面倒な事情を説明するよりもむしろ，どうやって無矛盾

9. 数学の基礎づけ——無限の学の破綻と証明論の発生——

性を確かめるのか，というその '方法' について述べてみたい．

まず，この問題に当面するとき，幾何学の公理系の無矛盾性を実数概念の無矛盾性に移し得たようには事がうまく運ばれないことに注意する．あの場合には，いわば，実数の概念を用いて '幾何学の模型' を実際に作って見せることにより，幾何学に矛盾のないことを示そう，と試みたのであった．しかしながら，目下の場合には，かような模型を組み立てるべき資材を，われわれは，もはや，持ち合わせていないのである．そもそも，'自然数' や '集合' というものは最も根源的なものであるから，なんらかの形においてこれらの概念を予想せずには他のいかなるものも考えられず，したがって，その考察を他に転嫁できないことが了解されるであろう．それゆえ，自然数の公理系にしろ，それに幾つかの公理をつけ加えたものにしろ，その無矛盾性の証明に関しては，正面からそのもの自身に取り組んでゆくことが必要となってくる．言い換えれば，これらの公理系から理論を展開してゆく際の数学的な '証明' そのものを対象として，そこに矛盾の生じないことを示さなくてはいけなくなってくるのである．

しかしながら，ここに一つの問題がある：いったい，'証明' そのものを対象として，公理系から矛盾が出てこないことを '証明' する，ということに意味があるのであろうか．無矛盾を示すところの '推論' 自身ははたして無矛盾なのであろうか．論理で論理自身を批判する，というの

は，元来許しがたい循環ではないか．

　ヒルベルトは自己の掲げた'公理主義'の旗印の責任においてこの問題と取り組んでいった．そして，無矛盾性問題の打開のためには，どうしても次のように考えざるを得ないと思い至ったのであった．

　まず，われわれは，どうしても'証明'を対象として'推論'しなくてはならない．それは'公理主義'の宿命である．したがって，'証明'を対象とする'推論'をばなるべく明瞭なものに制限することによって上のような循環を避ける，というふうにする以外には方策は考えられないであろう．しかし，それは決して望みのない方法ではなく，たとえば，ここに数学における'証明'というものが単なる'文字の羅列'と眺められるくらい完全に対象化され，一方，それについての推論がきわめて明瞭なものであるならば，上のような循環を避けることもあながち不可能なことではない，と考えられる．

　それでは，いったいどのくらいまでの推論が'きわめて明瞭'なものとして許されるであろうか．

　そもそも，たとえば，盤上に配列された将棋の駒についての議論のように，'目の前にあるもの'についての論議ほど'明瞭'なものはないであろう．したがって，欲をいえば，自然数なら自然数についての'証明'から矛盾が引き出されないことを示すのに，目のあたりその'証明'の実際を見ながら推論できればそれに越したことはない，というべきである．しかしながら，不幸にも，そのようないわ

ば '観察' とも称すべき方法で最後まで押し通すことはとうてい望み得られようもない．無矛盾性の論議においては，どうしても無限に多くの可能的な '証明' 全体を対象としなくてはならず，したがって上のようなことは悟り以外にはあり得ない，ということになるであろう．してみれば，目の前にそろえることのできないような無限に多くのものについて推論することもやはり何ほどかは許されねばならなくなってくる．

しかしながら，ここに，言いのがれのようではあるが，たとえ目の前にないものであっても，その性格においてほとんど目の前にあるに等しいようなものであれば，同様にきわめて高い明瞭さをもってこれを推論できるのではあるまいか．ヒルベルトは，かような考え方から **'有限の立場'** と呼ばれるものを提唱するに至った．それは，われわれが目前にあるものの考察から抽象的なものの考察へと足を踏み出す際一番最初に獲得するところの最も基本的な推論のみを許そう，とする立場である．すなわち，目の前のものについての認識以外に，'最も原始的な悟り' をも認めようとする立場にほかならない．

8. それでは，その '最も原始的な悟り' とはいったいどういうものなのであろうか．

そもそも，目前にないもののうちで最も簡単なものは，なんらかの意味において **'構成的'** なものであろう，と思われる．ここに '構成的' なものとは，目前にあるごく少

数の原素的なものから，他のすべてのものを順々に作り出す一般的な仕方——'**一般構成規則**'——が与えられているようなもののことにほかならない．たとえば，われわれの観念の中にある'自然数'というものは'構成的'なものである．すなわち，われわれの観念の中にある自然数の系列は次のようにしてできている，と考えられる：

(1) '1'というものを与える．

(2) あるものが与えられたら，その'次のもの'を与える．

(3) このようにして現われるもののみを自然数と名づける．

'1'は(1)および(3)によって自然数である．さすれば，(2),(3)によって，その'次のもの'，すなわちわれわれのいう'2'もまた自然数である．しからば次には，その次のもの'3'がまた自然数である．以下同様にこれを限りなく行えば，それですべての自然数が出てきてしまうであろう．この場合，上にいった'原素的'なものはすなわち'1'であり，また，'次のもの'を作るという操作が'他のすべてのものを順々に作り出す方法'に該当している．

さて，われわれはこの自然数については，たとえば'数学的帰納法'を用いることによって，目前にあるものについての推論と同じくらい明瞭な推論を遂行することができた．それとまったく同様に，一般に構成的なものについては，数学的帰納法とまったく同種の論法によって，種々のことを確かめることができるのである．すなわち，構成的

なものについてある事実を認めたいときは，次のようにすればよい：

(a) 原素的なものについてそれを認める．
(b) あるものについてそれが認められたとしたとき，それから例の'一般構成規則'によって作られるすべてのものについても同じことが認められる，ということを確かめる．

(a)によって，'原素的'なものについてはその事実は正しい．しからば，(b)によって，原素的なものから一般構成規則を適用して作られるすべてのものについてもその事実は正しい．しからばさらにまた，(b)によって，それから一般構成規則によって作られるすべてのものについてもやはりそれは正しい．以下同様．しかも，任意のものは原素的なものからいつかはかようにして目の前に作り出されるのであるから，その問題の事実はすべてのものについていかにも正しい，というべきである．

'構成的'なものについてのこの種の推論を'**一般帰納法**'という．ヒルベルトは，これによって確かめられる事実こそ'最も原始的な悟り'である，とし，これのみを許す立場を'有限の立場'と名づけたのであった．

この立場は，'推論'とはいっても，'観察'をほんの少しばかり拡げたくらいのものしか許さないのであるから，おそらくは'論理で論理を批評する'という類の循環は起らないであろう．

われわれも，率直にこの立場を認めて話を進めることに

する．

なお，この立場に立って，数学の理論の無矛盾性を証明しようとする分野を**証明論**と称する．

'証明'の構成

9. とはいうものの，自然数論や実数論，あるいは一般に特定の公理系から出発する数学理論における'証明'というものは，はたしてこの'一般帰納法'の対象となり得るものなのであろうか．言い換えれば，いったい，数学における'証明'というものは'構成的'なものなのであろうか．

実は，幸いなことに，数学におけるあらゆる証明は，これを'構成的'なものとしてとらえ得ることが経験的に知られているのである．これを以下に説明しよう．

まず，数学における'証明'は言葉によってなされるのであるが，言葉にはとかくあいまいな点が多いから，それらをすべて記号で置き換えることを工夫する．ところで，こういうもくろみをもって数学の体系を観察するとき，人はただちに次のようなことに気がつくであろう．

すなわち，そもそも数学はすべて一定の公理系から展開されるものであるから，'すべての'とか'存在する'とか'……ではない'とかいう類の'論理的'な言葉を除外すれば，本質的には'定義されない基本的な術語'しか残らないであろう，ということである．もちろん，そのほかにも

多くの言葉が出てはくるであろうが，そのようなものは，すべて，'定義されない基本的な術語' と '論理的な言葉' とを組み合わせてできた言葉と同等のものとして '定義' されていなければならない．これは実は公理主義における眼目の一つなのであった（第六章）．

そこで，大ざっぱにいって，ここで '定義されない基本的な術語' を表わす記号と，'論理的な言葉'——これは実はごく少ない——を表わす記号とを定めれば，数学における '証明' とはこれらを種々の形に有限個連ねたものとして，それは '構成的' なものであろう，という想像がつけられるのである．

より詳しく立ち入ってみよう．

10. まず **'論理的な言葉'** であるが，これは結局次の五個に尽きることが知られている：

(1)　……または……
(2)　……かつ……
(3)　……ではない
(4)　すべての x について……
(5)　……であるような x が存在する

これらは，それぞれ

(1′)　……∨……
(2′)　……∧……
(3′)　¬……
(4′)　$\forall x$……

(5′) $\exists x \cdots\cdots$

のように記される習慣である．これらを**論理記号**という．

このような記号の使い方についての二，三の例をあげておく：

$(1=2)\vee\{\neg(1=2)\}$

　　　　$1=2$ であるかまたは $1=2$ ではない

$\forall x(1=x)$

　　　　すべての x について $1=x$ である

$\exists x\{\neg(2=x)\}$

　　　　$2=x$ でないような x が存在する

さて，論理的な言葉を表わす記号は以上で全部であるが，論理的な言葉には，実は，このほかにもう一つ，

　　　　　'A ならば B である'

という命題に見られるような '……ならば……' というのがある．しかしながら，これは上に掲げたものを適当に組み合わせて表わすことができるために，特別な記号は必要ないのである．このことは現代の数学における最も重要な慣用の一つに関係するから，これを機会にちょっと説明を加えておく．

古来，'A ならば B である' という命題は，'私に羽があったならば君の所へ飛んで行くであろう' という例におけるように，A が偽りであるときは命題自身意味がない，とされている．かような命題は，前提が真実ではないのであるから，もちろんいわば '仮想的' な命題であって，そのようにするのが常識的なのかもしれないが，よく考え直し

てみた場合，そのような処置に不満が起らないわけではない．たとえ，次の瞬間羽が生えたとし，そのとき飛んで行かないかもしれないとしても，'私に羽はないけれども，現在あったとしたら飛んで行くであろう' ということ自身十分許されることではあるまいか．前提がすでに偽りならば結論として何事も起り得ないことはもちろんではあるが，その何事も起らないことを幸いに勝手なことを主張していっこうかまわないのではないか．そもそも，かような命題の核心は A や B の真偽にあるのではなく，'A が起ったとしたら B' という，A と B との '関係' にあるわけであるが，この関係そのものはそのような場合にも十分意味を持つ，というべきではあるまいか．

このような根拠から，現今の数学では，便宜上，'A ならば B である' という命題において A が偽の場合には，B が真であろうとなかろうと，この命題自身は '真' である，と規約する．ただし，A が真である場合には，B が真でない以上命題を真といわないことはもちろんである．換言すれば，'A ならば B である' という命題は 'A でないかまたは (A である限りは) B である' という意味に解釈されるわけであって，これはたしかに

$$(\neg A) \vee B$$

と表わされる．よって，'ならば' という記号は必要がなくなるのである*.

---

* 必要はないが，記号はないわけではない．たとえば，$A \supset B$ は 'A ならば B' を表わす．

11. 以上のことを心得た上で，数学における '証明' を '構成的' なものとしてとらえる，という問題に取りかかろう．数学における理論はすべて一定の公理系から出発するわけであるが，複雑な公理系を基礎に置く理論を例に取ると見通しがきかなくなるし，それにどの公理系に基づく理論にしたところで事情はまったく同様なのであるから，ここでは，見本として，前にも一度掲げたことのある次のような簡単な公理系に基づく理論を例に取って話を進めよう：

(1)　点はそれ自身に等しい．
(2)　点 a が点 b に等しければ，b はまた a に等しい．
(3)　点 a が点 b に等しく，点 b が点 c に等しければ，点 a は点 c に等しい．

まず，'点' は一般にこれを $a, b, c, \cdots, x, y, z, \cdots$ などで表わすことにする．ただし，x, y, z などは記号 $\forall$, $\exists$ と関連してのみ用いることに定めておく．さらに，点 a と点 b とが '等しい' ことは，これを $a = b$ でもって示すことにする．

さて，この公理系から導かれる数学においては，さまざまの **命題** が現われてくる．たとえば，公理系を構成する三つの公理は，この数学における命題である．また 'すべての x について，x は a と等しいか等しくないかいずれかである' などというのもこの数学における命題にほかならない．これらを記号で書くとすれば，次のようになるであろう．

$$\forall x(x=x)$$

'すべての x について,x は x 自身に等しい(公理 1)'
$$\forall x(\forall y[\{\neg(x=y)\}\vee(y=x)])$$

'すべての x,すべての y について,x が y に等しければ*,y は x に等しい(公理 2)'
$$\forall x(\forall y(\forall z([\neg\{(x=y)\wedge(y=z)\}]\vee(x=z))))$$

'すべての x,すべての y,すべての z について,x が y に等しく,y が z に等しければ*,x は z に等しい(公理 3)'
$$\forall x[(x=a)\vee\{\neg(x=a)\}]$$

'すべての x について,x は a と等しいか等しくないかいずれかである'

これらの形をよく眺めれば,'**命題**' というものが次のように '**構成的**' にとらえられることを,容易に見て取ることができるであろう.

(α) $a=b$ という形のものは命題である.

(β) (イ)A,B が命題ならば

$$(A)\vee(B),\ (A)\wedge(B),\ \neg(A)$$

はまた命題である.たとえば,A,B がそれぞれ $a=b$,$b=c$ という命題ならば,$(A)\vee(B)$,$(A)\wedge(B)$,$\neg(A)$ はそれぞれ

$$(a=b)\vee(b=c),\ (a=b)\wedge(b=c),\ \neg(a=b)$$

という命題になる.

(ロ)命題 A の中にたとえば a という記号が現われ

---

* これは,例の '……ならば……' である.

ているとする．この事情をば便宜上 A(a) と記そう．しかるとき，この a を A の中にない x というような記号で置き換えて

$$A(x)$$

とし，これを括弧でくくり，かつその前に $\forall x$ または $\exists x$ をつけたもの：

$$\forall x(A(x)),\ \exists x(A(x))$$

はまた命題である．たとえば $a=b$ という命題は a を含んでいるから，これを A(a) と書くことができる．よって，この a を x に換えて

$$x=b$$

とし，括弧でくくり，かつその前に $\forall x$ または $\exists x$ をつけたもの：

$$\forall x(x=b),\ \exists x(x=b)$$

は命題である．

（γ） 以上によってできたもののみが命題である．

もちろん，こうして構成されたものの中には，読んでみて意味のないようなものもあるし，偽のものもある．しかしながら，そのようなことは命題としての資格になんら影響するものではない*．

さて，命題の次には '**推件式**' というものを定義する．

---

* 記号化された命題は，これを**論理式**という習慣であるが，ここでは面倒を避けるため '命題' で押し通すことにする．なお，この他に**対象式**というものを定義することがあるが，これはなくても済むことが知られている．

一般に，$A_1, A_2, \cdots, A_m, B_1, B_2, \cdots, B_n$ が命題であるとき，これらを

$$A_1, A_2, \cdots, A_m \longrightarrow B_1, B_2, \cdots, B_n$$

という形に並べたものを'推件式'という．これは，'$A_1, A_2, \cdots, A_m$ という仮説から，$B_1, B_2, \cdots, B_n$ のうちの少なくとも一つが終結として出てくる'ということの表現である．たとえば，この数学では，公理系における例の三つの命題をそれぞれ，A_1, A_2, A_3 とするとき，$A_1, A_2, A_3, a=b, b=c, c=d$ という仮説から $a=d$ ということが出てくるが，この事情は

$$A_1, A_2, A_3, a=b, b=c, c=d \longrightarrow a=d$$

なる推件式で表現されるわけである．一般に，'定理'といわれるものが，すべて，かように'推件式'に翻訳できるはずのものであることは，たやすく了解されるであろう．

この際，A や B が無い，すなわち m や n が 0 であるような場合も許すこととし，たとえば

$$\longrightarrow B_1, B_2, \cdots, B_n$$
$$A_1, A_2, \cdots, A_m \longrightarrow$$
$$\longrightarrow$$

などというような形のものも'推件式'の仲間に入れ，それぞれ'無条件で $B_1, B_2, \cdots, B_n$ のうちの少なくとも一つが成り立つ'，'$A_1, A_2, \cdots, A_m$ という仮説は矛盾する'，'矛盾である'と読むことにする．第二や第三のものの読み方の由来についてはのちに説明するであろう．

12. '証明'は，いうまでもなく，一般に幾つかの'推論'を積み重ねることによって構成される．さらに，容易に察せられるごとく，'推論'はすべて幾つかの'推件式' $S_1, S_2, \cdots, S_n, S$ を用いて '$S_1, S_2, \cdots, S_n$, それゆえ S' という形に表現されるであろう．われわれは，以下において，これをば

$$\frac{S_1, S_2, \cdots, S_n}{S}$$

という'図式'でもって表わすことにする．

さて，'推論'には，もちろん正しいものもあり，間違ったものもある．しかし，数学においては，間違った推論というものは決して許されず，もっぱら正しい推論のみを積み重ねていってはじめて'証明'が得られるのである．よって，'証明'というものを確実にとらえるためには，まず，ここに正しい推論の形というものを全部枚挙しておく必要があるであろう．

そういえばたいへんなことのように思われるかもしれないが，実はさして困難なことではない．すなわち，経験から，正しい推論の形というものは次にあげる十九個に尽きることが知られているのである．ほかにも，もっといろいろあることはあるのであるが，それらはすべてこれらの十九個を適当に組み合わせて表わし得るものであることを示すことができる．下にあげるおのおのの形の左上の言葉はその形の名称，括弧内は論理記号の読み方である．A, Bは従来どおり命題を表わすものとし，また，ギリシア文

字：Γ, Θ, Λ などは，命題がそこに幾つか並んでいること（あるいは全然命題がなくてもかまわないが）を示す記号とする．

右⊃（含意）
$$\frac{A, \Gamma \longrightarrow \Theta, B}{\Gamma \longrightarrow \Theta, (A) \supset (B)}$$

左⊃（含意）
$$\frac{\Gamma \longrightarrow \Theta, A \quad B, \Gamma \longrightarrow \Theta}{(A) \supset (B), \Gamma \longrightarrow \Theta}$$

右∧（連言）
$$\frac{\Gamma \longrightarrow \Theta, A \quad \Gamma \longrightarrow \Theta, B}{\Gamma \longrightarrow \Theta, (A) \wedge (B)}$$

左∧（連言）1
$$\frac{A, \Gamma \longrightarrow \Theta}{(A) \wedge (B), \Gamma \longrightarrow \Theta}$$

右∨（選言）1
$$\frac{\Gamma \longrightarrow \Theta, A}{\Gamma \longrightarrow \Theta, (A) \vee (B)}$$

左∧（連言）2
$$\frac{B, \Gamma \longrightarrow \Theta}{(A) \wedge (B), \Gamma \longrightarrow \Theta}$$

右∨（選言）2
$$\frac{\Gamma \longrightarrow \Theta, B}{\Gamma \longrightarrow \Theta, (A) \vee (B)}$$

左∨（選言）
$$\frac{A, \Gamma \longrightarrow \Theta \quad B, \Gamma \longrightarrow \Theta}{(A) \vee (B), \Gamma \longrightarrow \Theta}$$

右¬（否定）
$$\frac{A, \Gamma \longrightarrow \Theta}{\Gamma \longrightarrow \Theta, \neg(A)}$$

左¬（否定）
$$\frac{\Gamma \longrightarrow \Theta, A}{\neg(A), \Gamma \longrightarrow \Theta}$$

右∀（全称）
$$\frac{\Gamma \longrightarrow \Theta, A(a)}{\Gamma \longrightarrow \Theta, \forall x(A(x))}$$

左∀（全称）
$$\frac{A(a), \Gamma \longrightarrow \Theta}{\forall x(A(x)), \Gamma \longrightarrow \Theta}$$

（下の推件式に a は含まれないとする）

右∃ （存在）　　　　　左∃ （存在）

$$\frac{\Gamma \longrightarrow \Theta,\ A(a)}{\Gamma \longrightarrow \Theta,\ \exists x(A(x))} \qquad \frac{A(a),\ \Gamma \longrightarrow \Theta}{\exists x(A(x)),\ \Gamma \longrightarrow \Theta}$$

（下の推件式に a は含まれないとする）

右増加　　　　　　　　左増加

$$\frac{\Gamma \longrightarrow \Theta}{\Gamma \longrightarrow \Theta,\ A} \qquad \frac{\Gamma \longrightarrow \Theta}{A,\ \Gamma \longrightarrow \Theta}$$

右減少　　　　　　　　左減少

$$\frac{\Gamma \longrightarrow \Theta,\ A,\ A}{\Gamma \longrightarrow \Theta,\ A} \qquad \frac{A,\ A,\ \Gamma \longrightarrow \Theta}{A,\ \Gamma \longrightarrow \Theta}$$

右互換　　　　　　　　左互換

$$\frac{\Gamma \longrightarrow \Lambda,\ A,\ B,\ \Theta}{\Gamma \longrightarrow \Lambda,\ B,\ A,\ \Theta} \qquad \frac{\Gamma,\ A,\ B,\ \Lambda \longrightarrow \Theta}{\Gamma,\ B,\ A,\ \Lambda \longrightarrow \Theta}$$

カット（または三段論法）

$$\frac{\Delta \longrightarrow \Lambda,\ A \quad A,\ \Gamma \longrightarrow \Theta}{\Delta,\ \Gamma \longrightarrow \Lambda,\ \Theta}$$

これらのものが，すべて正しい推論の形を表わすことは，いちいち読んでみればさして困難なく首肯されると思われる．たとえば '左 $\forall$' についていえば，$A(a)$ および Γ という仮説から Θ という終結が出てくるならば，'すべての x について $A(x)$' ということ，および Γ ということから Θ が出てくることはまったく当然であろう．

13. 前節までにおいて準備はすべて整えられた．よって，われわれはここに**'証明'**について議論を始めることができる．

そもそも証明とは，あらかじめは真偽のほどの知られていない'推件式'——定理をば，正しい推論を積み重ねることによって導き出してくる操作のことにほかならない．しかして，'推論'とは，前節にも述べたように，すでに導かれた推件式から次の新しい推件式を導き出すところの操作を意味している．よって，より詳しくいえば，'証明'とは有限個の推件式から成る図式であり，一番下には推件式が一つしかなく（これが実は証明さるべき推件式である），しかも上下に隣り合う各推件式が前節に掲げた'正しい推論'の形のどれかに該当しているような，そういうもののことにほかならない．

しかし，ここに，一般に証明というものがどういうところから始められなければならないか，ということが解決されない限りは，上のようなとらえ方はいまだ不完全といわなければならないであろう．すなわち，'証明'において一番最初に取られる出発点の推件式，言い換えれば'一番上の推件式'はいかなる形のものでなければならないのであろうか．

そもそも，証明がきわめて確実なものであるためには，この出発点の推件式はなんらの作為もいまだ施されないきわめて明瞭なものでなくてはならない，と考えられる．しかしながら，よく考えてみると，かかるものは

$$A \longrightarrow A$$

という形のものしかあり得ないであろう.

　もっとも,われわれは,数学の理論を実際に展開する際,かようなところまではさかのぼらないのが普通である.しかし実は幸いなことに,一般に正しい証明といわれるものは,すべてこのようなところから始まる形に書き直されることが示されるのである.よって,今後,われわれはこのようなもののみを'証明'ということにしよう.

　たとえば,次のような図式はわれわれのいう'証明'である:

$$\dfrac{\dfrac{\dfrac{\dfrac{\dfrac{\dfrac{\dfrac{a=b \longrightarrow a=b}{(a=b)\wedge\{\neg(a=b)\} \longrightarrow a=b}}{\neg(a=b),\ (a=b)\wedge\{\neg(a=b)\} \longrightarrow}}{(a=b)\wedge\{\neg(a=b)\},\ (a=b)\wedge\{\neg(a=b)\} \longrightarrow}}{(a=b)\wedge\{\neg(a=b)\} \longrightarrow}}{\longrightarrow \neg[(a=b)\wedge\{\neg(a=b)\}]}}{\longrightarrow \exists y(\neg[(a=y)\wedge\{\neg(a=y)\}])}}{\longrightarrow \forall x(\exists y(\neg[(x=y)\wedge\{\neg(x=y)\}]))}$$

　　(左 ∧)
　　(左 ¬)
　　(左 ∧)
　　(左減少)
　　(右 ¬)
　　(右 ∃)
　　(右 ∀)

ここに,横棒の右に括弧で囲んであるのは,その横棒の上の推件式から下の推件式へと移る際に用いられた'推論の形'の名称にほかならない.しかして,一番下の推件式,すなわち'証明された推件式'は'すべての x に対し,$x=y$ でかつ $x=y$ でない,ということがないような y が存在する,ということが無条件で成り立つ'ということであ

9. 数学の基礎づけ——無限の学の破綻と証明論の発生——

る．

かかる'証明'が次のように'構成的'にとらえられることは，もはや明らかであろう：

(1)　A $\longrightarrow$ A という形の推件式はそれ自身証明である．
(2)　一つあるいは二つの証明の一番下の推件式が，前節における正しい推論の形のうちのいずれかにおける上の推件式にあてはめ得る場合，その証明の下にそのような形の推論の下の推件式をつけ加えたものはまた証明である．
(3)　以上によってできたもののみが証明である．

多くの概念がやつぎばやに出てきたから，ここで簡単に復習しておく．

命題：$\forall x\{\neg(x=a)\}$ のようなもの．A, B などで表わされる．

推件式：$A_1, A_2, \cdots, A_m \longrightarrow B_1, B_2, \cdots, B_n$ のようなもの．S_1, S_2 などで表わされる．

推論の図式：$\dfrac{S_1,\ S_2,\ \cdots,\ S_n}{S}$

のようなもの．

証明：A $\longrightarrow$ A という推件式から始まり，例の十九個の正しい推論の形を用いることによって，下へ下へとのばされた推件式の集まりのこと．

無矛盾性証明の一例

14. 前節に見たところにより,われわれの見本として採った公理系 (**11.**) に基づいて発展する数学の全理論は,これを'構成的'にとらえ得ることが明らかとなった.その結果,われわれは,例の有限の立場に立って,この理論に矛盾が生じるか生じないか,ということを吟味できるようになるのである.

そもそも,この理論に'矛盾が生じる'ということは,われわれの公理系を

$$\Gamma: \begin{array}{l} \forall x(x=x),\ \forall x(\forall y[\{\neg(x=y)\}\vee(y=x)]), \\ \forall x(\forall y(\forall z([\neg\{(x=y)\wedge(y=z)\}]\vee(x=z)))) \end{array}$$

とするとき,これを仮説として,一つの命題 A およびそれの否定 ¬(A) が同時に終結として出てくる,ということであろう.これは,言い換えれば,畢竟,

$$\Gamma \longrightarrow (A)\wedge\{\neg(A)\}$$

という推件式が証明できる,ということにほかならない.してみれば,この理論に矛盾が起るかどうかは,前節にとらえたような'証明'の一番下の推件式として,かかる形の式が得られるかどうか,ということで表現されることになるわけである.

ところで,このことは,さらにまた次のようにも言い換えることができる.すなわち,もし

$$\Gamma \longrightarrow (A)\wedge\{\neg(A)\}$$

9. 数学の基礎づけ——無限の学の破綻と証明論の発生——

という推件式が証明できるならば

$$
\cfrac{\cfrac{\cfrac{\cfrac{\cfrac{A \longrightarrow A}{(A) \land \{\neg(A)\} \longrightarrow A} \text{(左 ∧)}}{\neg(A), (A) \land \{\neg(A)\} \longrightarrow} \text{(左 ¬)}}{(A) \land \{\neg(A)\}, (A) \land \{\neg(A)\} \longrightarrow} \text{(左 ∧)}}{\substack{\vdots \\ \varGamma \longrightarrow (A) \land \{\neg(A)\}} \qquad (A) \land \{\neg(A)\} \longrightarrow} \text{(左減少)}}{\varGamma \longrightarrow} \text{(カット)}
$$

によって見られるとおり

$$\varGamma \longrightarrow$$

という推件式がまた証明可能となる.しかも,逆に,このような推件式が証明できるならば

$$
\cfrac{\substack{\vdots \\ \varGamma \longrightarrow}}{\varGamma \longrightarrow (A) \land \{\neg(A)\}} \text{(右増加)}
$$

として,$\varGamma \longrightarrow (A) \land \{\neg(A)\}$ なる推件式がまた証明できなくてはならない.よって,$\varGamma$ という公理系が無矛盾であるかないかは,

$$\varGamma \longrightarrow$$

という推件式が証明されないか,されるか,という点にかかってくるわけである.

さきに,

$$A_1, A_2, \cdots, A_m \longrightarrow$$

という推件式を '$A_1, A_2, \cdots, A_m$ という仮説は矛盾する'

と読んだのは，実はかような理由に基づくものであった．
なお
$$\longrightarrow$$
という推件式が'矛盾である'と読まれた理由は，これから

$$\frac{\vdots}{\dfrac{\longrightarrow}{A \longrightarrow}} \text{（左増加）}$$

として，いかなる命題も矛盾することが証明されるからである．

　ともかく，以上のようなわけで，Γ が無矛盾であることを認めるには，'証明'の一番下に
$$\Gamma \longrightarrow$$
なる推件式が決して現われない，ということを'一般帰納法'によって確かめればよいのである．

15.

煩をいとわず，Γ の無矛盾性を確かめてみよう．

　まず，任意の'証明'において，上から順に $\forall x$, $\exists x$ などという記号を全部取り去り，さらに $a, b, c, \cdots$, $x, y, z, \cdots$ という記号をば，すべて a という同じ記号で置き換えてゆくことにする．しからば，そこに一つの新しい'証明'ができあがるであろう．たとえば，前々節にあげた'証明'の例では，このような操作ののち

9. 数学の基礎づけ——無限の学の破綻と証明論の発生——

$$\frac{\frac{\frac{\frac{\frac{}{a=a \longrightarrow a=a}}{(a=a)\wedge\{\neg(a=a)\} \longrightarrow a=a}}{\neg(a=a),\ (a=a)\wedge\{\neg(a=a)\} \longrightarrow}}{\frac{(a=a)\wedge\{\neg(a=a)\},\ (a=a)\wedge\{\neg(a=a)\} \longrightarrow}{(a=a)\wedge\{\neg(a=a)\} \longrightarrow}}}{\frac{\frac{\longrightarrow \neg[(a=a)\wedge\{\neg(a=a)\}]}{\longrightarrow \neg[(a=a)\wedge\{\neg(a=a)\}]}}{\longrightarrow \neg[(a=a)\wedge\{\neg(a=a)\}]}}$$

というふうなものが現われ，やはり一つの'証明'になっている．もっとも，もと $\forall x,\ \exists y$ のあったところでは上下同じ推件式が重複することがあるが，そのようなものは一つだけ残してあとは捨て去ることにすればよい．

かようにしてできた'証明'を，もとの'証明'の**第二証明**ということにする．第二証明に出てくる命題が，すべて，$a=a$ をば $\vee,\ \wedge,\ \neg$ を用いていろいろに組み合わせたものであることは明らかであろう．いま，このことを利用して，第二証明に現われる各'推件式'にそれぞれ一つの数値を次のような仕方で対応せしめることにする．

まず，第二証明に現われるすべての推件式：

$$A_1, A_2, \cdots, A_m \longrightarrow B_1, B_2, \cdots, B_n$$

から

$$[\neg\{(A_1)\wedge(A_2)\wedge\cdots\wedge(A_m)\}]\vee(B_1)\vee(B_2)\vee\cdots\vee(B_n)$$

という命題を作り上げる*．たとえば，上の例の初めの二式からは，それぞれ

$$\{\neg(a=a)\}\vee(a=a),$$
$$(\neg[(a=a)\wedge\{\neg(a=a)\}])\vee(a=a)$$

なる命題が作り上げられるわけである．ここで，さらに，次のような規約を設ける．

(α)　$\neg(1)=0$,　$\neg(0)=1$

(β)　$(1)\vee(1)=1$,　$(1)\vee(0)=(0)\vee(1)=(0)\vee(0)=0$

(γ)　$(0)\wedge(0)=0$,　$(1)\wedge(0)=(0)\wedge(1)=(1)\wedge(1)=1$

しかして，推件式から作り上げられる命題の中の $a=a$ というものをば，すべて0で置き換え，上の規約に従い計算して答を出す．しからば，第二証明の各式には，すべて0か1かの値が対応することになるであろう．

ところが，いかなる第二証明においても，推件式の値はことごとく0に等しいことが示されるのである．たとえば，上の例では

$\{\neg(a=a)\}\vee(a=a)$：　$\{\neg(0)\}\vee 0 = (1)\vee(0) = 0$

$(\neg[(a=a)\wedge\{\neg(a=a)\}])\vee(a=a)$：　$(\neg[(0)\wedge\{\neg(0)\}])\vee(0)$
$$= (\neg[(0)\wedge(1)])\vee(0) = 0$$

となり，たしかに0に等しい．常にそうであることは '一般帰納法' により次の如く証明される：

（i）'証明' が $A \longrightarrow A$ という一つの推件式だけから成る場合．$A \longrightarrow A$ から作り上げられる命題は $\{\neg(A)\}\vee(A)$．よって，計算ののち A の値が0になっても1になっ

---

*（前ページ）　ただし $A_1, \cdots, A_m \longrightarrow$ あるいは $\longrightarrow B_1, \cdots, B_n$ のようなときは，それぞれ $\neg[(A_1)\wedge\cdots\wedge(A_m)]$ あるいは $(B_1)\vee\cdots\vee(B_n)$ とする．

ても，A $\longrightarrow$ A の値は $\{\neg(0)\}\vee(0)=0$ あるいは $\{\neg(1)\}\vee(1)=0$. すなわち，それは常に0に等しい．

（ii）任意の'正しい推論'において，上の推件式の値が0となるならば，下の推件式も値0をとらなければならない．たとえば，'左増加'の形の推論：

$$\frac{\varLambda \longrightarrow \varTheta}{A, \varLambda \longrightarrow \varTheta}$$

において，$\varLambda$, $\varTheta$ はそれぞれ一つの命題から成るとする．いま，上の式：$\varLambda \longrightarrow \varTheta$ の値が0ならば，$\neg(\varLambda)$ あるいは $\varTheta$ の値が0でなければならない．しかるに，下の式から作られる命題は

$$\{\neg(A\wedge\varLambda)\}\vee(\varTheta)$$

であるから，$\neg(\varLambda)$, $\varTheta$ のいずれが0となってもその値は0に等しい．$\varLambda$, $\varTheta$ がもっと多くの命題を含んでいても，また推論が他の形をとっても事情は同様であろう．

任意の証明は，A $\longrightarrow$ A という形の推件式から始めて，正しい推論を下へ下へと積み重ねることにより得られるのであった．ところで，上に見たところによれば，まず，（i）によって一番上の推件式の値は0に等しい．しからば，（ii）によってその下の推件式の値が0に等しい．しからばまたさらに（ii）によってその下の推件式の値も0に等しい．以下同様．結局，すべての推件式について，その値が0であることを確かめることができるわけである．

さて，いま，公理系 $\varGamma$ が矛盾を含み，したがって，推件式：

$$\Gamma \longrightarrow$$

が証明できたものとする．しからば，その証明を第二証明に移すことによって

$$a=a,\ \{\neg(a=a)\}\vee(a=a),$$
$$[\neg\{(a=a)\wedge(a=a)\}]\vee(a=a) \longrightarrow$$

なる推件式が証明できていなくてはいけない，ということになる．しかるに，この式の値は 1 に等しい：

$$\neg\{(0)\wedge(\{\neg(0)\}\vee(0))\wedge([\neg\{(0)\wedge(0)\}]\vee(0)\} = 1.$$

上に述べたごとく，かかることはあり得ない．言い換えれば，われわれの公理系は無矛盾であることが示されたわけである．

16. われわれの見本として採用した公理系は最も簡単なものに属している．無矛盾性の問題が上のように簡単に処理されたのはそのためであって，一般にはかように事がうまく運べるとは限らない．さきにも述べたが，このような仕方で自然数論や実数論の公理系の無矛盾性を証明することは，あまたの人の努力にもかかわらず，いまだ完全には成功していない*．しかし，数学における証明というものが'有限の立場'からする考察に十分耐え得る

---

* ゲンツェン（Gentzen）という人がある種の超限帰納法というものを用いて自然数論の無矛盾性を証明してはいる（1936）．しかし，これはヒルベルトの有限の立場からはみ出るものなので，その証明を証明論的証明と認めない人が多い．なお，巻末の'付記'を参照されたい．

ものであることは，以上によって悟られたと信じる．実数論などの無矛盾性が証明されないのでは大いに困ることは困るのであるが，ともかくこの問題に対してかように明らかな方針が打ち出されたということは，それだけで，かなりの意味のあることといわなければならない．なぜなら，ヒルベルトの'公理主義'はここにはじめて体系的に完結したものとなるからである*．

この'公理主義'は，何度も言及したように，現代の数学界を圧倒的に色どる思想にほかならない．しかし，ここに，これに対して反対の旗印を掲げる人もある，ということを注意しておく．その代表的なものはラッセル（Russell）とブラウアー（Brouwer）である**．

ラッセルの掲げる'**論理主義**'は，ヒルベルト流の考え方が，数学から内容というものを全然捨て去り，はなはだこれを味気ないものにしてしまうことを攻撃する．たとえば，この立場からすれば，ペアノの公理系によって導入される'自然数'というものは，それがなんら内容の無い'言葉'にしかすぎない以上，'自然数'としての資格を欠くものである，とされる．論理主義者たちは，'自然数'とは，端的に'それによって物を勘定できるもの'でなくてはならない，と考えるのである．

また，ブラウアーの掲げる'**直観主義**'においては，大

---

* かように完結した公理主義は'**形式主義**'と称せられる．
** ラッセルの説については，平野智治訳 数理哲学序説（岩波文庫）を参照．

まかにいえば，数学の対象はすべて，'実際に作り得るもの'でなければならない，とされる．たとえば，この見地からすれば，'いかなる自然数もこれこれの性質を持たない'ということから矛盾が引き出されたとしても，そこから必ずしも'その性質を持った自然数が存在する'ということは出てこない．なぜならば，それだけでは，そのような自然数が'実際に作られ得る'かどうか，ということがなんら示されないからである．すなわち，この立場からは，無限個の対象については

'すべてのものがある性質を持たないか，しからざれば，その性質を持つようなものが存在する'というような，いわゆる'排中律'の適用が拒否されるのである．

これらが傾聴に値する意見であることはいうまでもない．しかして，数学がいったいいずれによってとらえられなければならないか，ということはきわめてむずかしい問題に属する[*]．

しかしながら，'公理主義'の長所は，それがこれまでの全数学をことごとく包摂し，かつそれを積極的に認め得る，という点にある[**]．こういえば，いかにも便宜的なもののように聞えるかもしれないが，そのきわめて高度の安定感や自然さを見るとき，そこに偶然でないもののあることを感じさせられるのである．もとより，この思想によって，巨大な歴史的数学の全貌が描写し尽くされる，という

---

[*] ポアンカレ，吉田洋一訳　科学と方法（岩波文庫）を参照．
[**] 直観主義や論理主義ではそのようなわけにはいかない．

わけにはいかないのかもしれない．しかし，それが，数学を表現するのにきわめて適切な形式を提供するものであるということだけはたしかであろう．

そのため，それはもはや一つの'主義'にとどまるものではなくなってきたようである．

10. 偶然を処理する
——確率と統計——

数学と科学——ただし書つきの法則——確率の概念——
確率論の公理系の設定——'繰り返し'の表現——危険
率と推計学

数学と科学

1. 公理主義の見解によれば，数学は，無定義術語を含んだ幾つかの命題から成る'公理系'を基礎として，それから演繹可能な種々の命題を捜し求めるのをその職務としている．これに従えば，公理系をさまざまに選ぶことによって，無限に多くの種類の'数学'が'自由創作的'に建設可能であるということになる．そして，時とともにその数が猛烈な勢で増大するのではないか，という心配がないでもないであろう．しかしながら，少なくとも現在においてはそのような兆候ははなはだしく顕著であるとは見えない．そこにはある程度の自制作用が営まれているのを見出すのである．すなわち，現在のところでは，新しく生まれる'数学'は少なくとも何ほどかの客観的根拠を持っているのであって，主観的なもの以外過去になんらの足がかりのないような命題を並べて公理系とし，その無矛盾性だけをたよりに数学を建設してゆくというようなこ

とはまずまず無い，といってよいであろう．

　将来どうなるかはもとより知るよしもないが，少なくとも現在までに展開されてきている数学の公理系は，すべて，もともとどこかにあった素材から'純化'あるいは'抽象'によって得られたものである．たとえば，幾何学に関するヒルベルトの公理系はエウクレイデスの'原論'のそれを純化したものであり，群や環や体の公理系は整数や有理数や実数などの性質から抽象して得られたものである．また，自然数論や集合論の公理系はもともと存在していた自然数や集合の観念に基づくものであった．

　さらに，一つの公理系から出発して数学理論を建設してゆくについても，その公理系の母胎となった素材が元来持っているもろもろの特性に対応するような命題が，その考察の中心となるのである．

　このことは，もとより，なんら公理主義の旗印に抵触するものではないが，現代数学の著しい特徴である，と思われる．それには，種々の原因が数えられるであろう．

　しかし，何よりもまずわれわれは，'数学'というものが'歴史的存在'である，ということを忘れてはならない．公理主義が自覚されたのは十九世紀のことであるが，'数学'そのものは遠くギリシア，インドの昔から存在し続けてきたものである．この歴史的数学自身にとっては，'公理主義'などそのかりそめの'衣'にしかすぎない，ともいわれるであろう．古くから伝えられてきたところの数学には，伝統的な問題があまりにも多く，しかも捨てがたく，

それのみを素材としたとしても新しい数学の創造に事欠くことがないくらいなのである*.

さらに, 数学というものは, 多くの学者の協同によって, はじめてその発展を約束されるものであることをも銘記しなければならない. それゆえに, ひとりよがりの理論はいつの間にか置き去られ, あるいは徹底的に改編されてしまう, という結果にならざるを得ない——とも考えられるであろう.

もっとも, これまでの数学になんらの関係もないような公理系が突然浮かびあがってくることもないではない. しかし, それとても素材が無いわけではなく, ただそれが数学以外の分野に求められただけのことにすぎないのである. 元来, 現象を追究するところのいわゆる '科学' は, 対象についてのある認識が幾つかの命題の形に表わされたならば, その命題から形式的に演繹されるあらゆる命題がまた対象の間に認められるはずである, という信念に基づいている——と考えられる. 幾つかの命題を出発点として形式的に推論するのがすなわち '数学' である以上, 科学と数学との関係は明白であろう. いわば, 数学は科学の '言葉' の役割を果たし得る唯一のものなのである. かえりみれば, ギリシアの幾何学はエジプトの '測量術' に端を発し, インドの代数学は '商業算術' から, また解析学

---

* もっとも, 伝統的でありさえすれば, その問題を追求することが必ず重要な意味を有する, と言い得るか否かはおのずから別個の問題である.

は‘宇宙論’との関連においてそれぞれ起った．現代数学の骨格をなしているおもな‘数学’は，多くこのように外界との関連において，すなわち，まず科学の言葉として起ったものである．

適当に訓練された数学者は，数学的理論に対して‘数学的審美眼’ともいうべき価値判断の特有の能力を持っている．不思議な点は，科学に素材を取った‘数学’には，意外にもこの‘数学的審美眼’に訴えるものが多い上に，すでに存在する数学にまさしく適合吸収されるものも多く，一方また，純粋に数学的な目的のために建設された数学が，いち早くどこかの科学からその適切な言葉として引き抜かれてゆく，ということであろう．それは，とくに最近の物理学との間において著しい．ヴァイル（Weyl）は，このことを評して‘今世紀（二十世紀）にはいってからの数学と物理学の進歩の仕方を見ると，その間に予定調和があるのではないかとさえ思わせる’といっているが，これは数学者すべての実感でもあろう，と思われる．

あるいは，現象の論理というものが，本質的に数学としても美しいものであるのかもしれない．あるいはまた，人間の作る学問体系というものは必然的に似てくるものなのかもしれない．しかし，その根本の理由を探ることはむずかしい問題である．

前章までにおいて，われわれは主として数学のそれ自身に原因する発展を取り扱ってきた．本章では方向を一転し，外部的な素材に出発しながら，のちにはついに堂々た

る純粋数学にまで成長した一例——**確率論**——について述べてみたいと思う．かようなものを見ておくことは，いろいろの点で有益と思われるからである．

ただし書つきの法則

2. 確率論は，端的にいって，'偶然'を処理しよう，という目的の下に構成された理論である*．

しかし，そもそも'偶然'というものは'必然'の反対概念であり，なんらの意味においても必然性がない，という特徴を持つものなのであるから，そうした理論のできる道理がないではないか，という反対が起るかもしれない．しかし，次のようには考えられないであろうか．

'明日太陽が東から上る'ということはニュートンの力学の必然的な帰結として誰もこれを疑わない．しかし，このニュートンの力学の正しいという根拠が，実は逆に'これまで何千年もの間太陽が東から上ったから，永久にしかあるだろう'という態の'信念'でしかあり得ない，ということをまず知らなければならない．すべて'科学的法則'というものは，必ずや，'ただし，その法則が確実であるというのは，それに反する機会が，明日宇宙が破滅する機会と同程度にまれであるという意味である'という'ただし書'つきのものなのである．幸いにも，'奇蹟'という

---

* 確率論については，伊藤清　確率論（岩波書店）を参照．

ものは，これまで一度として起ったことがない．しかし，明日こそは，地球も太陽も，そもそもこの宇宙というものがいっさい消えて無くなる日でない，とは誰が保証し得るであろうか．これは，科学を支える信念の裏側に潜む本質的な迷いともいうべきものであろう．すなわち，必然的な現象というものも，多くは，いわば確実性のしごく大きい偶然的な現象だといわなければならないのである．

しからば，もっと確実性の少ない偶然現象に対しても，上のような **'ただし書つきの法則'** は得られないであろうか．もちろん，'明日太陽は東から上る．ただし……' というようなほとんど確実な法則は得られないかもしれないが，それでもけっこう有用なものが出てきはしないであろうか．

それは十分希望の持てることである．元来，人はいつも '太陽は東から上る' 式のまったく確実と見えることのみをたよりに生きているわけではない．

明日，どこそこ行きの電車は必ず事故を起す，ということがあらかじめわかっていれば，誰もそれに乗って出かけようなどと計画しはしない．それがわからないからこそ，その運命的な電車に平気で乗って出かけ，その結果事故にぶつかることになるのである．しかし，人は決して，事故は起らない，と確信して乗るわけではない．東京を例に取れば，東京の人たちは，一日のうちに交通事故で死ぬ人が平均三，四人しかないことを十分に知っている．すなわち一日の外出者を百万人と見て，百万人中三人か四人しか交

通事故では死なないわけである．だから彼等は，'明日私は交通事故では死なないだろう．ただし，このことのはずれる割合は百万中三つか四つという程度である' というわけで平気で出かけて行く．その結果死ぬ人もあるわけであるが，大多数の人たちは自分が死ななかったことに意を強くして，自分の判断は間違っていなかった，と気にもしないのである．

しかし，そのはずれる割合が高く，そのはずれることがやはり重要な影響をもたらす場合には，人ははっきりと用心するようになる．たとえば，それにたよるしかほかに生きるすべがない，という場合ででもなければ，誰も二人に一人の成功率しかないような手術を受けようとはしないであろう．

つまり，われわれは，かように漠然とした形においてではあるが，たしかにただし書つきの法則を用いているのである．

実は，このような種類の法則の立て方の機構をより正確にしようとして確率論が生まれた次第である．'偶然を処理する' という意味は，かようなことにほかならない．

確率の概念

3. ここに，非常に完全にできた銅貨があるとし，それを何度も何度も空中に投げ上げては床に落し，表が出たか裏が出たかを問題にする．しかるとき，表裏い

ずれが出るかは,われわれは,その床に落ちた銅貨を見るまでは,これを知るわけにはいかないであろう.このことは言い換えれば,表が出るか裏が出るかはまったく偶然に支配される,ということである.

しかしながら,この投げ上げる操作を何度も何度も繰り返してみるときは,その表裏の出方はそうでたらめになっているともいえないのであって,その表の出た回数と裏の出た回数との割合には著しい規則性のあることがわかってくる.左に掲げたのは,これを 2000 回繰り返した人の得た実験結果であるが,よく見れば,だいたい二回に一回の割合で表の出ていることが知られるであろう.しかも,ここで,このような実験をさらに繰り返してゆくとしても,結果はだいたいこれと同じであろうことを信じることができる.

	表
1 回— 200 回	114 回
201 回— 400 回	97 回
401 回— 600 回	108 回
601 回— 800 回	105 回
801 回—1000 回	87 回
1001 回—1200 回	80 回
1201 回—1400 回	108 回
1401 回—1600 回	100 回
1601 回—1800 回	96 回
1801 回—2000 回	90 回

ただし,この場合,決して,繰り返しの回数に対する表の出る回数の比が 2:1 に近づいてゆく,というわけではない.表裏の出方は偶然に支配されるから,永久に表の出続けることさえもあり得るからである.しかし,良識によれば,そういうことは実はまれなのであって,理想的な想定の下ではだいたい二回に一回の割合で表が出るはずだ,ということが確信できるであろう.

同様の理由から，きわめて完全にできたサイコロを何度も何度も振れば，たとえば1の目はだいたい六回に対し一回の割合で出ると信ぜられる．また，よく切られたトランプから一枚を抜き出す操作を繰り返せば，ハートは52回に対して13回，言い換えれば四回に一回の割合で現われるであろう．

　こうした事情の下において，いわば比喩的に，銅貨の場合には一回に対し二分の一回の割合で表が，サイコロの場合には一回に対し六分の一回の割合で1の目が，また，トランプの場合には一回に対し四分の一回の割合でハートが現われる，というような言い方をするのは不自然であろうか．確率論とは，実は，かような'比喩的'な言い方を採用して，これによって偶然的な事象を論じようとする理論にほかならないのである．

　一般に，何回も何回もためしてみるとき，ある事象がm回にn回の割合で起る，あるいは起るはずである，ということがなんらかの方法で——先験的にしろ経験的にしろ——知られている場合，その事象の起る'**確率**'は$\frac{n}{m}$である，という言葉を用いる．たとえば，銅貨を投げ上げたとき表の現われる確率は$\frac{1}{2}$にほかならない．確率$\frac{n}{m}$は一般に

$$0 \leq \frac{n}{m} \leq 1$$

という関係を満足することを注意しよう．

　また，かような取り扱いのできるような事象を '**確率事**

象' と称える習慣である．'かような取り扱いのできる'という言葉は漠然としているが，ほぼ'同じ条件の下に何回でも欲するままに繰り返して，その起ったかどうかを調べることができる'というような意味に解釈しておいてよいであろう．

4. われわれは，幾つかの'確率事象'を組み合わせて，多くの新しい確率事象を作り出すことができる．

サイコロの場合を例に取ろう．ここで基本的なのは'1の目が出る''2の目が出る''3の目が出る''4の目が出る''5の目が出る''6の目が出る'という六個の事象であるが，これから，たとえば

(a) 1の目が出るか2の目が出る．
(b) 偶数の目が出る．
(c) 1の目も出ないし，2の目も出ない．

という類のいろいろの事象を構成できるわけである．しかも，この際，上にあげた六個の基本的な事象の起る確率がそれぞれ $\frac{1}{6}$ であることを認めるならば，(a)の起る確率が

$$\frac{1}{6} + \frac{1}{6} = \frac{1}{3}$$

であり，(b)の起る確率が

$$\frac{1}{6} + \frac{1}{6} + \frac{1}{6} = \frac{1}{2}$$

であることをも，さして抵抗なく認め得るであろう．たと

えば(b)についていえば，そもそも，2の目も4の目も6の目もそれぞれ六回に一回の割合で出るはずなのであるから，結局，偶数の目は六回に三回の割合で出る，と考えられるからである．同様にして，(c)という事象については，これを分析すれば '3の目が出るか4の目が出るか5の目が出るか，あるいは6の目が出る' という事象にほかならないから，その起る確率が $\frac{4}{6} = \frac{2}{3}$ であることを確かめることができる．

すなわち，われわれが取り扱う偶然事象においては，たいていの場合，上のように次の条件が満たされると考えられるのである：

(1) A, Bが確率事象ならば，'AまたはB' 'AかつB' 'Aが起らない' というのもまた確率事象である．

(2) 'Aが起らない' という確率事象を A^c と書けば

   (Aの起る確率) + (A^c の起る確率) = 1

(3) A, Bが同時に起らない確率事象なら

   (AまたはBの起る確率)
   = (Aの起る確率) + (Bの起る確率)

5. 前節の考察のあてはまる一つの例をあげておく．イタリアのあるかけ事の好きな貴族が，三つのサイコロを同時に振るとき，その目の和が10になる場合のほうが9になる場合よりも多いことを認め[*]，それをガリ

---

[*] もちろん，実際に何回も何回も振ってみて，その結果を数え上げてみたのである．

レイ（Galilei, 1564-1642）に話した，という挿話が伝えられている．いま，この問題を分析してみよう．

三つのサイコロを振って出る目の組：
$$(a, b, c)$$
の種類は，第一のサイコロの目 a の取り方が 6 通り，そのおのおのについて第二のサイコロの目 b の取り方が 6 通り，そのまたおのおのについて第三のサイコロの目 c の取り方が 6 通りあるから，結局全部で
$$6 \times 6 \times 6 = 216 \text{ 通り}$$
考えられる．ただし，この場合
$$(2, 3, 5), (3, 2, 5), (5, 3, 2)$$
などの組は，出た目は全体としては同じであるが，組としてはそれぞれ違うものとして勘定されていることに注意しなければならない．

三つのサイコロを振る場合，これらの組のいずれが起るかは，すべて平等の確からしさを持っている，と考え得るであろう．すなわち，何回も何回も三つのサイコロを振り続ければ，各組はだいたい 216 回に 1 回の割合で出ることが察せられるであろう．よって，おのおのの組の現われる確率はすべて

$$\frac{1}{216}$$

である，と考えることができる．

ところで，'目の和が 10 である' という事象は，実際に目の和が 10 になるような組：

(2, 3, 5), (3, 2, 5), (6, 2, 2), (3, 6, 1), …

のいずれかが起る，という事象とまったく同一である．したがって，前節(3)によれば，その確率は

$$\frac{1}{216}$$

をこれらの組の総数だけ加えたものに等しいことが認められる．

そのような組の総数は次に計算されるごとくである：

  (2, 3, 5), (3, 2, 5) のような種類のもの   6
  (1, 4, 5), (4, 1, 5) のような種類のもの   6
  (1, 3, 6), (3, 1, 6) のような種類のもの   6
  (2, 2, 6), (2, 6, 2) のような種類のもの   3
  (2, 4, 4), (4, 2, 4) のような種類のもの   3
  (3, 3, 4), (3, 4, 3) のような種類のもの   3
  合 計   27

よって，'目の和が 10 である' という事象の起る確率は

$$\frac{27}{216} = \frac{1}{8}$$

でなければならない．同様にして，'目の和が 9 である' という事象の起る確率は

$$\frac{25}{216}$$

である．これらの間には，まさしく

$$\frac{27}{216} > \frac{25}{216}$$

という関係がある．したがって，かの貴族の気づいたことは正しかった，といわなければならない．

確率論の公理系の設定

6. 上のような仕方は，種々の事象の起る確率の算定に大いに役立つものである．ところで，かような仕方の基礎が前々節の最後にあげた幾つかの命題にあることは，たやすく察せられるであろう．よって，これらの命題をいま少し整理して一つの公理系を建設し，そこに数学理論を展開しておけば，けだし大きな利便がもたらされるに相違ない．実際，あとでも述べるとおり，この数学——'確率論'——は，例の'ただし書つきの法則'の構成法に対してきわめて強力な基礎を提供するものであることがわかるのである．

以下にその概要を述べるつもりであるが，その前に，'確率事象'をわかりやすい形に表現することを考えておこう．

まず，たとえば，サイコロの場合においては，ほとんどの事象が

$$\{1, 2, 3, 4, 5, 6\}$$

という有限集合の一部分として表示されることに留意する：

  '1の目が出る'   ⟷ $\{1\}$
  '偶数の目が出る'   ⟷ $\{2, 4, 6\}$

'2の目が出ない'　　　　　　　　⟷ {1, 3, 4, 5, 6}

'偶数の目が出るか奇数の目が出る'

⟷ {1, 2, 3, 4, 5, 6}

　容易に見て取られるように，それぞれの事象に対応する集合の作り方は，その事象にとって都合の良い目の数を全部集めることにあるのである．

　かようにするときは，各事象の性格が一目で見渡され，考察は著しく簡単になるであろう．

　しかしながら，ここに一ついささか不都合なことがある．たとえば，本章 **4.** (1) によれば，当然

'1の目が出て，かつ2の目が出る'

というようなものもまた確率事象であるはずであるが，明らかにかかるものには対応する集合がない．実をいうと，対応する集合のないような事象は，すべて，かように起ることの'不可能'なものなのであるが，いくら不可能なものであるからといって，特別な取り扱いをするのはやっかいでもあり，統一も保たれないであろう．

　しかし，ここで，上のような場合には，対応する集合はあることはあるのだけれども，その元が一つもないのだ，というふうには考えられないであろうか．

　数学では，ときどき上に似たような不都合が起ってくる．しかして，その種々の経験に徴すれば，上に述べたような'元のない集合'というものを考えることは，ただに無害であるのみならず，非常な利便をさえもたらすものであることがわかっているのである．かかる集合は**'空集**

合' といわれ，

$$\emptyset \quad \text{または} \quad \{\ \}$$

と記されることになっている*.

さて，このような概念を採用するときは，上のような不便は除かれ，

'1 の目が出て，かつ 2 の目が出る'

という事象は空集合：

$$\{\ \}$$

でもって表示できることになる．すなわち，すべての事象には，それに都合の良い目の数すべてを元とする集合が対応するのである．

逆に，

$$\{1, 2, 3, 4, 5, 6\}$$

の任意の一部分がある事象を表示することは明らかであろう．

7. A, B という事象を表示する集合がそれぞれ M, N であるとき，'A あるいは B' という事象を表示する集合は，はたしてどのようなものになるであろうか．

そもそも，事象を表示する集合は，その事象にとって都合の良い目の数を全部集めることによってできあがるはず

---

* かかるものに対して奇怪な想像をたくましゅうすることは得策でない．簡単に '人の住んでいない家' のようなもの，と考えておけばよい．

であるが，事象：'A あるいは B' にとって都合の良い目の数といえば，それは明らかに，A にとって都合の良い目の数か，もしくは B にとって都合の良い目の数かのいずれかでなければならないであろう．よって，'A あるいは B'を表示する集合は，畢竟，M, N の元を全部寄せ集めてできるものでなければならないのである．

同様にして，事象：'A かつ B' には M と N に共通なすべての元から成る集合が対応し，また，事象：A^c には M に属さないすべての目の数から成る集合が対応している．

一般に，二つの集合：X, Y に対して，'X, Y の元を全部寄せ集めてできる集合' 'X, Y に共通な元全体を集めてできる集合' 'X に属さないもの全体を元とする集合' をば，それぞれ **'X, Y の和集合' 'X, Y の共通部分' 'X の補集合'** と言い，

$$X \cup Y, \quad X \cap Y, \quad X^c$$

でもって表わす習慣である．

この言葉を用いれば，上に述べたことは，これを次のように言い換えることができる：

事象 A, B を表示する集合が M, N ならば，事象

'A あるいは B'，'A かつ B'，'A^c'

はそれぞれ

$$M \cup N, \quad M \cap N, \quad M^c$$

でもって表示される．

さて，以上のことをよく考えてみれば，われわれは，事象の代わりにそれを表示する集合だけを眺めていたとして

も，事象の内容や，新しい事象を作る操作に関する限り，なんらの不都合も感ぜられないことが察せられるであろう．しかも，いろいろと複雑な言葉を用いるよりは，このほうがよほど簡単でわかりやすい，といわなければならない．よって，事象の代わりに，それを表示する集合そのものを事象と呼んだとしても，そこになんらの問題も起らないであろう．

かかる処理の許されるのは，サイコロの場合のみには限らない．実は，たいていの場合においてそのようにできるのであって，たとえば銅貨の場合にも，表を 0，裏を 1，で表わせば

'表が出る'　　　　　　　　⟷ {0}

'裏が出る'　　　　　　　　⟷ {1}

'表が出るか裏が出る'　　　⟷ {0, 1}

'表が出て，かつ裏が出る'　⟷ {　}

という表示が可能なのである．

よって，われわれは，かような'事象即集合'という立場から，確率論の公理系の設定を試みることにする．

8. われわれの立場からすれば，'確率事象'とは畢竟ある一つの有限集合の一部分にほかならない．しかして，'確率'とは，かかる一部分に付随せしめられた数値だということになってくる．この見地に立って本章 **4.** の命題を整理すれば，たやすく次の公理系に到達することができるであろう．

一つの有限集合 F の一部分であるような各集合*M に対し，それぞれ一つの実数

$$p(M)$$

が付随せしめられ，それが次の条件を満たすとき，F はこの $p(M)$ の定め方に関して '**(有限) 確率空間**' を作るという**. このとき，$M \subseteq F$ なる M はすべて '**確率事象**' といわれ，$p(M)$ は M の起る '**確率**' と称えられる．

(1) $M \subseteq F$ なる任意の M に対して
$$0 \leq p(M) \leq 1$$

(2) $M \cap N = \{\ \}$ ならば
$$p(M) + p(N) = p(M \cup N)$$

(3) $p(F) = 1$

サイコロの場合は，$F = \{1, 2, 3, 4, 5, 6\}$ で，しかも
$$M \subseteq F$$

なる任意の M に対して

$$p(M) = \frac{1}{6} \times \{M \text{ の中の元の数}\}$$

と置いたものに相当している．また，銅貨の場合は，$F = \{0, 1\}$ で，しかも $M \subseteq F$ なる任意の M に対し

$$p(M) = \frac{1}{2} \times \{M \text{ の中の元の数}\}$$

と置いたものにほかならない．これらがいずれも上の公理

---

 * '空集合' は一般にすべての集合の一部分であると考える．
 ** '空間' という言葉にあまり拘泥してはいけない．それと '集合' とはほとんど同義語に近い．

系の'実例'を与えるものであることは，もはやいうまでもないであろう*．

さて，このように確率空間を設定した場合，たとえば'サイコロを振る'あるいは'銅貨を投げる'というような操作は，それぞれ
$$F = \{1, 2, 3, 4, 5, 6\}$$
あるいは
$$F = \{0, 1\}$$
の任意の一つの元を'指定する'ことに相当することを注意しておこう．

'繰り返し'の表現

9. それでは，サイコロを'二度振る'ということは，上の公理系の見地からはいかに表現されるであろうか．

元来，そのような操作は，その結果のみに注目する限りにおいては，畢竟

(1, 1) (1, 2) (1, 3) (1, 4) (1, 5) (1, 6)
(2, 1) (2, 2) (2, 3) (2, 4) (2, 5) (2, 6)
(3, 1) (3, 2) (3, 3) (3, 4) (3, 5) (3, 6)
(4, 1) (4, 2) (4, 3) (4, 4) (4, 5) (4, 6)
(5, 1) (5, 2) (5, 3) (5, 4) (5, 5) (5, 6)

---

* 公理主義による確率論については，伊藤清　確率論（岩波書店）を参照．

440

$$(6,1)\ (6,2)\ (6,3)\ (6,4)\ (6,5)\ (6,6)$$

という組のうちのいずれか一つを指定することにほかならない．いうまでもなく，たとえば$(3,5)$は，第一回目に3の目が出て，第二回目に5の目が出ることを表わしている．

いま，このような組の現われる確率を考えてみよう．

まず，サイコロを一回振れば，3の目は6回に1回の割合で出るはずである．しかして，そのおのおのの場合について二回目を振れば，5の目は6回に1回の割合で出るであろう．よって，サイコロを二回振ることを何回も続けてゆけば，結局，$6×6=36$回に1回の割合で$(3,5)$という組が現われてこなければならない．それゆえ，

$$(3,5)$$

という組の現われる確率は

$$\frac{1}{6^2}$$

であることが認められる．他の組についても事情はまったく同様である．言い換えれば，(i, j)という組の現われる確率は$p(\{i\})p(\{j\})=\frac{1}{6^2}$ に等しいのである．

そこでいま，上のような36個の組から成る有限集合を$F^{(2)}$と置くことにする*．しかして，その上において

(1) $\quad p(\{(1, 1)\})=p(\{1\})p(\{1\})=\frac{1}{6^2}$,

―――――――――

* Fの肩の(2)は'二回'サイコロを振ることに対応する．

$$p(\{(1, 2)\}) = p(\{1\})p(\{2\}) = \frac{1}{6^2}, \cdots,$$

$$p(\{(6, 6)\}) = p(\{6\})p(\{6\}) = \frac{1}{6^2}$$

(2) $M \subseteq F^{(2)}$ なる M に対しては

$$p(M) = \frac{1}{6^2} \times \{M\text{の中の元の数}\}$$

と定義し,ここに一つの確率空間を構成する.しからば,サイコロを二回振るということがまさしくこの確率空間の元を指定することに相当していることは,もはや明らかであろう.

かような処置を一般に押し拡げて次のように定義する.一つの確率空間:

$$F = \{a_1, a_2, \cdots, a_n\}$$

において,

$$(a_1, a_1), (a_1, a_2), \cdots, (a_n, a_n)$$

という n^2 個の組を作り,これら全体から成る集合を $F^{(2)}$ と呼ぶことにし,さらに

(i) $p(\{(a_i, a_j)\}) = p(\{a_i\})p(\{a_j\})$ $(i, j = 1, 2, \cdots, n)$

(ii) $M \subseteq F^{(2)}$ なる M に対しては,その元が $b_1, b_2, \cdots, b_m$ ならば

$$p(M) = p(\{b_1\}) + p(\{b_2\}) + \cdots + p(\{b_m\})$$

と規約する.しからば,ここに一つの新しい確率空間ができあがるが,これをもとの確率空間 F の '**二回試行の空間**' と称するのである.

これは，上の例からも明らかなように，F の元を二回指定することを表現するものにほかならない．

10. 上の考察は，さらに，確率空間 F の元を三回指定すること，四回指定すること，五回指定することなどへと，容易にこれを延長してゆくことができる．すなわち，たとえば，確率空間：
$$F = \{a_1, a_2, \cdots, a_n\}$$
の三つの元の組：
$$(a_i, a_j, a_k)$$
全体から成る集合を $F^{(3)}$ とし，その上において次のような仕方で確率を定めた場合，これを F の '**三回試行の空間**' という：

(ⅰ) $p(\{(a_i, a_j, a_k)\}) = p(\{a_i\}) p(\{a_j\}) p(\{a_k\})$
$$(i, j, k = 1, 2, \cdots, n)$$

(ⅱ) $M \subseteq F^{(3)}$ なる M に対しては，その元が $c_1, c_2, \cdots, c_r$ ならば
$$p(M) = p(\{c_1\}) + p(\{c_2\}) + \cdots + p(\{c_r\})$$

一般の自然数 m に対して '**m 回試行の空間**'：$F^{(m)}$ を作る仕方も，これとまったく同様である．

さて，ここで，このような空間において成り立つところの一つの著しい性質を注意しておく．

まず，サイコロを二回振る場合，最初には偶数の目が，しかして次には奇数の目が現われる確率は

$$\frac{1}{2} \times \frac{1}{2} = \frac{1}{4}$$

である，と想像されるであろう．これは根拠のないことではなく，実際，次のようにして容易に証明を与えることができるのである．

F において '偶数の目が出る' という事象を A_1, '奇数の目が出る' という事象を A_2 とする：

$$A_1 = \{2, 4, 6\}, \quad A_2 = \{1, 3, 5\}$$

また，$F^{(2)}$ の元：(a_i, a_j) のうち，a_i が偶数，すなわち A_1 の元であり，さらに a_j が奇数，すなわち A_2 の元であるようなもの全体から成る事象を M としておく：

$$M = \{(2, 1), (2, 3), \cdots, (6, 5)\}$$

しからば，ただちに

$$\begin{aligned}
p(M) &= p(\{(2, 1)\}) + p(\{(2, 3)\}) + \cdots + p(\{(6, 5)\}) \\
&= p(\{2\})p(\{1\}) + p(\{2\})p(\{3\}) + \cdots + p(\{6\})p(\{5\}) \\
&= p(\{2\})[p(\{1\}) + p(\{3\}) + p(\{5\})] \\
&\quad + p(\{4\})[p(\{1\}) + p(\{3\}) + p(\{5\})] \\
&\quad + p(\{6\})[p(\{1\}) + p(\{3\}) + p(\{5\})] \\
&= p(\{2\})\frac{3}{6} + p(\{4\})\frac{3}{6} + p(\{6\})\frac{3}{6} \\
&= [p(\{2\}) + p(\{4\}) + p(\{6\})]\frac{1}{2} \\
&= \frac{1}{2} \times \frac{1}{2} = \frac{1}{4}
\end{aligned}$$

これ，とりもなおさず，上に想像したことの正しいこと

を物語るものにほかならない．

実をいえば，かようなことは，サイコロの場合に限らず，また二回試行の空間のみに限らず，すべての確率空間の m 回試行の空間：$F^{(m)}$ についても成り立つことが示されるのである．すなわち，いま，一つの確率空間 F において，m 個の任意の確率事象

$$A_1, A_2, \cdots, A_m$$

を取り，それらの起る確率をそれぞれ

$$p_1, p_2, \cdots, p_m$$

とする．しかるときは，$F^{(m)}$ の元：

$$(a, b, \cdots, c)$$

のうち，a が A_1 の，b が A_2 の，$\cdots$，c が A_m の元であるようなもの全体から成る確率事象を E とすれば，必ず

$$p(E) = p_1 p_2 \cdots p_n = p(A_1) p(A_2) \cdots p(A_m)$$

となることを証明することができる．

その証明は上とまったく同様であるから，ここでは煩をいとって省略することにする．

11. とくに，上のような確率事象の列：

$$A_1, A_2, \cdots, A_m$$

において，特定の事象 A に等しいものが r 個あり，しかも，残りがすべて A^c に等しい，としてみる．すなわち，たとえば

$$A_1 = A_2 = \cdots = A_r = A,$$
$$A_{r+1} = A_{r+2} = \cdots = A_m = A^c$$

のようになっていると仮定するわけである．しからば，A の起る確率を p とすれば，A^c の起る確率は $1-p$ であるから，明らかに

$$p(E) = p(A_1)p(A_2)\cdots p(A_m)$$
$$= p(A)\cdots p(A)p(A^c)\cdots p(A^c)$$
$$= p^r(1-p)^{m-r}$$

でなくてはならない．A に等しいものの番号と A^c に等しいものの番号が必ずしも上のようになっていなくても，事情はまったく同様である．

さて，いま，m 回試行の空間 $F^{(m)}$ の元：

$$(a, b, \cdots, c)$$

の構成分子：$a, b, \cdots, c$ のうち A に属するものがちょうど r 個あるようなもの全体から成るような事象を G としよう．これが，上に述べた E のような事象を全部寄せ集めたものに相当することはいうまでもあるまい．しかして，

$$(a, b, \cdots, c)$$

における何番目と何番目の構成分子が A に属するか，という r 個の番号の選び方に従って一つの E ができあがるのであるから，'m 個の番号：$1, 2, \cdots, m$ から r 個の番号を選ぶ選び方の総数' を

$$\binom{m}{r}$$

と書くことにすれば，G はこれだけの個数の E の和集合であり，したがって

$$p(G) = p(E) + p(E') + p(E'') + \cdots$$
$$= \binom{m}{r} p^r (1-p)^{m-r}$$

であることが知られる.

たとえば，サイコロを m 個振ったとき，そのうち r 回 1 の目の出る確率は，事象
$$A = \{1\}, \quad A^c = \{2, 3, 4, 5, 6\}$$
に上の考察を援用して，
$$\binom{m}{r}\left(\frac{1}{6}\right)^r \left(\frac{5}{6}\right)^{m-r}$$
に等しいことが確かめられる.

12. 一般に，m 個のもの:
$$b_1, b_2, \cdots, b_m$$
から，r 個のものを選ぶ選び方の総数:
$$\binom{m}{r}$$
は
$$\frac{m(m-1)(m-2)\cdots(m-r+1)}{r(r-1)(r-2)\cdots 3 \cdot 2 \cdot 1}$$
に等しいことが示される. これは，前節の所論を完結させるためにも重要な事項であるから，ここにその証明を与えておく.

まず最初に，$b_1, b_2, \cdots, b_m$ から一つのものを選ぶ選び方は m 通りある. 選んだものを a_1 としよう. このとき，二番目のものとしては，a_1 に等しいもの以外の任意の b を持ってくることができるのであるから，全部で $(m-1)$ 通りの方法が考えられる. 選んだものを a_2 としよう. 結局，

$$a_1, a_2$$

と選ぶ選び方は，全部で

$$m(m-1) \text{ 通り}$$

考えられるわけである．以下同様に進んで，

$$a_1, a_2, \cdots, a_r$$

と選ぶ選び方が，全部で

$$m(m-1)(m-2)\cdots(m-r+1) \text{ 通り}$$

あることを，たやすく見て取ることができる．

しかしながら，かようにすれば，たとえば

$$a_1, a_2, a_3, \cdots, a_r$$
$$a_2, a_1, a_3, \cdots, a_r$$

のように，単に選び方の順序が異なるだけで結果としては同じはずの選び方が，違うものとして勘定されることになるであろう．つまり，'選び方'：

$$a_1, a_2, \cdots, a_r$$

が一つあるごとに，これらの a をいろいろに並べ換える仕方の数だけ，これと同じものが上の数の中に数え込まれているわけである．

ところで，これらの a を並び換える仕方は，まず，最初に持ってくることのできるものが r 通りあり，そのおのおのについて二番目に持ってくることのできるものが $(r-1)$ 通りあり，以下まったく同様に進んで，結局全部で

$$r(r-1)(r-2)\cdots3\cdot2\cdot1 \text{ 通り}$$

あることが認められる．よって，これで上の数

$$m(m-1)(m-2)\cdots(m-r+1)$$

を除し，求める結果：

$$\binom{m}{r} = \frac{m(m-1)(m-2)\cdots(m-r+1)}{r(r-1)(r-2)\cdots3\cdot2\cdot1}$$

を得る，という次第である．

危険率と推計学

13. 以上に述べたのは、確率事象およびそれの起る確率の観念をば、数学的に明確な形に整理したものにほかならない。見られるとおり、その内容はほんのわずかである。しかし、わずかとはいえ、それは実に広汎な応用分野を持っていることが知られるのである。われわれの本章における目的は、いわゆる **'ただし書つきの法則'** の構成方法を追求するにあった。以下において、前節までの結果をそのような目的に応用してみようと思う。

そもそも、'ただし書つきの法則' なるものは、'ごくまれにしか起らないようなことは、これをまったく起らないものとして行動する' という、われわれの生活実践上の原則にその根拠を持っている。

交通事故で死ぬ人が百万人中三人か四人の割合である、ということは、一人の人が外出して事故に出合う確率が、ほぼ

$$\frac{3}{1,000,000} \text{ または } \frac{4}{1,000,000}$$

である、ということを示している。これを言い換えれば、一人の人にとっては、百万回の外出をしてはじめて三回か四回、すなわち、二十万回以上も外出してようやく一回事故に遭遇する、ということにほかならないのである。しかしながら、人の寿命を百年とし、平均毎日二回外出したと

しても，その一生における外出の総回数は十万回にも達しない．してみれば，人が'私は，おそらくは事故にぶつからないであろう'と信じたとしても，たいしたさしつかえはない，といわなければならない．

また，ある人がサイコロを何回も何回も振ったとする．そのとき，もし1の目が目立って多く，たとえば百回中五十回以上も出たならば，彼は必ずやこのサイコロの完全性に対して首をかしげることであろう．これにも次のように根拠が与えられる．

そもそも，サイコロを百回振るということは，サイコロの確率空間：
$$F = \{1, 2, 3, 4, 5, 6\}$$
の'100回試行の空間'：$F^{(100)}$ の一つの元を指定する，ということにほかならない．しかして，その元：
$$(a_1, a_2, \cdots, a_{100})$$
において，構成分子：$a_1, a_2, \cdots, a_{100}$ のうち五十個までが1であるようなもの全体から成る事象の起る確率は，前々節に述べたことによれば
$$\binom{100}{50}\left(\frac{1}{6}\right)^{50}\left(\frac{5}{6}\right)^{50}$$
である．同様にして，五十一個までが1であるような事象の起る確率は
$$\binom{100}{51}\left(\frac{1}{6}\right)^{51}\left(\frac{5}{6}\right)^{49}$$
五十二個が1であるような事象，五十三個が1であるよう

な事象等々の起る確率もまったく同様にして求められる.よって,五十回以上1の目の出る確率は,それらの和:

$$\binom{100}{50}\left(\frac{1}{6}\right)^{50}\left(\frac{5}{6}\right)^{50}+\binom{100}{51}\left(\frac{1}{6}\right)^{51}\left(\frac{5}{6}\right)^{49}+\cdots$$

$$\cdots+\binom{100}{99}\left(\frac{1}{6}\right)^{99}\left(\frac{5}{6}\right)^{1}+\binom{100}{100}\left(\frac{1}{6}\right)^{100}$$

に等しい.これは計算すれば,だいたい百兆分の一ぐらいであることが知られる.したがって,完全なサイコロを百回振って五十回以上も1の目が出る,というような機会は,かような百回振る操作を百兆回も繰り返してようやく一度見られるという程度にまれなのである.してみれば,かようなことが起った場合,'このサイコロは不完全である'と判断して十分さしつかえないのではあるまいか.むろん,サイコロが完全であるにもかかわらず,百兆回に一回という珍しいことが実際起ったのかもしれない.しかしながら,憶測する以外何事も知るすべのないときは,まさしくかくするしかないであろう.

このようなところに'ただし書つきの法則'の有用性に対する根拠があるのである.

14. かような基盤に立って,'**ただし書つきの法則**'の立て方を論じる分科を'**推計学**'*という.以下に,その最も初等的な部分を簡単に説明する.

---

* '推測統計学','数理統計学'あるいは単に'統計学'ともいう.

'推計学'における最も基本的な概念は **'危険率'** である.

元来, ただし書つきの法則の'ただし書'は, その法則の間違う割合を示すものにほかならない. してみれば, いまこれから一つのただし書つきの法則を得よう, という場合には, いったいどれくらいの間違いの率で我慢するか, ということが当然問題になってくる. 実は, この率のことを'危険率'というのである.

危険率は, その性格上小さければ小さいほど良いのはもちろんであるが, そうするには, 通常, 計算上の問題であるとか経済上の問題であるとか, いろいろと困難なことがらが待ちかまえている. よって, たいがいの場合, これは, 種々の事情を勘案して適当に定められる, ということになるのである.

この数値は, これ以下の確率を持つような事象は, これを'起らないもの'として処理する, という実践上の標準を与えるものにほかならない.

例をあげて説明を進めよう. いま, ある工場において, 一つの新しい機械を購入したほうが良いかどうか, ということが問題になったとする. 従来の機械では $\frac{1}{3}$ の割合で不良品が出ていたものとすれば, 当然, この新しい機械がそれよりすぐれた性能を持つかどうか, ということが考えられなければならないであろう.

この機械は従来の機械よりも劣っているということはないにしても, あるいは同じくらいの性能しかないのかもし

れない,と考えられる.よって,ここで,まず'この機械は前のものと同じである'という仮説を立ててみる.しからば,この機械によって製品を作るときは,依然として$\frac{1}{3}$の割合で不良品が出てこなければならないであろう.いま,五十個試作品を作ってみてこの仮説の適否をためすことを考えてみよう.

'製品を作る'ということは,不良品を0で,また合格品を1で表わせば,とりもなおさず

$$F = \{0, 1\}$$

$$p(\{0\}) = \frac{1}{3}, \quad p(\{1\}) = \frac{2}{3}$$

なる確率空間の一つの元を指定する,ということにほかならない.したがって,五十個製品を試作する,ということは,まさしく,これの'50回試行の空間':

$$F^{(50)}$$

の一つの元を指定する,ということに相当する.

いま,この$F^{(50)}$において,すべての元:

$$(a_1, a_2, \cdots, a_{50})$$

をば,その構成分子中に0が何個あるか,ということで分類し,そのようなものの現われる確率を計算してみる.

0の個数	確率
0個	$\left(\frac{2}{3}\right)^{50} = 0.0000\cdots$
1個	$\binom{50}{1}\left(\frac{1}{3}\right)\left(\frac{2}{3}\right)^{49} = 0.0000\cdots$

2個	$\binom{50}{2}\left(\dfrac{1}{3}\right)^2\left(\dfrac{2}{3}\right)^{48}$	$=0.0000\cdots$
3個	$\binom{50}{3}\left(\dfrac{1}{3}\right)^3\left(\dfrac{2}{3}\right)^{47}$	$=0.0000\cdots$
4個	$\binom{50}{4}\left(\dfrac{1}{3}\right)^4\left(\dfrac{2}{3}\right)^{46}$	$=0.0000\cdots$
5個	$\binom{50}{5}\left(\dfrac{1}{3}\right)^5\left(\dfrac{2}{3}\right)^{45}$	$=0.0001\cdots$
6個	$\binom{50}{6}\left(\dfrac{1}{3}\right)^6\left(\dfrac{2}{3}\right)^{44}$	$=0.0004\cdots$
7個	$\binom{50}{7}\left(\dfrac{1}{3}\right)^7\left(\dfrac{2}{3}\right)^{43}$	$=0.0012\cdots$
8個	$\binom{50}{8}\left(\dfrac{1}{3}\right)^8\left(\dfrac{2}{3}\right)^{42}$	$=0.0033\cdots$
…	…	…
17個	$\binom{50}{17}\left(\dfrac{1}{3}\right)^{17}\left(\dfrac{2}{3}\right)^{33}$	$=0.1178\cdots$
…	…	…
30個	$\binom{50}{30}\left(\dfrac{1}{3}\right)^{30}\left(\dfrac{2}{3}\right)^{20}$	$=0.0001\cdots$
31個	$\binom{50}{31}\left(\dfrac{1}{3}\right)^{31}\left(\dfrac{2}{3}\right)^{19}$	$=0.0000\cdots$
…	…	…
…	…	…

これをもってみれば，さらに次のようなことが認められる：

0の個数	確率
0個	0.0000…
1個以下	0.0000…
2個以下	0.0000…
3個以下	0.0000…
4個以下	0.0000…
5個以下	0.0001…
6個以下	0.0005…
7個以下	0.0017…
8個以下	0.0050…
…	…

　これらの意味は，われわれの仮説の下では，50個試作品を作ってみて，その中にたとえば6個以下しか不良品が出ないようなことの起る確率が0.0005…だということである．

　ここで，われわれは，以後の行動の規準として'危険率'を設定する．いま，それが0.003に取られたものとしてみよう．'危険率'の意味に従えば，以後，これ以下の確率しか持たないような事象は'決して起らないもの'と見なされるわけである．してみれば，われわれの仮説の下では，50個の試作品中たとえば7個以下しか不良品が出ない，というような事象の起る確率は0.0017…であり，これは0.003よりも小さいから，かかることは決して起るはずがない，といわなければならない．

　よって，ここで試作品を作ってみて，もし7個以下しか

不良品が出なかったならば，'われわれの仮説の下では起るはずがないと考えられることが現実に起った'とされなくてはならず，したがってこの仮説は否定されなければならない，ということになってくる．しかしながら，その推論の裏には 0.003 という '危険率' が潜んでいるわけであるから，結局のところ，ここに

'この機械は前の機械よりもすぐれている．ただし，その危険率は 0.003'* という 'ただし書つきの法則' が得られるのである．

しかし，もし，8 個以上不良品が出た場合には，上のような思考法のみからは何事も得られない，ということを忘れてはならない．

ここでもし危険率をさらに大きく，たとえば 0.01 に取るとすれば，8 個以下の不良品の場合にも，仮説はこれを否定することができる．とはいえ，そのようにして得られるただし書の法則が前より一段と無力なものになることは断るまでもないことである．

推計学は，だいたいこのようにして 'ただし書つきの法則' の立て方を研究する．

ところで，上の例からもわかるように

$$\binom{n}{r} p^r (1-p)^{n-r}$$

という値の計算は，種々の問題に処して大いに必要であ

---

* 'ただし' 以下を詳しくいえば 'ただし，そういえるのは危険率 0.003 を覚悟した上でのことである'．

る．しかし，その計算は，たいていの場合，ほとんど遂行できないくらいに厖大であるから，それに代わる近似計算法とか図表などがいろいろと工夫されている*．

15. 確率論は，パスカルおよびフェルマに始まった，とされている．もっとも，その前から似たような議論が全然なかった，というわけではない．しかし，彼等こそ，まさしく新時期を画した人たちだというのである．

以後，十七，十八の両世紀においては，かの合理主義や啓蒙思想の波に乗って，'偶然を支配する' という確率論は，実に華々しい発展を遂げたのであった．なかでも，前に述べたラプラスの業績には著しいものがある．

しかし，公理主義の出現によって，この分科もその面目をまったく一新することになった．その公理系の設定に成功したのはコルモゴロフ (Kolmogorov, 1903-1987) である．われわれが上に述べたのは，実は彼の流儀によるものを簡易化したものにほかならない．

一方，確率論を利用して出発する上述の推計学はフィッシャー (R.A.Fisher, 1890-1962) に始まる．それまでのこの方面の考察ははなはだ不完全なものであった．たとえば，幾つかの見本を取って調べたことは，そのままに普遍的な '真理' である，とされたくらいである．これは，あたかも，十回サイコロを振って常に 1 の目が出たならば，

---

* 推計学については，伊藤清　統計数学の基礎（中教出版），稲垣宣生　数理統計学（裳華房）などを参照．

永久に1の目が出るであろう，とするに等しい．フィッシャーは，真理は確率空間にあり，見本はあくまで見本にすぎず，それを通して確率空間の状態を'推し計る'よう努力するしかない，と考え，ここに推計学の概念に逢着したのであった．

　この分科はいまだ若く，数学的には未完成の部分も多い．しかし，その適用範囲の広さには，測り知れないものがあるのである．

結びの言葉
――参考書について――

　以上でわれわれの'序説'は終った．'まえがき'に述べたもくろみがはたして達せられたか否かについては，読者の批判を仰がなければならない．しかし，少なくとも，'数学'の何たるかはだいたい伝え得た，とひそかに信じるものである．

　われわれは，本書の構成上の理由から，ときおり，その筆を端折ることを余儀なくされた．したがって，さらに立ち入って学びたい読者には，進んで別の書物をひもとかれることをおすすめしたい．その際の手引きとして役立つために，以下に参考書の表を掲げておいたから，利用されれば幸いである．その表中には，同じ意図の下に本文に脚注の形で掲げておいたものをも，ほとんどすべて含めておいたつもりである．

　ところで，本書が，数学の何たるかを伝えることには，よし，成功しているとしても，'数学のおもしろさ'というか'数学の味'というか，そういった種類のものを伝えることについては，おそらく，きわめて不十分な役割しか果たさないであろうと思われる．しかし，数学の真のおもしろさを知る最も良き道は，畢竟，実際に数学を勉強してみ

ることなのである.よって,そのような見地からも,下の参考書の表が十分に利用されることを望んでやまない.

また,われわれは,本書の目的の上から,数学のあらゆる部門に紙面を平等にさくことはこれをあえてしなかった.したがって,数学における重要な部門にして,本書にその名前すらあげられていないものもないではないのである.よって,そのような知識を得たい読者は,自ら数学者の門をたたくなり,以下にあげる(39)等を参照するなりの措置に出られんことを希望する.

以下の参考書の表は,もとより,すべてを尽くしているわけではない.それはただ種々の書物を思いつくままにあげてみたものにすぎないのであって,ここにあげられていないものには権威がない,というのではもうとうないのである.

参 考 書

(I) 第一章 '幾何学的精神' に関連した参考書
(1) パスカル 幾何学的精神(森 有正訳)(創元社)
 これは,パスカルの '幾何学的精神' の翻訳である.
(2) 野田又夫 パスカル(岩波新書)
 パスカルについてのてごろな読物.幾何学的精神についての記述もある.
(3) 中村幸四郎他訳 ユークリッド原論(共立出版)
(4) Heath, The Thirteen books of Euclid's Elements (Cambridge University Press).

'原論'の英訳．詳しい註釈がついている．
（5） Heiberg et Menge, Euclidis Opera Omnia (Leipzig).
標準的なエウクレイデス原典．ギリシア原文にラテン語の対訳がつけられている．
（3），（4）は，これを底本とした邦訳，英訳である．
（6） 小林幹雄　復刊 初等幾何学（共立出版）
ユークリッド幾何学に関する高等学校程度の参考書．
（II）　第二章 '光は東方より' に関連した参考書
（7） 吉田洋一　零の発見（岩波新書）
位取りの原理や零が現代のごとく日常的のものとなるまでの経緯が読物風に述べられている．
（8） 高木貞治　代数学講義 改訂新版（共立出版）
初等代数学についての適切な教科書である．
（9） 永田雅宜　抽象代数への入門（朝倉書店）
（III）　第三章 '描かれた数' に関連した参考書
（10） デカルト　方法序説（谷川多佳子訳）（岩波文庫）
これは，デカルトの '方法序説' の翻訳である．
（11） デカルト　幾何学（原 亨吉訳）（白水社）
デカルトの '方法序説' の付録 '幾何学' の翻訳（'デカルト著作集 1' に収録）．
（12） 井川俊彦　基礎 解析幾何学（共立出版）
解析幾何学一般についての懇切丁寧な参考書．
（13） 竹内端三　整数論（共立出版）
（14） ヴィノグラードフ　整数論入門（三瓶与右衛門・山中 健訳）（共立出版）
以上二つは整数論へのごく初等的な入門書．
（IV）　第四章 '接線を描く' および第五章 '拡がりを測る' に関連した参考書
（15） 高木貞治　解析概論（岩波書店）
微分積分学についてのすぐれた参考書．

(16)　吉田洋一　微分積分学（培風館）
以上二つは微分積分学に関するてごろな教科書．
（Ⅴ）　第六章 '数学とは何か' に関連した参考書
(17)　ヒルベルト　幾何学基礎論（中村幸四郎訳）（ちくま学芸文庫）
これは，ヒルベルトの '幾何学基礎論' の翻訳である．
(18)　ポアンカレ　科学と仮説（河野伊三郎訳）（岩波文庫）
非ユークリッド幾何学，すなわちロバチェフスキ幾何学などについて参考になる記述が見出される．
(19)　寺阪英孝　初等幾何学（岩波全書）
数学理論の公理主義的な建て方の一例．苦心の著である．
（Ⅵ）　第七章 '脱皮した代数学' に関連した参考書
(20)　高木貞治　代数学講義（共立出版）
この章の記述に関する良い参考書である．
(21)　永田雅宜　抽象代数への入門（朝倉書店）
(22)　Birkhoff and MacLane, A Survey of Modern Algebra.
（奥川光太郎・辻 吉雄訳　現代代数学概論　白水社）
以上の二著はいわゆる '抽象代数学' についてのてごろな教科書である．
(23)　彌永昌吉・平野鉄太郎　射影幾何学（朝倉書店）
'エルランゲン目録' についての記述が見出される．
（Ⅶ）　第八章 '直線を切る' に関連した参考書
(24)　上江洲忠弘　集合論・入門（遊星社）
'集合論' についてのてごろな参考書である．
(25)　亀谷俊司　初等解析学（岩波全書）
(26)　高木貞治　解析概論（岩波書店）
以上の二著には，厳密な基礎の上に立っての微分積分学の建設が試みられている．
（Ⅷ）　第九章 '数学の基礎づけ' に関連した参考書
(27)　彌永昌吉・赤 攝也　公理と証明（ちくま学芸文庫）
証明論の入門書．

(28)　ポアンカレ　科学と方法（吉田洋一訳）（岩波文庫）
　　数学の基礎について参考になる記述が見出される．
(29)　Kleene, Introduction to Metamathematics.
　　'数学基礎論'についての教科書．
(30)　松本和夫　復刊 数理論理学（共立出版）
　　記号論理学の教科書．
(Ⅸ)　第十章'偶然を処理する'に関連した参考書
(31)　赤 攝也　確率論入門（培風館新数学シリーズ）
　　確率論へのやさしい入門書．
(32)　伊藤 清　統計数学の基礎（中教出版）
　　'推計学'への初等的な入門書．
(33)　河田敬義・丸山文行・鍋谷清治　大学演習 数理統計（裳華房）
　　'推計学'の教科書である．
(Ⅹ)　数学の歴史に関連した参考書
(34)　Cantor, M., Vorlesungen über Geschichte der Mathematik I, II, III, IV.
(35)　佐々木力　数学史入門（ちくま学芸文庫）
(36)　高木貞治　近世数学史談（共立出版）
(Ⅺ)　数学的な読物
(37)　ラーデマッヘル／テープリッツ　数と図形（山崎三郎・鹿野 健訳）（ちくま学芸文庫）
(38)　ポリア　いかにして問題をとくか（柿内賢信訳）（丸善）
(Ⅻ)　数学の辞書
(39)　日本数学会編　数学辞典（岩波書店）

文庫版付記　自然数論の無矛盾性の別証明

　数学の理論の無矛盾性の証明に用いる手段のことを「有限の立場」という．本文でも述べたように，ヒルベルト（Hilbert）の作った用語である．

　ところで，417ページの脚注で述べたように，ゲンツェン（G. Gentzen）という人が，自然数論の無矛盾性を証明したのだが，ヒルベルトの有限の立場からはみ出る或る種の「超限帰納法」というものを用いていたために，証明論的な証明とはいい難い，という人が多い．

　しかし実は，諸般の事情から，どうやら，「有限の立場」というものを考え直さなければならない段階が来ているようなのである．

　私がこの稿で目指しているのは，私が「有限の立場」と考えるものを用いた，自然数論の無矛盾性の別証明を試みよう，ということなのである．

　そこで，先ず，その私の考える「有限の立場」というものをはっきり述べることからはじめることにしよう．

§1. 私の「有限の立場」

　私は次のように考える．数学の理論の無矛盾性を証明す

る手段としての「有限の立場」とは次のようなものであるべきである：
(1) 目の前に見るような明確なイメージは用いてよい．図に描ければ尚更結構．
(2) 明確な類推（「以下同様」というような類の類推）は用いてよい．
(3) 日常の会話に用いるような通常の論理は用いてよい．（ブラウアー（Brouwer）のように排中律を排除するというようなことはしない．そんなことをすれば，日常会話は成り立たないだろう．）
—— 以上が私の「有限の立場」である．

§2. 自 然 数

水平に置かれた直線を想像し，それを l と名づけ，その上にある点のそれぞれを**実数**と呼ぶ．

それから，l の上にある二つの実数を勝手に選び，左の実数を 1，右の実数を $1'$ と名付ける．

次に，線分 $11'$ を物差しとして，$1'$ の右に，その物差しで測った距離にある実数をとり，それを $1''$ と呼ぶ．更にその右に，同じくその物差しで測った距離にある実数を $1'''$ と名付ける．また更にその右にその物差しで測った距離にある実数を $1''''$ と呼ぶ．以下同様．

```
————•——————•——————•——————•——————•————— l
     1      1'     1"     1'''    1''''
```

このようにして出来た実数の列

$$1, 1', 1'', 1''', 1'''', \cdots$$

のメンバーをそれぞれ**自然数**と称する.

§3. ペアノの公理系

自然数論は通常**ペアノの公理系**といわれるものを出発点として構成されて行くが,その公理系を修正したものを本文に挙げておいた(383 ページ).

ここでは,修正しないもとのままのそれを挙げよう.
(ⅰ) 1 は自然数である
(ⅱ) どの自然数 a にも次の数 a' が存在する
(ⅲ) 1 はどの自然数の次の数でもない
(ⅳ) 異なる自然数の次の数は相異なる:
$$a \neq b \;\; \text{なら} \;\; a' \neq b'$$
(ⅴ) 1 がある性質をもち,自然数 a がその性質をもっていれば, a' もその性質をもつ——そういうときは,すべての自然数がその性質をもつ.以上.

(ⅴ) を a についての**数学的帰納法**と称する.

§4. 自然数論の無矛盾性

§2 でわれわれは自然数とはどういうものかを説明した.§3 ではその自然数についての理論を展開する出発点となる所謂ペアノの公理系なるものを紹介した.

次に,われわれの自然数がこれを満たすかどうかを確かめてみよう.

（ⅰ）はあきらかである．1はわれわれの自然数列の先頭にあるのだから．

（ⅱ）各自然数 a のすぐ右にある自然数は a' と書かれたが，それを「a の次の数」ということにすれば，（ⅱ）は自明のこととなる．

（ⅲ）1の左に自然数はない．だから，1はどの自然数の次の数でもない．

（ⅳ）ある数 a が別の数 b の次の数であるということは，その別の数 b が a のすぐ左にあるということである．しかし，a のすぐ左には b しかないのだから，当然，a は二つの異なった数の次の数にはなり得ない．つまり，二つの異なった数の次の数が同じということはないのである．

（ⅴ）P を自然数のある性質とする．そして1がその性質をもち，自然数 a がその性質 P をもてば，その次の数 a' もその性質 P をもつとする．そうすれば，1が P をもつのだから，その次の数，すなわち $1'$ も P をもたなければならない．すると，その次の数 $1''$ も P をもつ．するとまた，その次の数 $1'''$ も P をもつ．以下同様にして，すべての自然数が P をもつことがわかる．こうして，数学的帰納法は正しいことが認められる．

以上で，ペアノの公理系の各公理（ⅰ）-（ⅴ）はすべて正しいことが確かめられた．

このことは，自然数論が無矛盾であることを示していることに注意されたい．数学の論理は正しいことから正しいことしか生まないのだから，矛盾（無論正しくないこと）

を生む筈がないからである．

　なお，ペアノの公理系に加法，乗法，大小関係などの定義を公理として加えても依然として無矛盾であることが，上のような方法で極めて簡単に証明できるのだが，ここでは煩をいとって省略することにする．

　以上の付記，御感想は如何なりや．

2013年1月成人の日（大雪）

　　　　　　　　　　　　　　　　　　　　　赤　攝也

索　引

（太数字は肖像掲載ページを示す）

——人名——

ア　行

アデラード　79
アーベル　**286**
アポロニオス　126
アリストテレス　20, 42
アーリヤバータ　69
アルキメデス　44
アル＝フワーリズミー　76
アレクサンドロス　43
ヴァイル　423
ウィエタ　87
ヴィーナー　234
エウクレイデス　23, 33, 43
エウドクソス　185, 352
オイラー　41, 211, 268

カ　行

カヴァリエリ　192
ガウス　228, **268**, 275, 280, 286
カッシオドルス　65
ガリレイ　430
カルダノ　80, 282
ガロア　**287**
カントール　339
グーテンベルク　79
クライン　229, **327**
グラスマン　271
クレオパトラ　45
ケプラー　191
ケーレー　229

コーシ　170, 208, 213, 269
コペルニクス　151
コルモゴロフ　456

サ　行

サッケリ　222
シュタイニッツ　311
ジョルダン　210
ジラール　267
スピノザ　33

タ　行

タルタリア　282
タレス　23
ツォイテン　72
ディオファントス　120
デカルト　63, **90**, 118, 144, 150
デデキント　339
トリチェルリ　192

ナ　行

ニュートン　33, **150**
ネーター　319

ハ　行

パスカル　17, **19**, 192, 215, 456
パッポス　128
ハミルトン　271
バロウ　146, 196
ヒエロン　45
ヒース　353

ヒッパソス 337
ヒッパルコス 45
ピュタゴラス 23
ヒルベルト **233**, 392
フィッシャー 456
フーリエ 202
フェラリ 284
フェルマ 63, 91, 118, **142**, 192, 456
フェロ 282
プトレマイオス一世 43
プトレマイオス二世 44
ブラウアー 417
プラトン 20, 24
プロクロス 43
ペアノ 383
ベーコン 150
ベルヌイ 211
ヘルムホルツ 247
ポアンカレ **229**
ボエティウス 65
ボヤイ 224

ボンベリ 81, 267

マ 行

メナイクモス 122

ヤ 行

ユークリッド 23, 33

ラ 行

ライプニッツ 34, **155**, 201, 247
ラグランジュ 154, 203, 212
ラッセル 389, 417
ラプラス 212, 456
リーマン **231**, 276
ルジャンドル 222
ルベグ 208
ロバチェフスキ 224
ロル 204

ワ 行

ワイエルシュトラス 276, 339

---件名---

ア 行

アカデメイア 24
アラビア人 74
アルキメデスの原則 188
アレクサンドレイア 43
アレクサンドレイア時代 44
アレフ 362
アレフ・ゼロ 362
ℵ 362
ℵ₀ 362
一対一の対応 361
一部分である体 296

一般帰納法 395
一般構成規則 394
一般方程式 82
インド人 65
裏 113
運動 323
運動群 326
鋭角 49
エウクレイデスの幾何学 326
エウドクソスの比の理論 352
エチカ 33
m 回試行の空間 442
エルランゲンのプログラム 319,

328
円　25
円周の方程式　109
円錐　121
円錐曲線　121
円積問題　307
オイラーの図形　41
オルガノン　43

　　　　カ　行

解析学　155
解析幾何学　63, 91
ガウス平面　276
角　25
角度　46
角の三等分問題　307
確率　426, 438
確率空間　438
確率事象　428, 438
確率論　424
確率論の公理系　433
可付番　357
環　318
函数　156
幾何学　22, 328
幾何学基礎論　234
幾何学的精神　21
幾何学的代数　72
危険率　448, 451
基数　371
軌跡　102
逆　113
逆元　321
共通概念　24
共通部分　436
極限　169
極小　166

極大　166
極大極小　165
虚数　261, 267
ギリシア数字　66
ギリシアの三大難問　123, 307
空集合　434
位取りの原理　66
グラフ　102, 159
繰り返し　439
群　318
形式主義　417
結合の公理　249
元　357
原始函数　199
原論　24
公準　24
構成的　393
交点定理　234
合同　29, 323
恒等式　73
合同の公理　251
勾配　101
公理　19, 24, 240
公理系の独立性　244
公理系の無矛盾性　244
公理主義　241, 417
根　72
根と係数の関係　88
コンパス　300

　　　　サ　行

作図問題　300
座標　92, 96
サラセン文化　75
三角形　27
三角法　45
三段論法　42

三平方の定理 31
自然数 119
自然数の公理系 383
実数 344
実数の四則 348
実数の順序 345
実数の連続性 329, 335, 349
搾り出しの方法 189
集合 357
集合の一部分 345
集合の真の一部分 345
集合論 365
縦線図形 191
十分条件 111
順序の公理 250
定規 300
小数 353
証明 19, 395, 407
証明論 396
序数 371
推計学 448, 450
推件式 402
垂心の定理 114
推論 404
推論の形式 34, 258
数学的帰納法 387
数学的帰納法の公理 385
図形 25
図形の方程式 102
正割 51
正弦 51
正弦定理 56
正四面体 122
正八面体 122
正十二面体 122
正二十面体 122
正多面体 122

整数 279, 379
整数論 118
正接 51
正方形 30
積分法 169, 181
接線 139
切断 343
説得術 17
線 25
双曲線 124, 126
双曲線の方程式 132
相似 47
測度 210

タ 行

体 276, 279
体の間の次数 295
体の公理系 311
対偶 113
代数学 69, 72
代数学の基本定理 279
代数系 319
代数的演算 284
代数的解法 282
第二証明 413
楕円 124, 126
楕円の方程式 132
正しい推論の形 404
ただし書つきの法則 424, 448
単位元 321
単調減少 196
単調増加 196
抽象代数学 319
超限 371
直線 25
直線の方程式 99
直角 25

直角三角形 30
直観主義 417
定義 18, 25
定数 174
定積分 191
デザルグの定理 235
デデキントの実数論 206
デロスの問題 123, 307
点 25
天文学 45
導函数 161
特徴づけの問題 246, 316
独立性 244
独立性の問題 246
取り尽くしの方法 185
鈍角 49

ナ 行

二回試行の空間 441
二次曲線 130
二次方程式の解法 261
濃度 367

ハ 行

パスカルの定理 235
範疇性の問題 246, 315
左逆元 320
左単位元 321
必要かつ十分な条件 112
必要条件 111
微分 163
微分積分学の基本定理 196, 201
微分法 149, 155
ピュタゴラス学派 60, 336
ピュタゴラスの三角形 120
ピュタゴラスの定理 31, 57
ヒルベルトの公理系 248

フェルマの問題 119
複素数 268, 271
不定積分 197
プリンキピア 33, 154
不連続 179
分数式 278
分類の問題 246, 316
平均値の定理 202
平行四辺形 30
平行線 26
平行線の問題 217
平行の公理 252
平面 249
ヘレニズム 44
変換 327
変換群 327
変数 170, 173
方向係数 101
方程式 72
方程式の一般的解法 80
放物線 124, 126
放物線の方程式 133
方法叙説 92
補集合 436

マ 行

右逆元 320
右単位元 320
無限集合 363
無矛盾性 244
無矛盾性の問題 244, 389
ムセイオン 44
無理実数 345
無理数 338
命題 400
面積 181

ヤ 行

有限集合　364
有限の立場　393
有理実数　344
有理数　277, 337, 373
有理数の切断　343
要請　24
余割　51
余弦　51
余弦定理　55
余接　51

ラ 行

ラッセルの背理　387
立方体　122
立方倍積問題　307
リーマンの幾何学　224, 231, 327
流率法　151
ルネッサンス　78
零　66
連続　179
連続函数　178
連続の公理　252
ロバチェフスキの幾何学　224, 226, 327
ローマ人　64
ロルの定理　204
論証　19
論証的方法　34
論理主義　417
論理的な言葉　397

ワ 行

和集合　436

本書は一九五四年三月五日、培風館より刊行された。

数学がわかるということ	山口昌哉	非線形数学の第一線で活躍した著者が〈数学とは〉をしみじみと、〈私の数学〉を楽しげに語る異色の数学入門書。
カオスとフラクタル	山口昌哉	ブラジルで蝶が羽ばたけば、テキサスで竜巻が起こる? カオスやフラクタルの不思議をさぐる本格的入門書。(合原一幸)
数学文章作法 基礎編	結城浩	レポート・論文・プリント・教科書など、数式まじりの文章を正確で読みやすいものにするには? 『数学ガール』の著者がそのノウハウを伝授!
数学文章作法 推敲編	結城浩	ただ何となく推敲していませんか? 語句の吟味・全体のバランス・レビューなど、文章をより良くするために効果的な方法を、具体的に学びましょう。
数学序説	吉田洋一 赤攝也	数学は嫌いだ、苦手だという人のために。幅広いトピックを歴史に沿って解説。刊行から半世紀以上にわたり読み継がれてきた数学入門のロングセラー。
ルベグ積分入門	吉田洋一	リーマン積分ではなぜいけないのか。ルベグ積分誕生の経緯と基礎理論を丁寧に解説。まだまだ古びない往年の名教科書。(赤攝也)
私の微分積分法	吉田耕作	ニュートン流の考え方にならうと微積分はどのように展開される? 対数・指数関数、三角関数から微分方程式、数値計算の話題まで。(俣野博)
力学・場の理論	L・D・ランダウ/E・M・リフシッツ 水戸巌ほか訳	圧倒的に名高い『理論物理学教程』に、ランダウ自身が構想した入門篇があった! 幻の名著。(山本義隆)
量子力学	L・D・ランダウ/E・M・リフシッツ 好村滋洋/井上健男訳	非相対論的量子力学から相対論的理論まで、簡潔で美しい理論構成で登る入門教科書。大教程2巻をもとに新構想の別版。(江沢洋)

対談 数学大明神	森 野 光 毅 雅	数楽的センスの大饗宴！読み巧者の数学者と数学ファンの画家が、とめどなく繰り広げる興趣つきぬ数学談義。(河合雅雄・亀井哲治郎)
応用数学夜話	森口繁一	俳句は何兆枚で作れるのか？安売りをしてもっとも効率的に利益を得るには？世の中の現象と数学をむすぶ読み切り18話。
フィールズ賞で見る現代数学	マイケル・モナスティルスキー 眞野元 訳	「数学のノーベル賞」とも称されるフィールズ賞。その誕生の歴史、および第一回から二〇〇六年までの歴代受賞者の業績を概説。
角の三等分	矢野健太郎 一松信 解説	コンパスと定規だけで角の三等分は「不可能」！なぜ？古代ギリシアの作図問題の核心を平明懇切に解説し「ガロア理論入門」の高みへと誘う。
エレガントな解答	矢野健太郎	ファン参加型のコラムはどのように誕生したか。師アインシュタインと相対性理論、パスカルの定理などやさしい数学入門エッセイ。
思想の中の数学的構造	山下正男	レヴィ＝ストロースと群論、ヘーゲルと解析学、孟子と関数概念のオルテガの遠近法……数学的アプローチによる比較思想史。
熱学思想の史的展開1	山本義隆	熱の正体は？その物理的特質とは？『磁力と重力の発見』の著者による壮大な科学史。熱力学入門書としての評価も高い。全面改稿。
熱学思想の史的展開2	山本義隆	熱力学はカルノーの一篇の論文に始まり骨格が完成した。熱素説に立ちつつも、時代に半世紀も先行していた。理論のヒントは水車だったのか？
熱学思想の史的展開3	山本義隆	隠された因子、エントロピーがついにその姿を現わす。そして重要な概念が加速的に連結し熱力学が体系化されていく。格好の入門篇。全3巻完結。

フラクタル幾何学（上）	B・マンデルブロ監訳 広中平祐監訳	「フラクタルの父」マンデルブロの主著。膨大な資料を基に、地理・天文・生物などあらゆる分野から事例を収集・報告したフラクタル研究の金字塔。
フラクタル幾何学（下）	B・マンデルブロ監訳 広中平祐監訳	「自己相似」が織りなす複雑で美しい構造とは。その数理とフラクタル発見までの歴史を豊富な図版とともに紹介。
工学の歴史	三輪修三	オイラー、モンジュ、フーリエ、コーシーらは数学者であり、同時に工学の課題に方策を授けていた。「ものつくりの科学」の歴史をひもとく。
ユークリッドの窓	レナード・ムロディナウ 青木薫訳	平面、球面、歪んだ空間、そして……。幾何学的世界像は今なお変化し続ける。『スタートレック』の脚本家が誘う三千年のタイムトラベルへようこそ。
ファインマンさん 最後の授業	レナード・ムロディナウ 安平文子訳	科学の魅力とは何か？ 創造とは、そして死とは？ 老境を迎えた大物理学者との会話をもとに書かれた珠玉のノンフィクション。（山本貴光）
生物学のすすめ	ジョン・メイナード＝スミス 木村武二訳	現代生物学では何が問題になるのか。20世紀生物学に多大な影響を与えた大家が、複雑な生命現象を理解するためのキー・ポイントを易しく解説。
現代の古典解析	森毅	おなじみ一刀斎の秘伝公開！ 極限と連続に始まり、指数関数と三角関数を経て、偏微分方程式に至る。見晴らしのきく、読み切り22講義。
数の現象学	森毅	4×5と5×4はどう違うの？ きまりごとの算数からの深みへ誘う認識論的数学エッセイ。日常の中の数を歴史文化に探る。（三宅なほみ）
ベクトル解析	森毅	1次元線形代数学から多次元へ、1変数の微積分から多変数へ。応用面と異なる、教育的重要性を軸に展開するユニークなベクトル解析のココロ。

不変量と対称性
今井淳／寺尾宏明
中村博昭

変えても変わらない不変量とは？ そしてその意味や用途とは？ ガロア理論や結び目の現代数学に現われる、上級の数学センスをさぐる7講義。

数とは何かそして何であるべきか
リヒャルト・デデキント
渕野昌訳・解説

「数とは何かそしてなにであるべきか？」「連続性と無理数」の二論文を収録。現代の視点から数学の基礎付けを試みた充実の訳者解説を付す。新訳。

物理の歴史
朝永振一郎編

湯川秀樹のノーベル賞受賞。その中間子論とは何なのだろう。日本の素粒子論を支えてきた第一線の学者たちによる平明な解説書。（江沢洋）

代数的構造
遠山啓

群・環・体など代数の基本概念の、構造主義の歴史をおりまぜつつ、卓抜な比喩とていねいな計算で確かめていく抽象代数学入門。（銀林浩）

現代数学入門
遠山啓

現代数学、恐るるに足らず！ 学校数学より日常の感覚をおりまぜつつ、関数や群、位相の考え方を探る大人のための入門書。（エッセイ 亀井哲治郎）

現代数学への道
中野茂男

抽象的・論理的な思考法はいかに生まれ、何を生む？ 入門者の疑問やとまどいにも目を配りつつ、数学の基礎を軽妙にレクチャー。（一松信）

生物学の歴史
中村禎里

進化論や遺伝の法則は、どのような論争を経て決着したのだろう。生物学とその歴史を高い水準でまとめあげた壮大な通史。充実した資料を付す。

不完全性定理
野崎昭弘

理屈っぽいとケムたがられる話題を、なるほどと納得させながら、ユーモアたっぷりにひもといたゲーデルへの超入門書。事実・推論・証明……

数学的センス
野崎昭弘

美しい数学とは詩なのです。いまさら数学にはなれないけれどそれを楽しめたら……そんな期待に応えてくれる心やさしいエッセイ風数学再入門。

数学序説

二〇一三年九月十日 第一刷発行
二〇一六年九月五日 第十一刷発行

著　者　吉田洋一（よしだ・よういち）
　　　　赤　攝也（せき・せつや）

発行者　山野浩一

発行所　株式会社　筑摩書房
　　　　東京都台東区蔵前二-五-三　〒一一一-八七五五
　　　　振替〇〇一六〇-八-四一二三

装幀者　安野光雅

印刷所　株式会社加藤文明社

製本所　株式会社積信堂

乱丁・落丁本の場合は、左記宛に御送付下さい。
送料小社負担でお取り替えいたします。
ご注文・お問い合わせも左記へお願いします。

筑摩書房サービスセンター
埼玉県さいたま市北区櫛引町二-一〇四　〒三三一-八五〇七
電話番号　〇四八-六五一-〇〇五三

©SETSUYA SEKI 2013　Printed in Japan
ISBN978-4-480-09558-9　C0141